哈尔滨理工大学制造科学与技术系列专著

插铣刀具的设计及应用

翟元盛　王　宇　著

科学出版社

北　京

内 容 简 介

插铣作为一种高效的加工方法，在制造业中得到了较为广泛的应用。由于冲击式水轮机转轮上的水斗在粗加工过程中具有材料去除量大和刀具悬伸长度大的特点，采用插铣技术可有效提高加工效率。本书结合水电设备关键零部件水斗的加工，介绍了插铣加工工艺在生产中的应用；对插铣加工所需要的刀具进行了设计及性能分析；对加工过程中容易出现的振动和插铣刀具磨损进行了研究；为提高加工效率和加工质量，对刀具结构进行了优化，设计了适于插铣加工的配套插铣刀具。

本书可供机械加工和插铣加工领域的科研人员使用及参考，也可作为机械制造及相关专业学生的参考用书。

图书在版编目(CIP)数据

插铣刀具的设计及应用 / 翟元盛，王宇著. -- 北京 : 科学出版社，2025. 3. --（哈尔滨理工大学制造科学与技术系列专著）. -- ISBN 978-7-03-081474-6

Ⅰ. TG702

中国国家版本馆CIP数据核字第2025V39P60号

责任编辑：裴　育　朱英彪　纪四稳 / 责任校对：任苗苗
责任印制：肖　兴 / 封面设计：蓝正设计

科学出版社 出版
北京东黄城根北街 16 号
邮政编码: 100717
http://www.sciencep.com
三河市骏杰印刷有限公司印刷
科学出版社发行　各地新华书店经销
*
2025 年 3 月第　一　版　开本：720 × 1000　1/16
2025 年 3 月第一次印刷　印张：12 1/2
字数：252 000

定价：108.00 元

（如有印装质量问题，我社负责调换）

前　言

插铣作为一种高效的铣削加工方法，可以快速去除零部件表面的加工余量，并且可用于特殊难加工材料和复杂曲面较多的零部件的加工，尤其在航空、航天等领域得到了广泛的应用。对于难加工材料的曲面加工，大型异构件、整体叶轮叶盘、切槽加工，以及刀具悬伸长度较大的加工，插铣法的加工效率远高于常规铣削法，采用插铣法可使加工时间缩短一半以上。

水力发电在我国电力工业中备受重视，冲击式水轮机的核心部件是转轮。转轮由轮盘和多个水斗组成，水斗呈勺状，安装在转轮边缘。整体式转轮的轮盘和水斗是一体的，不存在安装问题，加工的难点主要在于水斗。国外一些企业在水斗加工方面已经完成了由分体式加工到整体式加工方式的转变，整体式加工优点较多，加工方式多采用插铣加工。

结合水电设备关键零部件水斗的加工，本书对插铣刀柄和刀具进行设计及仿真。插铣加工所使用的刀具长径比较大，大的长径比在加工过程中必然会引起振动，降低加工效率和刀具寿命，影响工件质量。为提高加工效率，减少插铣加工中的振动，研究插铣加工时的刀具磨损意义重大。

全书共 6 章，第 1 章介绍插铣加工技术和插铣刀具的设计以及插铣加工在水轮机水斗加工中的应用；第 2 章设计适合大的长径比加工的减振插铣刀柄，分析插铣刀柄加工中的振动特性及其规律，为插铣刀减振刀柄的切削加工参数选择提供依据；第 3 章设计不等齿距插铣刀并对插铣加工稳定性进行分析，为保证腔体加工过程的稳定性提供理论依据；第 4 章对插铣刀具磨损进行分析，建立水斗插铣加工时刀具的磨损模型，通过对不同刃口结构的刀具进行分析与仿真来优选插铣刀切削刃口的结构；第 5 章通过插铣加工过程仿真，研究仿真过程中铣削力、铣削温度和刀具磨损量的变化情况，优化切削参数和刀具刃口结构；第 6 章介绍水斗设计及转轮数控加工。

本书由哈尔滨理工大学机械动力工程学院翟元盛、王宇撰写，相关工作得到国家自然科学基金面上项目“狭长勺型结构件高效插铣加工稳定性预测与刀具设计”（51375127）、黑龙江省自然科学基金面上项目“水轮机转轮高效插铣加工稳定性的研究”（E201439）和“插铣加工时刀具几何结构参数与铣削性能关系的研究”（E2015060）的支持，哈尔滨电机厂有限责任公司王波高级工程师，研究生高海宁、韩冬、曹宝宝、于状、杨天旭、卢佳鹤、盖竹兴等在项目研究过程中做了大量工作，在此谨表感谢。本书撰写过程中参考了大量国内外文献，在此向文献作者表示感谢。

鉴于插铣加工技术及插铣刀具设计涉及知识面广，加之作者水平有限，书中难免存在疏漏或不足之处，敬请广大读者批评指正。

目　　录

第1章　绪　　论

插铣作为一种新型的铣削方式，在制造业中得到了较为广泛的应用。对于难加工材料的曲面加工，大型异构件、整体叶轮叶盘、切槽的加工，以及刀具悬伸长度较大的加工，插铣法的加工效率远高于常规铣削法，采用插铣法可使加工时间缩短一半以上。插铣法具有工件变形小、径向切削力小、刀具悬伸长度较大等优点[1]。

本章结合水电设备关键零部件水斗的加工，详细介绍插铣加工技术和插铣刀具的设计以及插铣加工技术在水轮机水斗加工中的应用。

1.1　插铣加工技术的研究

1.1.1　插铣加工的特点

插铣法又称 Z 轴铣削法，即在数控加工过程中，刀具沿刀轴方向直线进给，利用底部的切削刃进行钻、铣组合切削。插铣加工能降低刀具的径向切削力，使切削力保持稳定，刀具振动小。图 1.1 是插铣工艺原理示意图。

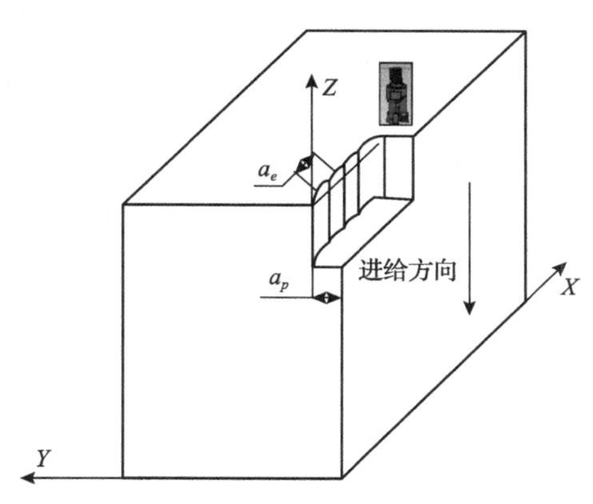

图 1.1　插铣工艺原理示意图

由于插铣具有效率高、能够快速切除大量金属的优点，并且非常适合于加工难加工材料(如钛合金)和一些复杂曲面的零部件，所以在许多领域尤其是在航空航天、水力发电等领域得到广泛应用[2]。例如，对于现代航空发动机的结构设计和制造，在发动机风扇、压气机、涡轮上采用整体叶盘结构是一项重要措施[3]。航空发动机整体叶盘的插铣加工，是提高整体叶轮粗加工切削效率的有效方法。冲击式水轮机水斗的制造材料是 Cr13 不锈钢，水斗插铣加工所需刀柄的长径比达 14，采用插铣加工方式[4]，可快速去除多余材料，提高加工效率。但当流道开粗时，由于切削深度不均匀，如果工艺参数设置不当，易产生振动，刀具磨损较大，水斗前后缘处颤振现象严重，出现明显振纹[5]，如图 1.2 所示，由于刀具磨损严重，所以加工效率降低。过大的铣削振动不仅会造成加工表面质量的下降，而且会造成刀具破损失效，使得加工难以进行，尤其是在大余量的强力插铣加工中，刀片容易产生破损，如图 1.3 所示。

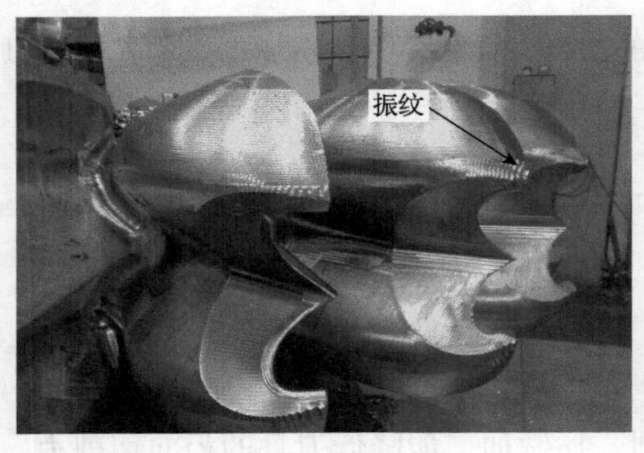

图 1.2　水斗边缘处振纹

图 1.3　插铣刀片破损

因此，如何获得满足异形曲面插铣过程高效稳定切削和高品质加工的工艺方案，解决高效率粗加工或半精加工与刀具使用寿命之间的冲突，已成为航空航天发动机、水轮机等企业加工大型异形曲面亟待解决的关键工艺问题。

随着国内外对插铣研究的不断深入，插铣技术的应用也越来越广泛，但是仍然有许多问题亟待解决：

(1) 稳定性。插铣刀具的悬伸长度过长，刀柄的刚度很难保证，从而使得受力时容易发生弯曲现象；而在插铣过程中，刀具不仅会受到切削力的影响，所受的扭矩也不能忽略，使得刀具中心在 X、Y、Z 三个方向上均有偏移，从而可能引起插铣过程中的颤振现象。

(2) 刀具轨迹优化。虽然已有一些计算机辅助设计 (computer aided design, CAD)/计算机辅助制造 (computer aided manufacturing, CAM) 软件中包含插铣模块，但是由于其本身模块的不完善性和技术人员插铣加工的经验仍然较少，如何确定初始加工位置和选择最优刀具路径的问题仍未能解决，这也在很大程度上限制了插铣技术在加工领域的应用。

(3)有关插铣动力学方面的研究仍然较少，从控制铣削力、铣削温度等方面来减小刀具磨损，确定较好的加工参数仍然很难实现。

1.1.2　插铣刀柄的减振设计与性能

在插铣过程中，刀具几何参数及加工参数选择不当，会对刀片产生极大的影响。为了节省材料和时间，插铣加工前的仿真分析与计算十分重要。

插铣刀的原料通常是硬质合金及其涂层，硬质合金拥有较高的韧性和抗弯强度，同时涂层部分材料的耐高温及耐磨损性能优良，因此插铣刀可适用于大进给量和较大切削速度的加工。然而，由于待加工材料的多样性，应选择不同类型和不同涂层的插铣刀，以保证工件表面质量。同时，刀具几何尺寸决定了切削力的大小，并且对加工时的刀具路径优化也有一定的影响。插铣过程中发生的振动会大大降低待加工工件精度，严重时会使刀具发生破损，特别是加工条件为大进给时，刀具很容易发生失效现象。

目前，山高刀具(上海)有限公司(简称山高公司)、伊斯卡刀具国际贸易(上海)有限公司(简称伊斯卡公司)、山特维克可乐满切削刀具(上海)有限公司(简称山特维克可乐满公司)等主要工具厂商都推出了自己的刀具产品。一部分厂家研发出刀具设计系统，根据加工理论，对刀具进行参数化设计。山高公司对插铣刀具的开发研究较为完善，图1.4是山高公司研发的R217/220.79-12A型刀具，进给量为 0.10～0.25mm/r，切削速度可达到 1000m/min。伊斯卡公司设计出TANG PLUNGE 蝴蝶插铣刀，其型号为 HTP-LNHT-0604，刀具的直径分别设计有16mm、20mm、25mm，可适用于插铣端部，该款刀具的优点是刀片的耐用度强，切削性能优良，同时在刀身处设计有冷却孔位置，可以达到降低温度、

图1.4　山高公司研发的插铣刀

利于切屑排出等目的，具备较好的使用性。

当刀具的直径较小而刀柄要求较长时，刀具在受到一定的切削力后会产生明显的振动，即颤振。铣削加工过程中，颤振会使工件表面质量下降和精度降低[6]。此外，颤振还会严重影响刀具的破损率和产品的生产效率，成为机械加工中急需解决的问题[7]。因此，越来越多的专家和学者针对抑制颤振的方法进行研究。

颤振是由持续的无固定周期振荡外力施加在加工系统时所造成的一种振动，常见于金属切削，实际上是属于刀具、工件与机床三者之间的一种系统内部自激振动。切削颤振产生的原因是加工中刀具和工件间切削力的短时间大范围减小或者增大，常表现为加工中刀具相对于工件产生一种极其不稳定的相对振动，可表现为刀具预加工平面与实际加工表面间的相对波动偏差造成的振痕。颤振在产生大量噪声的同时，也对生产和加工有着极大的危害，甚至会对加工机床和工人产生威胁。

常见的振动类型包括自由振动、自激振动和受迫振动，其比例大约为 1∶6∶13。自由振动的占比较小，因此主要研究自激振动与受迫振动。一般导致振动的原因包括：机床上的高速回转件不平衡，微小的偏差会逐渐增大离心力而导致激振力产生；机床中齿轮的尺寸误差、装配误差较大；切削过程本身的不平衡性，如切削力的周期变化会引起振动；外部一些不确定因素等引起设备的振动。

自激振动是当系统受到某些外力作用而使得切削力瞬时变化时，触发的自由振动导致切削力周期性的变化，系统的能量输入与振动状态相关。自激振动的频率往往与系统本身的固有频率相近，当输入能量大于瞬时消耗能量时，振幅会持续增大，反之减小，直至拥有稳定的振幅与频率。自激振动有再生型、摩擦型及耦合型三种，铣削加工过程中主要产生的是再生型振动。减少振动的主要方式有调整切削参数法、加工刀具不等齿距法、吸振隔振减振法以及过程阻尼法。切削参数的调整包括设置合理的切削速度、进给量及背吃刀量等。另外，受迫振动则是一种系统在外界周期性驱动力作用下产生的振动。

振动控制的方法根据系统内执行减振的部件性质主要分为主动控制和被动控制。被动控制是指在系统内添加吸振隔振装置，其结构可靠，加工简单，是现在研究最多、应用最广的方式，可分为改善材料法、动力减振法、冲击减振法、摩擦减振法和阻尼减振法等。主动控制是指通过加工过程中的动态信息采集，根据相应的动态参数如加速度、切削力等变化，提供即时的数据分析并反作用于系统从而起到抑制颤振的作用。

山特维克可乐满公司BT30型刀柄如图1.5所示，其最大长径比为16∶1，是现阶段比较先进的刀柄。该刀柄内部添加有动力减振装置，内部的阻尼材料从一开始的弹簧减振块逐渐发展到钨棒和阻尼油减振系统。

图1.5　山特维克可乐满公司BT30型刀柄

1.1.3　不等齿距插铣刀的设计与分析

插铣刀在进行加工时，一般为断续切削，会引发机床-刀具系统产生受迫振动，这是不可避免的[8]。常规的铣刀刀齿都是等齿距分布，如图1.6所示，这样的分布会使刀具在切削时受到周期性的外来冲击进而产生强烈振动，被加工表面质量得不到保障，刀具逐渐磨损[9]。

切削振动会造成以下四种危害：

(1)在被加工材料表面出现振痕；

(2)大大缩短机床和刀具的使用寿命；

(3)出现较强的噪声污染，对操作者正常的身体机能造成影响；

(4)降低生产效率。

周期性的冲击振动对加工系统带来的伤害是可以通过刀体结构的改变来进行削弱的，如将刀齿分布按不等齿距的形式进行安排，如图1.7所示。这样的铣刀在切削时的切削力波形图和原本的等齿距分布的铣刀不同，各刀齿的铣削力峰值将不尽相同，且持续时间也不再一致，从而打乱了原有的冲击周期性。

将不等齿距的理念引入切削加工领域是一种全新的加工方式，这种方式可以有效提高加工效率[10]。国内外开展相关研究已有多年，不等齿距插铣刀相比于等齿距插铣刀能够抑制颤振的基本原理是：改变切削过程建立的动力学

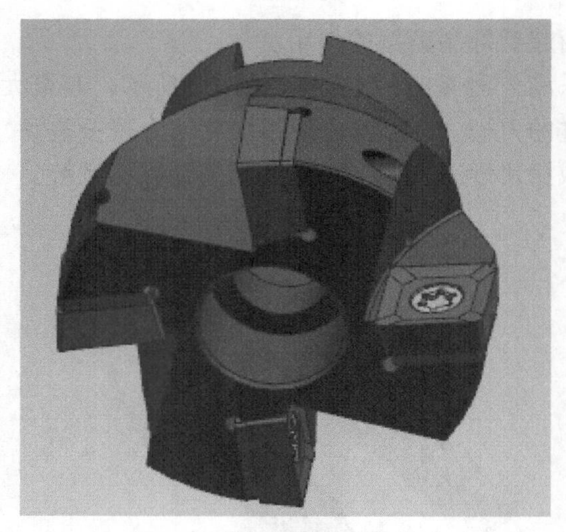

图 1.6　等齿距插铣刀示意图

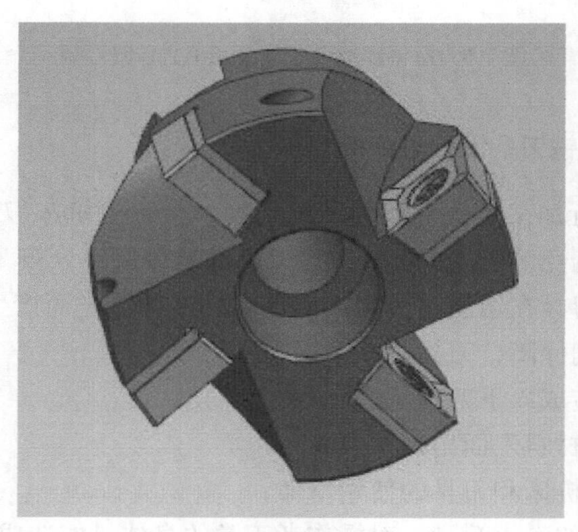

图 1.7　不等齿距插铣刀示意图

模型中的时滞项，打破等齿距插铣刀在加工过程中产生的再生效应，进而实现对颤振的抑制。

采用不等齿距插铣刀进行铣削加工时，首先根据插铣加工方式的特点建立不等齿距插铣刀铣削力模型，在频域范围内对其进行分析，研究其稳定性叶瓣图，通过仿真与试验验证不等齿距插铣刀的优越性，为实现水轮机水斗的高效加工提供理论和技术支撑。

切削加工的动态特性研究重点关注的是振动问题，具体表现为刀具与工件之间产生的一种强烈的自激振动，这种振动由加工过程中的动态切削力引起，并在机床-主轴-刀具-工件整个系统中维持振动不衰减。颤振现象的产生对工件表面、刀具磨损、机床系统平衡等一系列系统组成部分都会带来很大的影响，严重时甚至使切削无法进行。因此，有必要对颤振现象进行在线监控。切削振动按其物理形成原因可分为滞后型颤振、耦合型颤振、摩擦型颤振和再生型颤振四类。迄今为止，得到国内外学者普遍认可的颤振的产生机理是滞后效应、振型耦合效应、负摩擦效应和再生型效应。其中再生型效应和振型耦合效应被认为是最直接、最主要的两种激振机制。

在铣削加工过程中，机床-主轴-刀具-工件系统的固有属性以及实际加工参数的选用都会直接影响整个加工系统的稳定性。机械加工中的切削振动可以细分为很多类，如图 1.8 所示。若加工系统产生强烈的振动，则会使切削过程中铣削力忽大忽小，严重影响刀具正常的使用寿命，并且还会在已加工材料表面形成一定程度的振痕。为避免这一情况的发生，有必要对铣削过程进行稳定性预测。

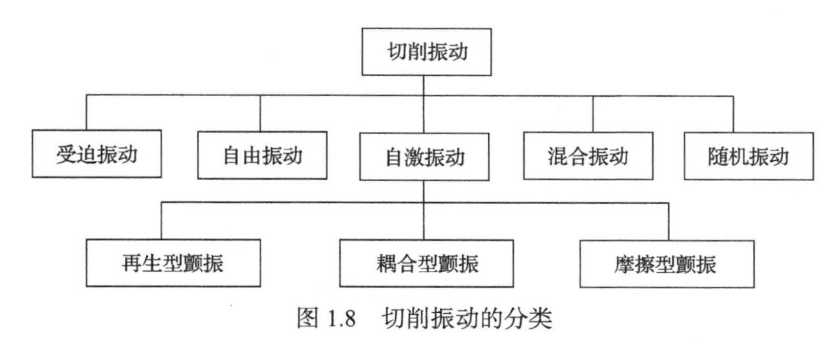

图 1.8 切削振动的分类

铣削过程的稳定性预测方法主要有频域法、时域法和切削试验法[11]。频域法又可以细分为零阶频率法和多频率法。

以大型水轮机水斗的制造加工为例，由于从毛坯件到成型的产品这一过程需要去除大量的材料，再加上水轮机水斗为狭长的型腔，所以适合选用插铣方式。根据实际情况，加工刀具需要具有较大长径比才能更好地实现加工目标，但是这也引发了一个重要的问题：加工颤振。颤振发生后不仅会影响加工效率，加剧刀具磨损，降低刀具使用寿命，而且还会产生巨大的噪声污染，严重影响操作人员的身心健康。因此，需要在以下几方面进行插铣刀具的研究[12]：

(1)根据插铣加工的特点，建立等齿距插铣刀插铣加工的铣削力模型，引入不等齿距参数进而建立不等齿距的插铣加工铣削力模型，通过使用插铣刀实际加工水斗材料，来获取插铣水斗材料为 Cr13 不锈钢时的铣削力系数，通过

MATLAB 软件计算出插铣加工 Cr13 不锈钢时的铣削力，将其与测力仪测定的铣削力数值进行比对。

(2) 根据插铣加工的特点选择刀具和刀体的材料，并对部分结构进行几何形状的设计；对构建的插铣铣削力模型进行傅里叶变换，在频域范围内对其进行分析；研究不等齿距插铣刀的减振降噪原理，通过确定最优刀齿分布目标函数得到刀齿分布优化结果。

(3) 建立插铣加工的三自由度动力学模型和刀齿参与加工时的瞬时切削厚度数学模型，采用半离散方法求解插铣动力学方程并获得插铣加工 Cr13 不锈钢的稳定性叶瓣图，分析刀具悬伸长度和主偏角对插铣加工 Cr13 不锈钢过程稳定性的影响程度。

(4) 采用有限元分析软件 ANSYS 分别对等齿距插铣刀和不等齿距插铣刀进行模态分析和静力分析，研究其模态振型和受力变形；并用不等齿距插铣刀与等齿距插铣刀进行切削试验，综合评价两者的铣削性能。

1.1.4　插铣加工刀具磨损

虽然插铣法已得到广泛应用，但其高效的金属材料去除率使得加工过程中的刀具经常出现磨损、崩刃等现象，刀具无法正常切削，迫使工人提前更换刀具重新进行加工，降低企业的生产效率，同时也提高企业的生产成本，最终体现在市场上的是企业产品竞争力的下降。

在研究刀具磨损与磨损率时，通常以加工过程中刀具磨损与磨损率的试验数据为基础建立刀具磨损图，同时建立刀具磨损行为的数学模型，并通过试验验证磨损图形的可行性。1943 年，柯朗在 *Bulletin of the American Mathematical Society* 上发表了“Variational methods for the solution of problems of equilibrium and vibration”(《平衡和振动问题的变分解法》)一文，首次提出了有限元法的核心思想。

切削仿真技术的发展得益于有限元法和计算机技术的进步，早在 20 世纪 70 年代，该技术就已经应用于金属加工领域，并得到快速的发展。

迟开元[13]利用切削仿真技术对切除金属材料过程中切屑形成的原因进行了较为系统的研究。李飞等[14]以有限元法为基础，建立了处于不同刃口作用下的正交切削力模型，揭示了加工区域内塑性变形的本质。Binder 等[15]利用有限元仿真软件 DEFORM-3D 进行硬质合金刀具和有涂层 PVD-TiAlN 的硬质合金刀具在切削加工 45 号钢时的刀具磨损仿真试验。杨天旭[16]分析仿真过程中涂层的摩擦特性、导热特性以及抗磨损性，并以此为基础改进 Usui 磨损模型；

利用改进后的 Usui 磨损模型，重新进行切削仿真试验，并将仿真结果与实际刀具磨损情况进行对比，在验证模型准确性的同时优化结构参数。卢佳鹤[17]研究发现刀具刃口结构对刀具切削效率、工件表面加工质量等有着重要的影响。因此，在实际加工过程中根据切削条件选择合理刃口结构的刀具变得十分重要。

1.2 水斗的插铣加工

1.2.1 水轮机的转轮结构

水电能源行业在国家战略性新兴产业发展规划中占有重要地位，国内对整体式数控加工水轮机转轮的关键零部件制造技术尚不完善。转轮是冲击式水轮机的核心部件，其制造水平的高低直接关系到水轮机的工作效率、使用寿命和企业的经济效益。因此，世界各国普遍高度重视转轮制造技术的研究与发展。当前国内外水轮发电机组水头在 500～1000m 内大都选择冲击式机组形式，水头在 600m 以上的就必须选择冲击式机组。目前主要有以下几种转轮结构方式。

1. 整铸结构

整铸结构是水轮机转轮通过整体铸造工艺制造的一种结构形式。该结构转轮具有整体性强、可减少应力集中、制造精度高等优点。国内生产厂家大都采用整铸打磨，水斗型线容易存在误差，很难满足设计要求的水力性能指标，造成水轮机出力不足，各个水斗之间型线一致性差，在机组运行过程中因重量的不平衡引起机组振动，同时因铸造材质力学性能较差，在水斗根部存在大面积应力集中区，在高水头的巨大外力作用下造成应力释放，导致水斗根部断裂(又称断斗现象)，断斗后果相当严重，轻者导致转轮报废，重者因断斗产生的巨大不平衡力矩而使整个机组全部损坏。

2. 双箍装配式结构

图 1.9 为双箍装配式转轮。双箍装配式转轮的优点是水斗可以单独铸造(或锻造)数控加工。水斗的受力状态得到很大改善，延长了疲劳寿命；缺点是保留了老式水斗的筋板和国内曾经见过的双箍，对水力性能不利，转轮重量也有所增加。由于组合部件增多，转轮整体刚度下降，受空间限制的双箍装配式转轮对我国现在要开发的转轮意义不大。

3. 焊接结构

焊接结构转轮的制造流程如图 1.10 所示。这种结构的转轮大都无法实现整体锻造后数控加工，为了保证水斗根部的强度，通过数控加工保证转轮型线精度，焊接后进行退火处理消除焊接应力。

(a) 转轮装配

(b) 转轮架

图 1.9 双箍装配式转轮

(a) 斗与叶根数控铣

(b) 斗叶焊接

(c) 斗和叶的最后打磨

图 1.10 焊接结构转轮的制造流程

4. 锻造数控加工结构

冲击式水轮机结构要求其加工所用刀具的直径与长度比超过 1∶14，普通的刀具在这种情况下已不具备加工性。基于此，本书引入高速高效加工工艺插铣法，该方法对于难加工材料的曲面加工、切槽加工以及刀具悬伸长度较大的加工，加工效率远高于常规方法。但插铣刀只有刀具外径具有刀片的部分参与切削，对进刀和走刀方式有严格的要求，且工艺编程困难。锻造数控加工结构转轮的加工工艺流程如图 1.11 所示。

(a) 钢锭 (b) 锻坯 (c) 取样

(d) 粗加工 (e) 数控加工1 (f) 数控加工2

(g) 数控加工3 (h) 动平衡 (i) 成品

图 1.11 锻造数控加工结构转轮的加工工艺流程图

1.2.2 水斗的设计

由于转轮属于大型部件，其直径一般为 1～3m，更大的可达 4m，质量可达 6t 以上，再加上其结构复杂、开放性差，因此加工工艺复杂，制造十分困难。转轮由轮盘和多个水斗组成，水斗呈勺状，安装在转轮边缘。针对水斗的结构特点和技术要求，目前国内外主要有四种制造方法：整铸铲磨、焊接加工、铆接加工、整体式数控加工。

在 20 世纪 70 年代前，受铸造技术的限制，水斗式转轮常见的形式为装配组合方式，其优点是容易铸造、个别水斗损坏时换修方便；缺点是把合螺栓承受巨大的脉冲载荷，容易断裂。随着焊接技术的发展，逐渐出现了铸焊转轮，但是焊接质量直接关系到转轮的寿命，在使用过程中易出现裂焊或者应力集中等现象。铸造技术的发展促进了整铸转轮的出现，其加工过程为先铸造转轮毛坯，然后利用样板手工打磨转轮的水斗。铸件的强度和质量决定了水斗的使用水头，即使是在相对较低的水头下，冲击式水轮机在运行过程中也极易出现断斗现象。

以上三种形式都不能有效地防止冲击式水轮机运行过程中的断斗现象。随着 CAD/CAM 技术、刀具技术、金属切削技术和数控机床的发展，新的水斗结构形式应运而生，即数控加工式。从 20 世纪 90 年代起，国外开始将整体制造技术应用于冲击式水轮机转轮的制造。德国伏伊特公司、瑞士 ABB 公司、奥地利 AVL 公司和法国阿尔斯通公司等均采用整体铸造或锻造转轮坯件，通过数控加工设备进行转轮的整体机械加工，从而提高了转轮的加工效率、加工精度和使用寿命[18]。整体式数控加工过程是：采用整体铸造或锻造的圆柱形毛坯，经过粗车外形后进行无损探伤，然后利用高精度多轴数控机床，采取分层、分区等切削方法加工成水斗，如图 1.12 所示。

图 1.12　冲击式水轮机水斗的整体式数控加工

虽然采用该加工方法的材料利用率较低，约为 25%，加工效率也较焊接、铆接低，但其优点非常突出，粗车后的转轮工件几何形状简单，可以进行 100% 超声波检查。通过一般性无损探伤来检查粗锻件，其力学性能不会受加工过程的影响。

目前，水轮机水斗整体式数控加工代表了冲击式水轮机转轮制造的主流发展方向，受到了人们的广泛重视。在数控加工转轮技术出现初期，由于尺寸限制，水斗不能一次成型，必须经历分铸和微焊两个过程，即数控加工和焊接组合，如图 1.13(a)所示。这种结构虽然降低了数控加工的难度，但必须留有较大的微焊余量进行二次数控加工，且焊接部分的应力控制很困难。随着数控技术的发展，水轮机转轮实现了整体式数控加工，如图 1.13(b)所示。这种方法不但提高了水斗型线的准确性，而且能够解决断斗问题。目前，锻造毛坯或铸造毛坯整体式数控加工已成为冲击式水轮机转轮制造的主流方向。

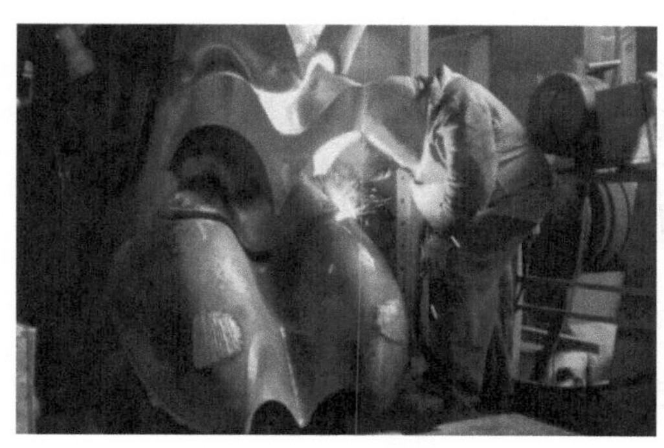

(a) 数控加工和焊接组合

(b) 整体式数控加工

图 1.13　水斗数控加工和焊接组合及整体式数控加工

20 世纪 90 年代以来，计算机技术、刀具技术、数控加工技术和数控机床的快速发展，大大推动了新型冲击式水轮机的开发、设计及制造。国外发达国家已经由转轮与水斗分开加工转向了整体式数控加工。

水斗的进水边，实际上是三条曲线，这三条曲线汇交于分水刃的端点，它们是不可分别对待的。从水斗与射流的相对运动中不难理解，水斗端点首先接触射流，然后水斗沿上述三条刃口同时切入射流、在转动的同时沿内摆线运动，将射流劈成三部分，对称的两部分分别进入水斗的两个工作面，另一部分则射向该水斗前面的相邻水斗，如图 1.14 所示。三条进水边实际上由水斗的两个工作面及其背面汇交而成，当然与所述三个曲面息息相关。设计原则是：工作面满足能量交换要求，背面不与射流撞击，进水边具有足够的强度，易于有效地切入射流。确切地说，水斗并非切入射流，因为水斗入水时，单面(工作面)与射流接触，实际上是在相对运动中，将射流刮切了一段，为其所用。

近年来，在冲击式水轮机的设计中越来越多地采用数值模拟方法。冲击式水轮机水斗内部呈现复杂的非定常流动，而且水斗表面是非常不规则、靠近边缘区域曲率急剧变化、带有缺口的曲面。为了保证数值模拟的顺利进行，可基于水斗正面贴体网格的生成方法，获得均匀分布的网格。在对冲击式水轮机射流的数值研究方面，Kubota[19]研究了冲击式水轮机水斗在不同旋转位置的水膜

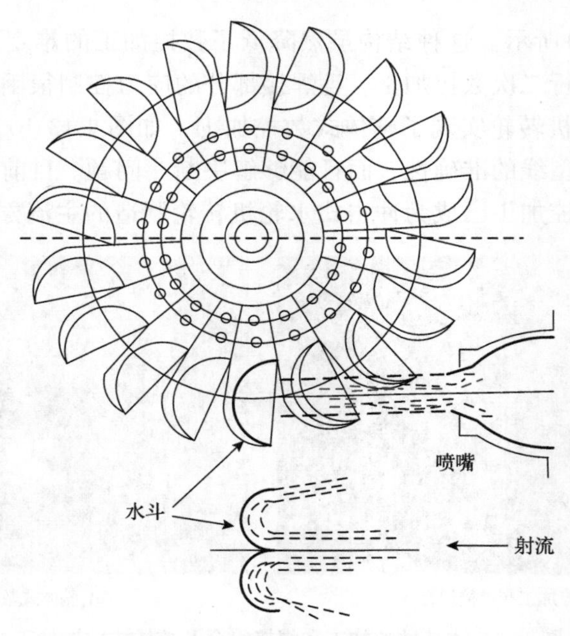

图 1.14　水轮机内部流动示意图

流态分布，分析了干涉引起的负比尺效应；对单射流的模型水轮机进行观测，并分析了水斗在不同旋转位置的流动特征、水斗外部出流状态，以及水斗的形状对转轮能量性能的直接影响；为了定量地测量水斗内部的流动特征和压力分布，采用在水斗内表面设置微孔压力传感器的方法，对固定水斗以及旋转水斗内部的压力分布进行测量，分析了水斗内部的压力系数以及水斗入口的流量随水斗旋转角度的变化，并为水斗内部流动的数值计算提供了试验依据。

随着冲击式水轮机技术的不断发展，研究人员对水斗内部流动的试验研究更加细致、精确，并将之作为验证数值计算，成为水斗优化设计环节中必不可少的步骤。

1.2.3　水斗加工的特点

国内三轴数控加工设备众多且使用成本相对较低，采用三轴数控机床结合数控转台的方式进行水轮机转轮(水斗)的四坐标整体式数控加工，对于提高企业水斗制造技术水平、增强竞争力，无疑具有重要的意义。采用四坐标数控设备进行水斗的整体式数控加工，既要保证加工质量，又要提高加工效率、降低生产成本，其难度相当大。需要对转轮的特点及加工难点、四坐标数控加工的特点、切削方式、走刀路线等进行综合分析比较，研究制定合理的水斗整体式数控加工工艺[20]。

水斗结构紧凑、几何形状复杂、开放性差，且紧密而又均匀地分布在转轮外圆上。此结构特点决定了在其整体式数控加工过程中，会出现诸多加工工艺和数控编程等方面的难点，因此需要针对水斗的结构特点及加工要求，对传统的加工方法进行改进和优化，以便能更好、更安全、更高效地整体加工出水斗。转轮整体锻造后进行数控加工，不仅可以保证水斗的型线和尺寸公差，保证其水力性能，还能有效防止断斗现象，延长转轮的使用寿命[21]。

目前，水斗的数控加工有以下难点[22]：

(1)刀具刀柄与水斗型面易干涉，如图 1.15 所示。由于水斗均匀而又紧密地分布在转轮外圆上，开放性差，水斗根部的加工空间十分有限。

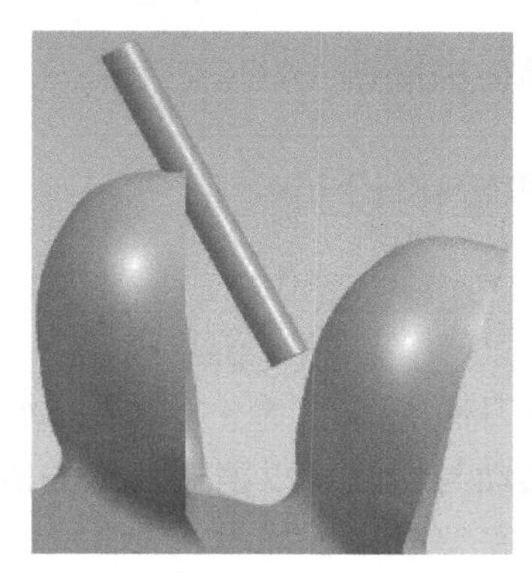

(a) 刀柄与水斗正面的干涉

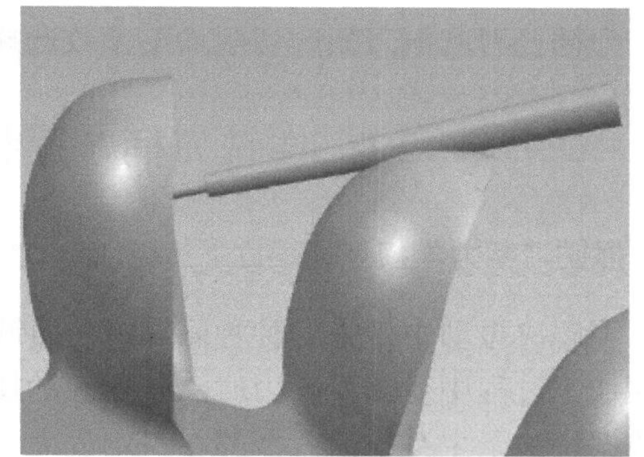

(b) 刀柄与相邻水斗背面的干涉

图 1.15　数控刀具的干涉检查

(2)材料切除量较大。水斗整体采用锻造毛坯，加工至最终的产品尺寸，需要去除掉大约 70%的材料，总的材料切除量较大，需要耗费较多工时。

(3)不锈钢材质切削困难。在切削过程中，容易导致切屑变形严重，黏附在铣刀刀齿上，使切削条件恶化。

(4)刀具刀柄易变形、产生颤振现象。受到水斗结构狭长、加工空间狭小等限制，为有效避免出现加工干涉、碰撞现象，需要采用长径比较大的大悬臂高强度刀具结构。

(5)数控编程困难。水斗结构复杂、型面繁多、曲率变化大，进行数控加工编程相当困难，需要根据加工部位的不同，选择合理的走刀路线。

第2章 插铣刀柄的设计及性能分析

当遇到难加工的异形曲面、深腔槽类结构件时，插铣加工方式显得尤为有效，因其较高的金属去除率，该加工方式正逐渐被推广和使用。当加工汽轮机叶片的根部、发电式水轮机水斗底部时，为避免干涉就需要使用细长形状的刀柄，刀柄的长径比增大会使工件-刀具系统的稳定性降低，产生明显的颤振，难以实现高精度加工，并且刀片磨损较大，成本大大增加。为实现高效稳定的插铣加工，本章设计一种减振插铣刀柄，分析插铣刀柄加工中的振动特性及其规律，为插铣刀减振刀柄的切削加工参数选择提供依据。

2.1 插铣刀柄减振装置的设计

2.1.1 插铣刀柄力学模型的建立

为了解决振动中带来的种种问题，在插铣刀柄内部增加一个减振系统。当刀柄在加工过程中受到径向力时，减振块的摆动与回复可以消耗一定的能量，同时减振块给予主系统的力能够在一定程度上平衡外来干扰力，从而减小了刀柄自身的振动。

图 2.1 为以一种 BT40 插铣刀柄为依据用 UG 软件设计的三维模型。刀柄整体长度为 250mm，悬伸长度为 185mm，夹持部分为 65mm，刀体前端半径为 14.4mm，材料为 40Cr。

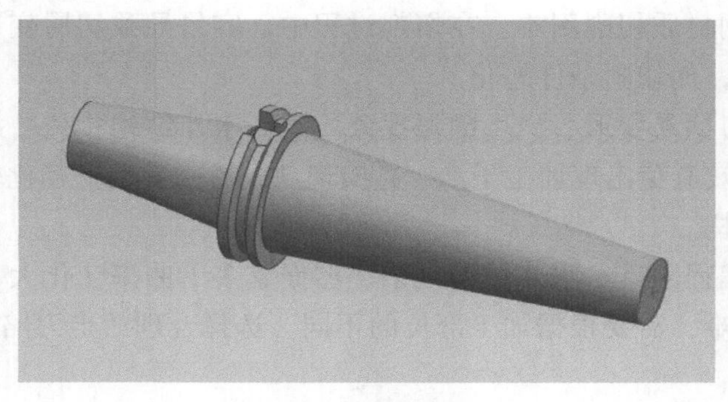

图 2.1 插铣刀柄模型

刀具和机床等在理论上都是具有六个自由度的弹性体，产生振动的情况也多种多样，但对于建模而言需要的只是某些自由度上振动的幅度和频率以及其增强或者削弱的机理特性，因此在这里先将刀具加工系统理论模型简化，分析单一自由度上的振动问题。振动系统的模型通常划分为三类：①物理模型，其中包含了质量、刚度等参数，这些参数可以完全概括系统中的振动特性；②模态模型，由模态频率、矢量(振型)和衰减系数构成或者由模态的质量、刚度、阻尼、矢量组成；③非参数模型，由频响和脉冲函数构成。可将理想化的减振系统变为物理力学模型，再将其转化为数学模型，分别分析质量、弹性和阻尼元件的受力情况，再经过整合得出运动方程。下面先对不同元件进行受力分析，再简单介绍阻尼减振和动力减振的原理。

1. 受力分析

1) 质量元件

质量元件是振动系统中的质量部分，是振动系统的基本组成部分之一。质量为 m 的物体，在光滑平面上系在质量不计的弹簧上，在将其向右拉后释放的过程中，物体上有且只有一个弹簧的回复力，力的大小遵循胡克定律即弹性系数与位移的乘积，某一时刻的力 $F = ma = m\ddot{x}(t) = -kx(t)$ ，齐次微分方程为 $m\ddot{x}(t) + kx(t) = 0$ ，此时将物体视为无弹性且不消耗能量。当有外力作用时，物体受到的力为弹簧回复力与外力矢量和，即非齐次微分方程 $ma = m\ddot{x}(t) = F(t) + kx(t)$ ，如图 2.2 所示。

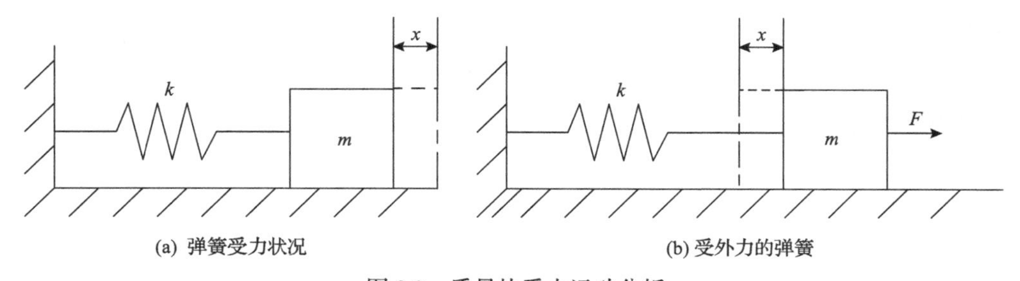

(a) 弹簧受力状况 (b) 受外力的弹簧

图 2.2 质量块受力运动分析

2) 弹性元件

在一个减振系统中，弹性元件承担着减缓振动和抑制冲击的作用，将动能以势能的形式储存，再以缓慢的方式释放或者连续多次的轻微释放，通过与有质量的元件进行做功转化，缓解外力引起的冲击。一般系统中弹性元件所受外力、刚度与位移变形的关系为 $F = kx$。

3)阻尼元件

阻尼元件是抑制切削振动、提升加工精度和延长刀具寿命的关键部件。阻尼元件通过吸收或耗散切削过程中产生的振动能量，减少刀具与工件之间的动态干扰。固体内部由于变形和分子之间摩擦等产生的阻碍变形现象称为材料阻尼，而在液体中振动减缓受到的阻尼作用称为黏性阻尼。图 2.3 为物体用橡胶隔振的受力情况，系统运动方程为 $m\ddot{x} + c\dot{x} + kx = 0$。

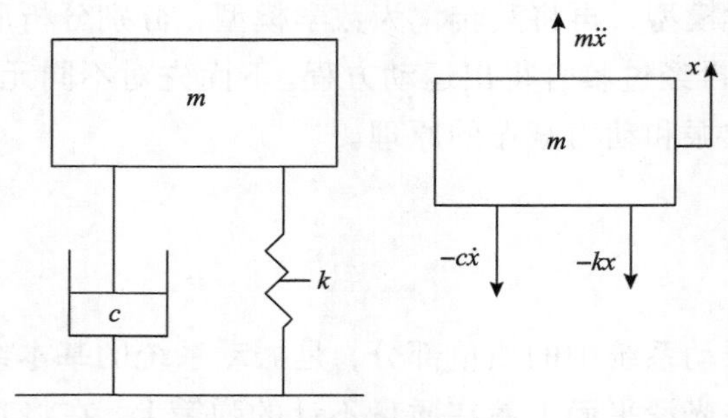

图 2.3　橡胶隔振物体受力运动分析

2. 减振原理

减振刀柄原理示意图如图 2.4 所示。当考虑径向受力变形时，忽略重力的影响，可以将刀柄假设成细长结构刀柄与机床之间的悬臂梁问题。动力减振的原理是当刀柄在加工过程中受到某一径向力时，减振块与橡胶圈组合的位置摆动与回复，能给予刀柄一个与外部激振力对抗的作用力，从而减少外界对刀柄的干扰。当激振力的频率与系统自身振动频率相近时，极容易发生颤振，通过调节吸振装置的频率使之与激振力相近，可以避免相应的振动。

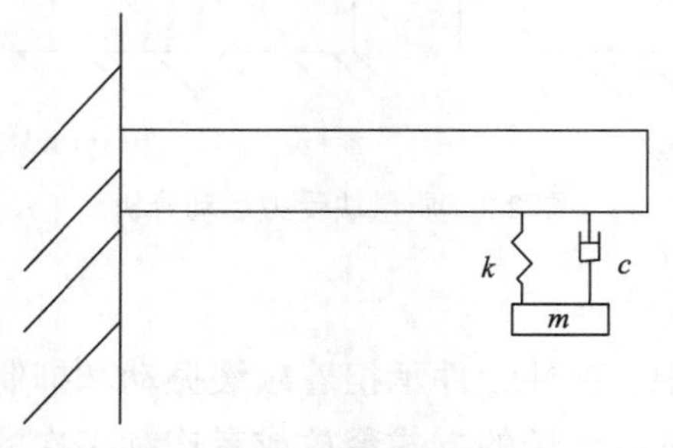

图 2.4　减振刀柄原理示意图

插铣实际加工过程如图 2.5 所示。可以看出刀柄尾部垂直装夹在机床上，进给方向向下，此时刀柄轴向刚度较大，受到的轴向力直接传递给机床，能够很有效地避免轴向的振动，克服加工过程中刀具在竖直方向的摆动，因此本节重点介绍抑制径向切削力造成的振动。

图 2.5　插铣进给的过程

通过分析可以将刀柄减振系统进行简化，减振装置由质量块、减振圈和阻尼油构成，如图 2.6 所示，M 为刀柄部分的等效质量(kg)，m 为质量块的质量(kg)，减振圈等效刚度为 k_2(N/m)，减振刀柄等效刚度为 k_1(N/m)，减振内部等效阻尼系数为 c(N·s/m)，系统运动方程为

$$\begin{aligned} &m\ddot{x}+c(\dot{x}_2-\dot{x}_1)+k_2(x_2-x_1)=0 \\ &M\ddot{x}+c(\dot{x}_1-\dot{x}_2)+k_2(x_1-x_2)+k_1x_1=F \end{aligned} \tag{2.1}$$

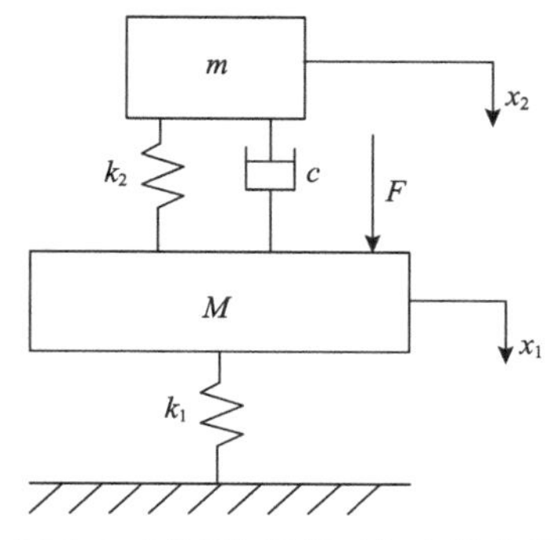

图 2.6　减振装置运动与力学分析

若刀头端受到一个正弦变化的激振力 F，将 $F(t)=F_0\mathrm{e}^{\mathrm{j}\omega t}$ 、$x_1=A_1\mathrm{e}^{\mathrm{j}\omega t}$ 、$x_2=A_2\mathrm{e}^{\mathrm{j}\omega t}$ 代入式(2.1)，可推出：

$$A_1 = \frac{-m\omega^2 + \mathrm{j}\omega c + k_2}{(-M\omega^2 + \mathrm{j}\omega c + k_1)(-m\omega^2 + \mathrm{j}\omega c + k_2) - (\mathrm{j}\omega c + k_1)^2} F_0 \tag{2.2}$$

进一步推导，可以得出主系统的振幅表达式：

$$|A_1| = \sqrt{\frac{(k_2 - m\omega^2)^2 (\omega c)^2}{\left[(k_1 - M\omega^2)(k_2 - m\omega^2) - mk_2\omega^2\right]^2 + \left[k_1 - (M+m)\omega^2\right]^2 (\omega c)^2}} \tag{2.3}$$

将式(2.3)中各项分别同除$(Mm)^2$，设定下列各式，即质量比$u = \frac{m}{M}$，阻尼比$\zeta = \frac{c}{2\sqrt{mk_2}} = \frac{c}{2m\omega_{n2}}$，最大变形$X_{st} = \frac{F_0}{k_1}$，激振频率比$\lambda = \frac{\omega}{\omega_{n1}}$，系统固有频率比$\gamma = \frac{\omega_{n2}}{\omega_{n1}}$，经化简可得

$$\left|\frac{A_1}{X_{st}}\right| = \sqrt{\frac{(\gamma^2 - \lambda^2)^2 + (2\lambda\gamma\zeta)^2}{\left[\left(1-\lambda^2\right)\left(\gamma^2 - \lambda^2\right) - u\gamma^2\lambda^2\right]^2 + \left(2\lambda\gamma\zeta\right)^2\left[1-(1+u)\lambda^2\right]^2}} \tag{2.4}$$

式(2.4)为吸振装置与主系统之间的振幅比，可以看出振幅比的结果与右侧三个未知参数有关。只要确定了质量、阻尼与系统固有频率的比例，就能够计算出振幅比，因此这里先确定质量比与系统固有频率比这两个参数，分析不同阻尼比对结果的影响。图 2.7 为 u=0.21、γ=0.79 时不同阻尼比分析得出的曲线。

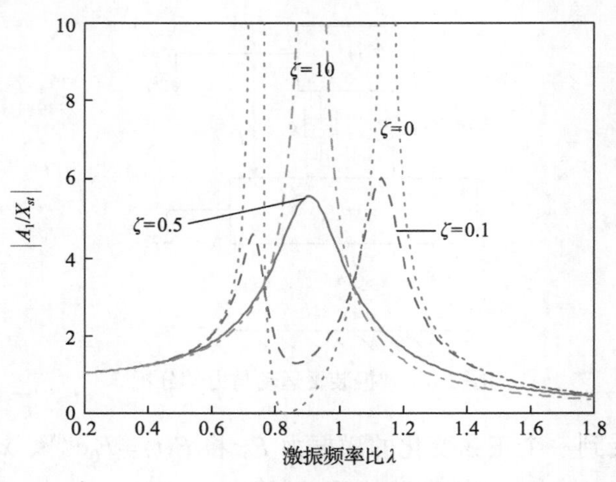

图 2.7　不同阻尼比的振幅曲线

由式(2.4)分析不同参数的关系可知，当阻尼比为 0 时，等式右侧大小趋于正无穷，从而使结果如图 2.7 所示，$\zeta=0$ 振幅比为无限大；当阻尼比过大时，等式右侧大小趋近于 1，则说明减振器与系统振幅相等，即发生共振，振幅会无限增大。因此，在 0～∞ 的有限区间内，一定至少有一个最佳阻尼比使得振幅比达到最小值。分析图中曲线可知，无论阻尼的取值大小如何变化，曲线总是过两个定点，这两点不受阻尼比的影响，这就是阻尼比中的定点理论。通过定点理论，可以确定在特定频率比下振幅比的最小值。最优阻尼比通常选择为使振幅比曲线在定点处达到最小值。

2.1.2　减振系统参数分析

将式(2.4)进行替换，即 $a=p+q\zeta^2$，$b=m+n\zeta^2$，其中，$p=\left(\gamma^2-\lambda^2\right)^2$，$q=(2\gamma\lambda)^2$，$m=\left[\left(1-\lambda^2\right)\left(\gamma^2-\lambda^2\right)-u\gamma^2\lambda^2\right]^2$，$n=\left[1-(1+u)\lambda^2\right]^2(2\lambda\gamma)^2$，代入得到

$$\left|\frac{A_1}{X_{st}}\right|=\sqrt{\frac{p+q\zeta^2}{m+n\zeta^2}}=\sqrt{\frac{q}{n}}\sqrt{\frac{p/q+\zeta^2}{m/n+\zeta^2}} \tag{2.5}$$

可以发现，当 $p/q=m/n$，即 $p/m=q/n$ 时，可得

$$\left|\frac{A_1}{X_{st}}\right|=\sqrt{\frac{q}{n}}=\left|\frac{1}{1-(1+u)\lambda^2}\right| \tag{2.6}$$

可以看出，式(2.6)最终不含有阻尼项，再次证明阻尼比大小不影响振幅比，且当阻尼比为零和无限大时，有

$$\begin{aligned}\left|\frac{A_1}{X_{st}}\right|&=\left|\frac{\gamma^2-\lambda^2}{1-\lambda^2\gamma^2-\lambda^2-u\gamma^2\lambda^2}\right|=\sqrt{\frac{p}{m}}\\ \left|\frac{A_1}{X_{st}}\right|&=\left|\frac{1}{1-(1+u)\lambda^2}\right|=\sqrt{\frac{q}{n}}\end{aligned} \tag{2.7}$$

当 $p/m=q/n$ 时，$\zeta=0$ 与 $\zeta=\infty$ 有两个共同点，由于这两点在曲线相反方向上，可以确定：

$$\frac{\gamma^2-\lambda^2}{1-\lambda^2\gamma^2-\lambda^2-u\gamma^2\lambda^2}=\frac{-1}{1-(1+u)\lambda^2} \tag{2.8}$$

$$\lambda^4-\frac{2\left[(1+u)\gamma^2+1\right]}{2+u}\lambda^2+\frac{2}{2+u}\gamma^2=0 \tag{2.9}$$

设式中两个根分别为λ_a、λ_b，则有

$$\left(\lambda^2-\lambda_a^2\right)\left(\lambda^2-\lambda_b^2\right)=\lambda^4-\left(\lambda_a^2+\lambda_b^2\right)+\lambda_a^2\lambda_b^2=0 \tag{2.10}$$

计算可得

$$\lambda_a^2+\lambda_b^2=\frac{2\left[(1+u)\gamma^2+1\right]}{2+u} \tag{2.11}$$

为使这两点的值相等，有

$$\frac{1}{1-(1+u)\lambda_a^2}=\frac{1}{1-(1+u)\lambda_b^2} \tag{2.12}$$

整理后可得

$$\lambda_a^2+\lambda_b^2=\frac{2}{1+u} \tag{2.13}$$

当$\gamma=1/(1+u)$时，减振器的自振频率与系统振动频率之比为系统最优频率比。图 2.8 为经过计算和尝试得出的共同点等高的曲线，u 的值为 0.21，固有频率比为 0.833。

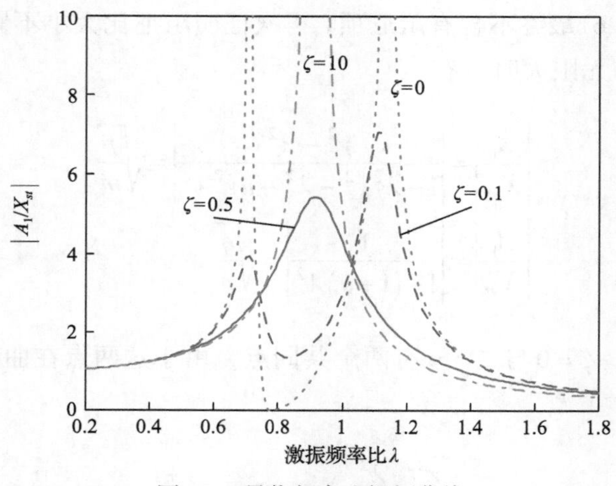

图 2.8 最优频率比振幅曲线

由图 2.8 可知，一定存在某一阻尼 ζ 使两共同点为最高点，这时振幅比可以控制在最小，即实际主振幅最小。具体方法如下：两点处切线斜率应该都为零，即

$$\frac{\partial}{\partial \lambda^2}\left[\frac{X_1}{X_{st}}\right]=0 \tag{2.14}$$

简化为

$$\dot{a}b-a\dot{b}=0,\ \dot{a}=\partial a/\lambda^2,\ \dot{b}=\partial b/\lambda^2 \tag{2.15}$$

阻尼比为 $\zeta=\sqrt{\frac{3u}{8(1+u)}}$，将 u=0.2 代入，$\zeta=\sqrt{\frac{3u}{8(1+u)}}=0.25$，绘制如图 2.9 所示的曲线。

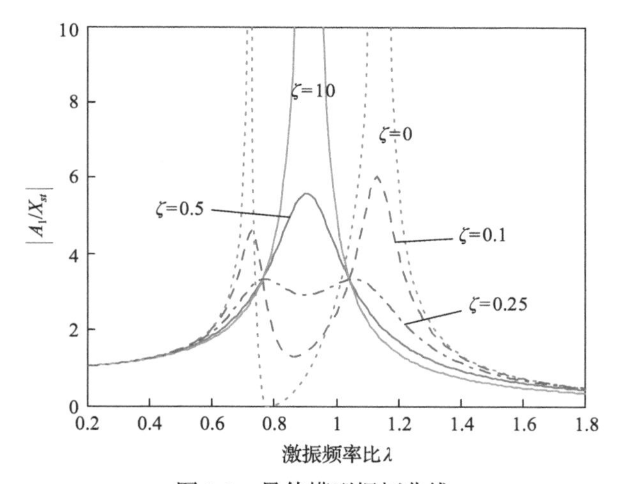

图 2.9　最佳模型振幅曲线

由图 2.9 可见，当 u=0.2、γ =0.83、ζ =0.25 时出现振幅比最大值最小的情况，即此时获得最优质量比、最优频率比、最优阻尼比。

2.1.3　减振铣刀刀柄模态分析

有限元法是利用数学方法对几何和受载状况进行求解，采用将复杂问题简单化后再叠加的方式，通过对求解域的单元离散，结合有限元的连续子域联立方程推导出复杂的总解。有限元法能够精准地算出一些实际难以解决的复杂问题，目前已成为一种广泛应用于结构力学分析的有效算法。

ANSYS 有限元仿真包含了前处理、数据分析、后处理功能。前处理功能

的建模功能强大，能实现数据集的布尔运算，其中网格划分模块具有适应网格器，可根据属性控制实现网格定义与生成；施载模块包含了多种应力函数。后处理功能包括通用后处理和时间历程后处理，能实现对节点解和单元解的计算。ANSYS 数据分析功能广泛，静力学模块可以求解线性和非线性问题，尤其适用于其他方法难以处理的阻尼系统问题，分析膨胀、缩小、变形位移以及接触问题；结构动力学模块考虑了瞬时动力、频率、振幅的影响。此外，还拥有丰富的热分析、声分析、压电分析、流体力学分析以及各种耦合场问题分析模块。

模态分析能显示出结构系统的各阶频率以及各频率段的振动特征参数，通过对已知频带的规避与振幅的控制，进一步达到减振的目的；能够准确地评价系统的动态特征，对构件的故障进行检测和预报，以及判别动载荷。ANSYS 软件的模态分析都是线性的，会忽略非线性的特性。利用 ANSYS 软件进行模态分析的流程如图 2.10 所示。

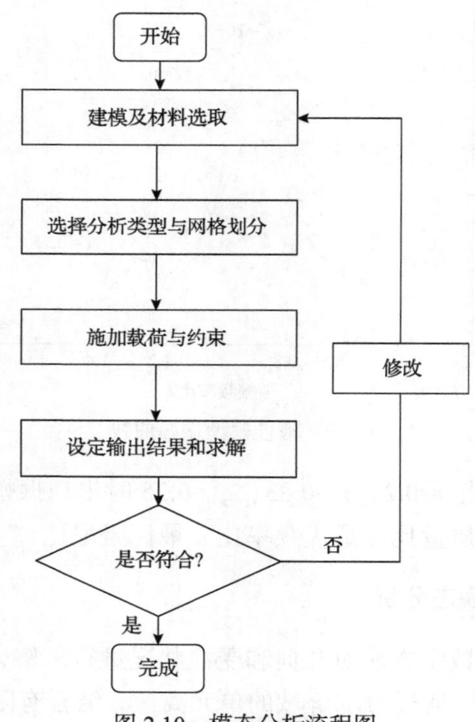

图 2.10　模态分析流程图

通过三维软件的接口连接功能，进行对 UG 零件图的导入。创建单元，根据模型几何形状选择合适的类型，由于多节点能更准确地分析结果，选择单元类型 SOLID186(具有 20 个节点的六面体高阶单元)，这一单元具有弹性特征，在后续弹簧圈的类型中也可以应用。

根据材料的属性设置材料参数如图 2.11 所示，定义 EX 为“2.1e11”，PRXY 为“0.3”，DENS 为“7800”，如图 2.12 所示。这里需要注意的是，ANSYS 中不存在具体单位，其根据导入模型的大小自动判断，输出时转化为国际单位制，ANSYS 一般默认为国际单位制。

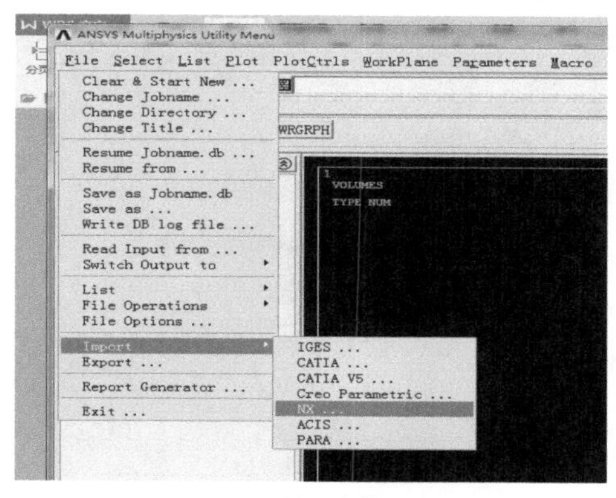

(a) 导入文件

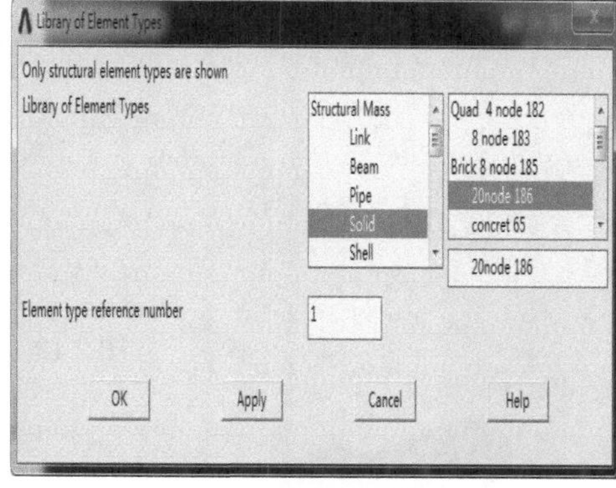

(b) 定义属性

图 2.11　建模与材料设置

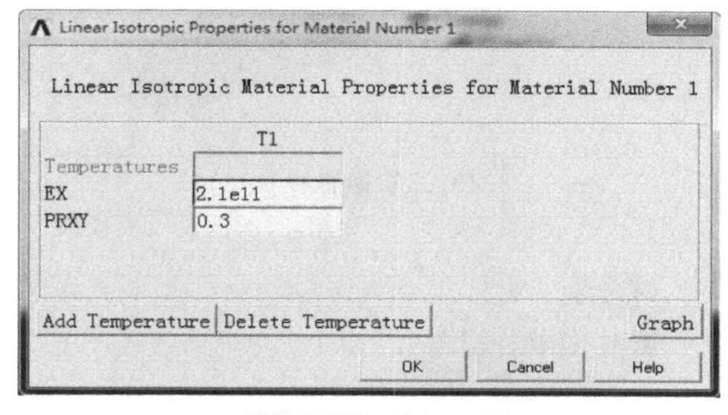

(a) 弹性模量与泊松比设置

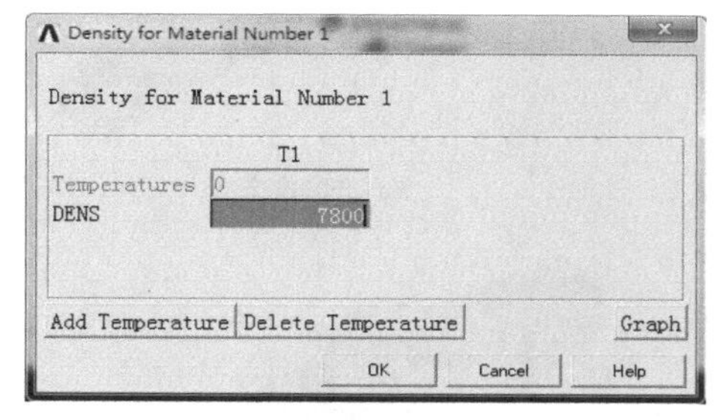

(b) 密度设置

图 2.12　材料属性参数

网格划分是整个分析过程中十分重要的一步，划分的精细程度直接影响了计算结果的准确程度，每个网格尺寸越小，仿真越精准，与实际越相符，但网格过密会导致计算难度增加，这里设置网格尺寸为 5。图 2.13 为运用自动划分方式，经 mesh 和 pick 命令生成的网格，局部刀头区域可用 refine 命令重新细化。

约束是指对模型的位移设置有一定的边界条件。按照实际加工的装夹连接方式，对刀柄尾部进行六自由度全部约束固定，在刀头部分对关键点施加一个实际切削力的近似值，方向为沿着刀头截面的径向方向。

选择输出类型为模态(静力学中选择“static”)，设定要提取的前 n 阶结果，确定后进行求解。通过软件后处理可以查看各阶频率，通过位移云图可以比较 X、Y、Z 三个方向的受力变形。本仿真中施加载荷后 Y 方向变形最大，如图 2.14 所示。

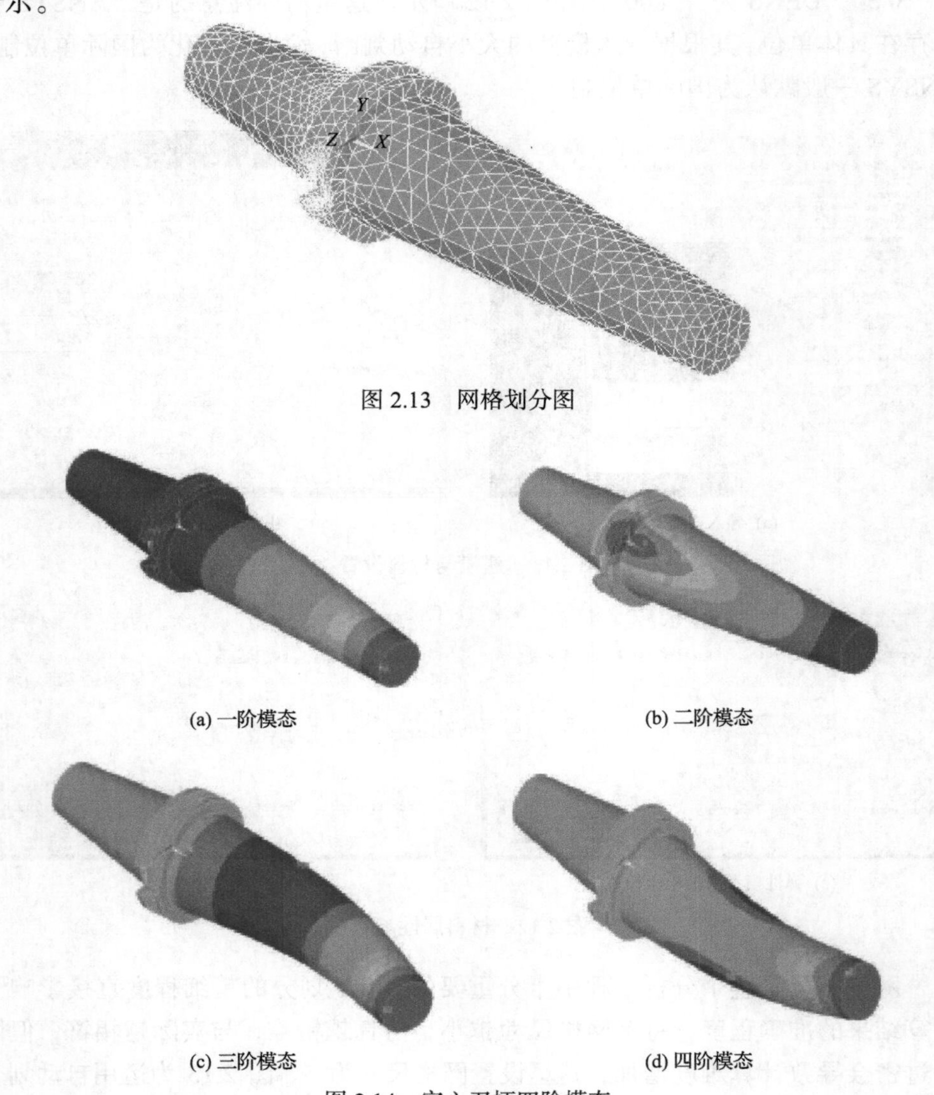

图 2.13　网格划分图

(a) 一阶模态　(b) 二阶模态

(c) 三阶模态　(d) 四阶模态

图 2.14　实心刀柄四阶模态

图 2.15 为刀柄四阶模态的振幅情况。由仿真结果可以看出，一阶频率的振幅最大，物体振荡频率不会低于基频，且一阶频率最常见、最容易发生，因此本节针对控制一阶模态的振动进行分析。将刀具左端固定，最右侧的点即刀头

处变形最大的点，故拟在距离切削力产生的最近处添加减振系统以减小加工中的振动。

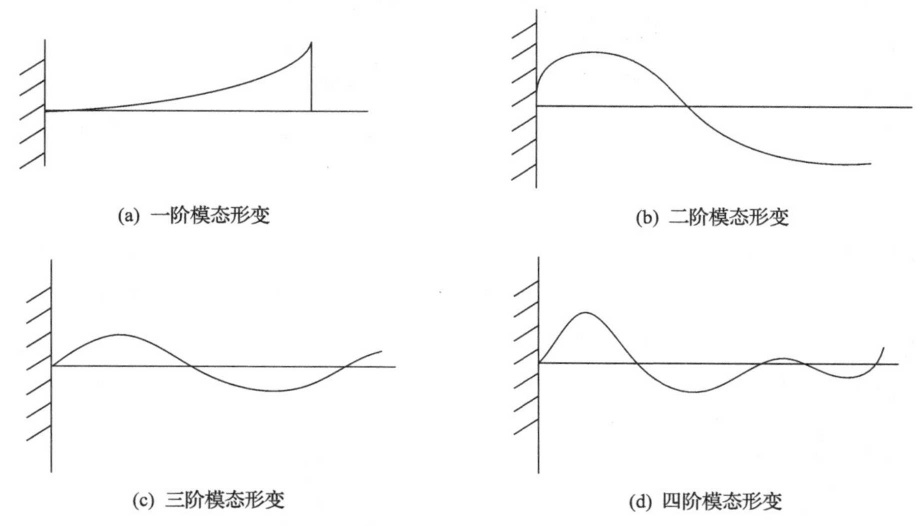

图 2.15　实心刀柄四阶模态振幅示意图

接下来进行固有频率的计算验证。当分析悬伸刀柄的前端径向受力时，可以简化为悬臂梁结构。系统多自由度的频率计算方法包括邓克利法、瑞利能量法、里茨法，而单一自由度频率计算通常是由试算法、能量法等理论推导实现的。图 2.16 中悬臂梁的振动属于连续振动，有很多固有频率并且能叠加出无限个主振型，当仅考虑弯曲变形，忽略剪切变形等因素时，利用欧拉-伯努利梁理论计算固有频率：

$$f_i = \frac{1}{2\pi}(\beta_i l)^2 \sqrt{\frac{EI}{\rho_i l^4}}, \quad i = 1,2,3 \tag{2.16}$$

前三阶的根分别为 1.875Hz、4.694Hz、7.855Hz；振型系数分别为 3.52、22.4、61.7。E 为材料的弹性模量；I 为梁的截面惯性矩；l 为悬伸长度；ρ_i 为材料线性密度。

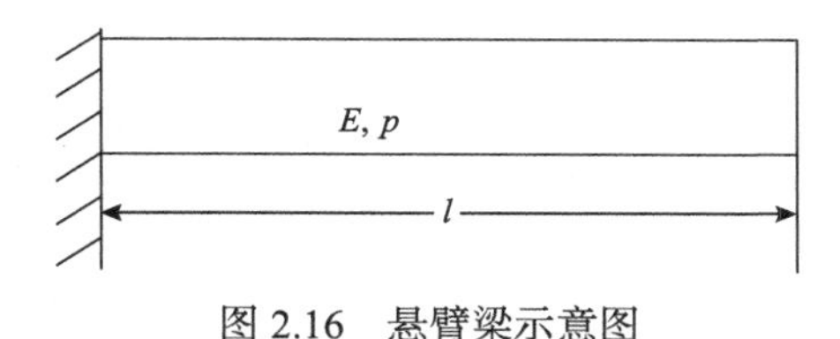

图 2.16　悬臂梁示意图

2.1.4　刀柄结构设计

刀柄的材料一般选用 45 号钢或 40Cr，但 45 号钢淬透性较差，易产生裂纹，因此热处理性能不太高，不适合做重要零部件的材料；40Cr 相对优点较多，经调质后能承受较大的载荷冲击并能适应一定的转速，具有良好的疲劳强度、韧性和塑性，切削性能较好，易于加工，经济性好，因此本节选用 40Cr 作为刀柄材料。

在形状方面，本次设计的原型是具有锥度的刀柄，锥形刀柄相对于圆柱刀柄在抗扭曲、阻挠变形方面都具有更好的性能，并且实际刀柄尾部的直径与安装刀片的刀头差距过大，为不产生聚集变形以及受力集中的变截面区域，锥形刀柄是一种良好的选择。接下来对刀柄的具体外形性能进行验证分析，如图 2.17 所示。通过静力学分析仿真试验可以看出，锥形刀柄具有更好的抵抗变形的能力。

(a) 锥形刀柄　　(b) 圆柱刀柄

图 2.17　不同外形刀柄变形

图 2.18 为根据理论模型得到的减振刀柄的整体示意图，包括空心刀柄、刀头和减振单元。

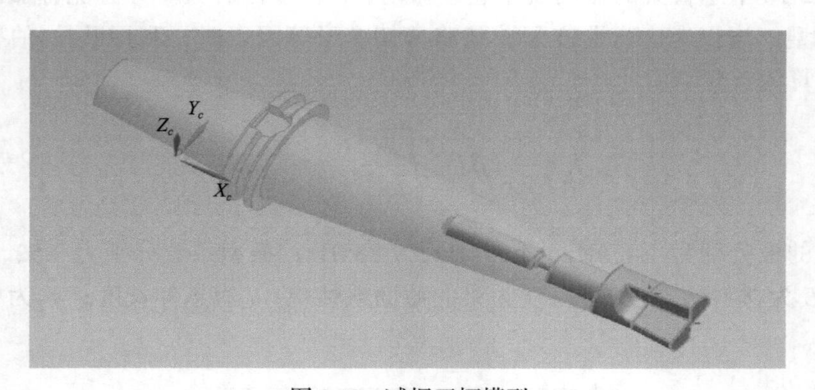

图 2.18　减振刀柄模型

系统的稳定性可以通过自身的受力变形程度来判断，而载荷分为静载荷与动载荷，因此抵抗变形程度也分为静刚度和动刚度，静刚度变化很快，振幅相对较小，动刚度则较大。若激振力频率与系统一致，可能发生共振，则动刚度达到最低值，振动现象明显，振幅很大。加工过程中切削力的大小和方向很难预测，所以这里主要对动刚度进行分析。

当刀体前端设有空腔时，静刚度指的是构件在静载荷下抵抗变形的能力，动载荷主要从振动频率的角度来考虑。当作用力变化的速度较小，或激振力的频率相对系统自振频率非常小时，可进行静载荷作用分析。而当动载荷的下降会影响整体的静刚度时，通过添加减振块能够增强系统整体的稳定性，在一定范围内减振块的质量越大效果越好，但是这都受空腔大小、壁厚、间隙等情况的影响，因此需要设置合理的空腔长度和半径，在动刚度最大的平稳区域选值。对刀柄不同的空腔半径和长度进行频响分析，从中选取出最适合的参数。

按照一定周期规律变化的外部激振力会对系统产生持续影响，频响分析就是分析结构在这种情况下的动力响应状况。模态分析中的自振频率与谐响应分析中的曲线最值(即共振放大部分)可以相互对比，验证仿真合理性。ANSYS 软件中的前期步骤与模态分析相仿：建模，即设定材料属性与网格划分，输入带有实部和虚部的激振力，选择 Harmonic 谐响应模式，设定频率的有限区间和每步频宽(可以根据之前模态分析的一阶频率，进行适当的选取，在观察前几阶模态趋势后，具体载荷频率选择 0～2000Hz，载荷步数设为 200)。此外应注意的是，在对装配体进行分析时，应注意连接方式的选取，常用的是面面接触。面面接触具有目标面和接触面，在相互接触或产生干涉碰撞时，目标面对约束接触面进行渗透，通常可以穿透到接触面中，即接触面为变形体。本节将减振块与固定杆设置为目标面，橡胶圈的内壁和外壁都为接触面。求解后，进入时间历程后处理器，通过选取最大位移的节点，显示出振动的曲线与变形。图 2.19 为不同空腔半径 r 的频响曲线对比，表 2.1 给出了不同空腔半径的振幅

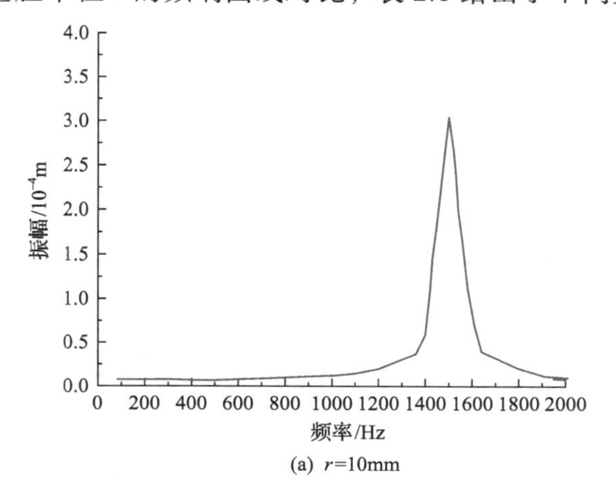

(a) r=10mm

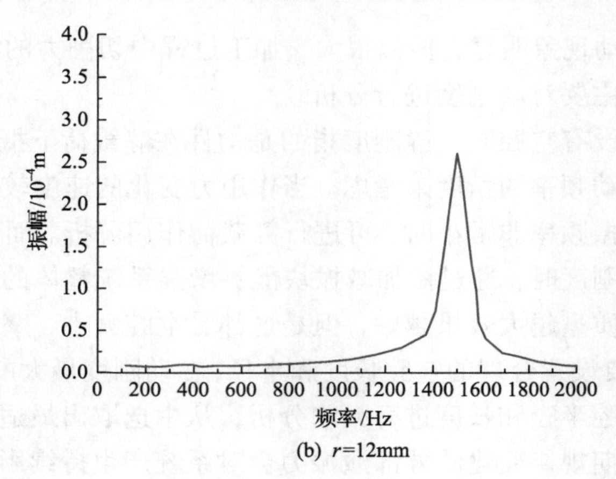

(b) r=12mm

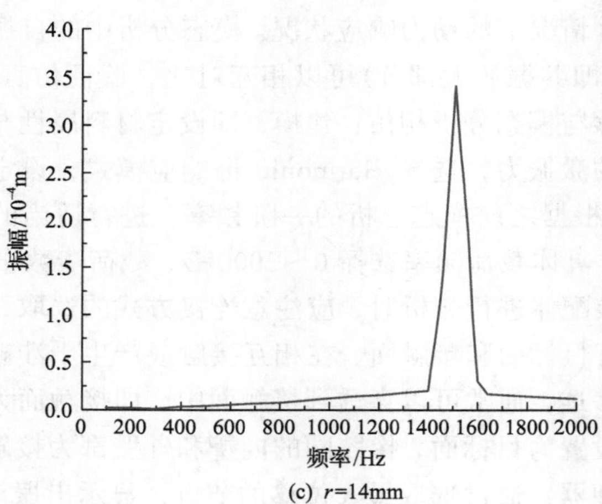

(c) r=14mm

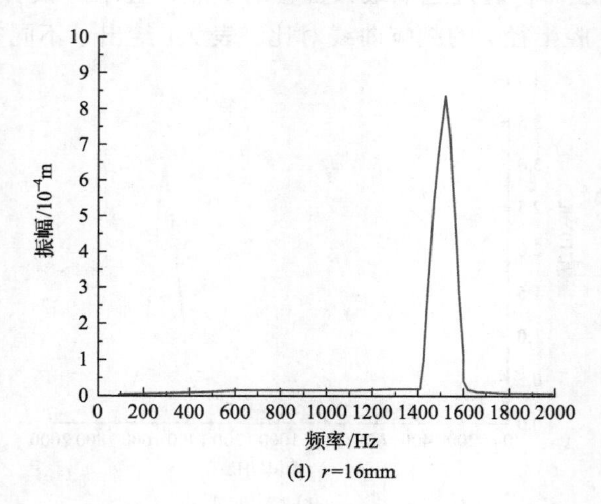

(d) r=16mm

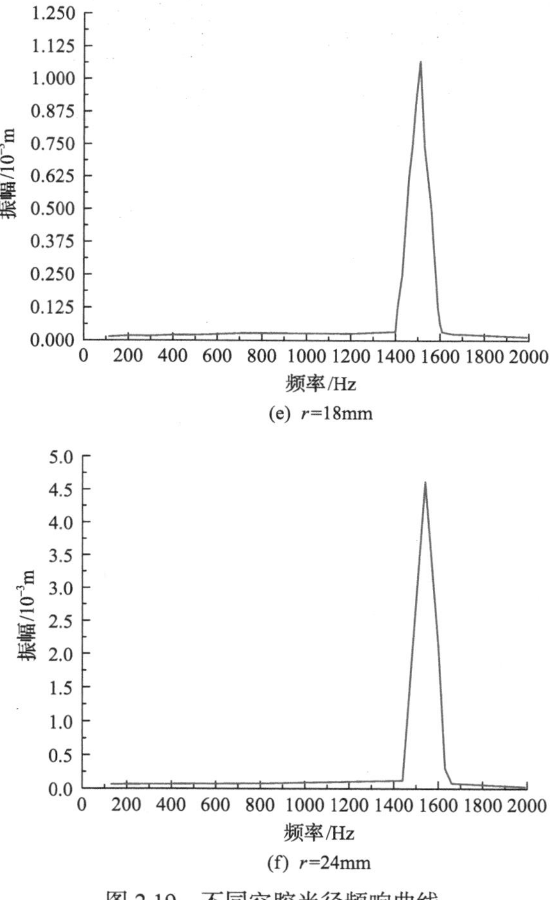

(e) r=18mm

(f) r=24mm

图 2.19　不同空腔半径频响曲线

表 2.1　不同空腔半径的振幅数值

空腔半径/mm	10	12	14	16	18	24
振幅/10^{-4}m	3.0	2.6	3.4	8.4	10.5	46.2

数值，图 2.20 为不同空腔半径的振幅曲线。

由表 2.1 和图 2.20 可以看出，其他条件相同时，在一定范围内，振幅变化不大，随着空腔半径的增大而缓慢增加，最后大幅度增加。这里应当选取平稳阶段的空腔半径，由于空腔半径限制了减振块的大小，所以尽量选择较大值，同时结合实际加工的情况，这里取 r=14mm。

表 2.2 给出了不同空腔长度的振幅数值，图 2.21 为不同空腔长度的振幅曲

线对比，图 2.22 为不同空腔长度的频响曲线。

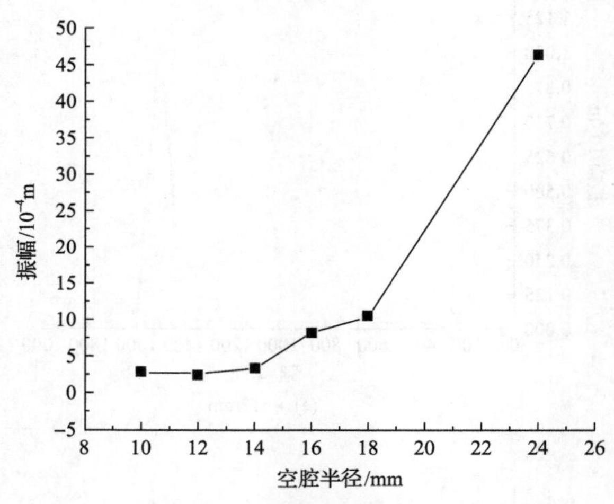

图 2.20 不同空腔半径的振幅曲线

表 2.2 不同空腔长度的振幅数值

空腔长度/mm	50	60	80	100	120	140
振幅/10^{-4}m	2.9	3.1	3.8	6.9	10.2	11.5

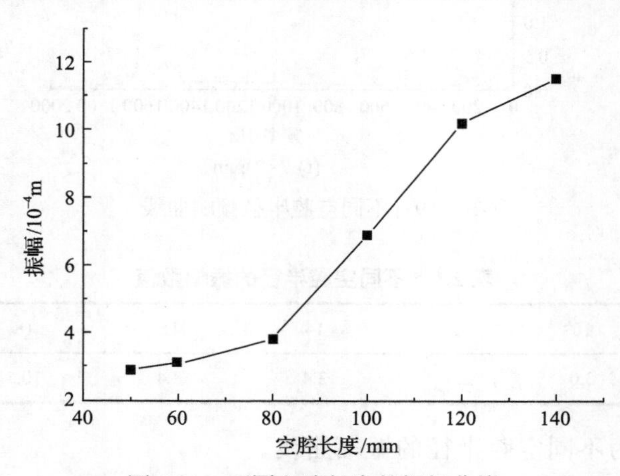

图 2.21 不同空腔长度的振幅曲线

由表 2.2 和图 2.21、图 2.22 可以看出，其他条件相同时，在一定范围内，振幅随着空腔长度的增大而增加，综合刀头的连接与减振块的大小，刀头连接螺纹需 24mm，减振块放置深度 44mm，这里取 l=68mm。

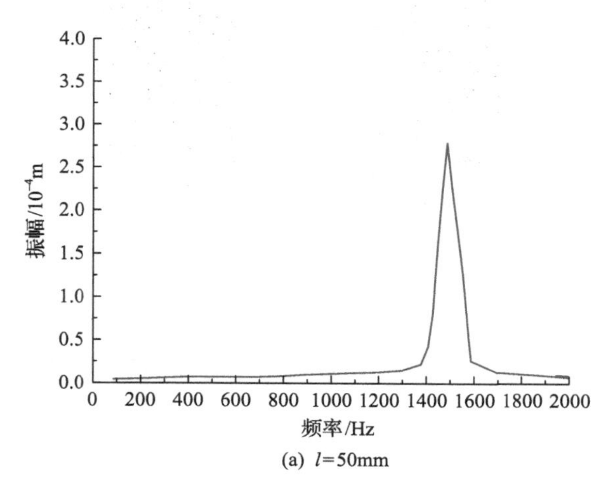

(a) l=50mm

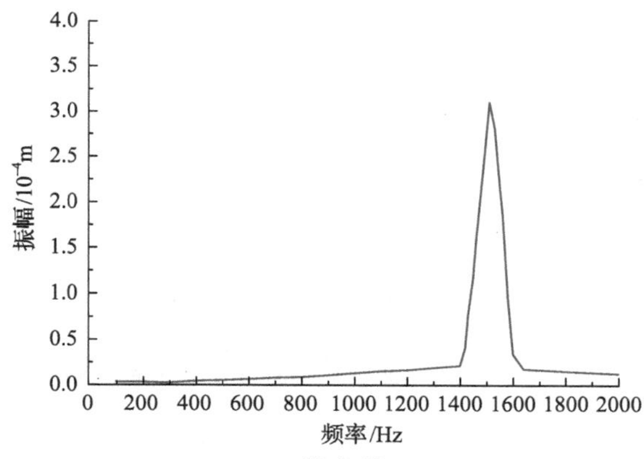

(b) l=60mm

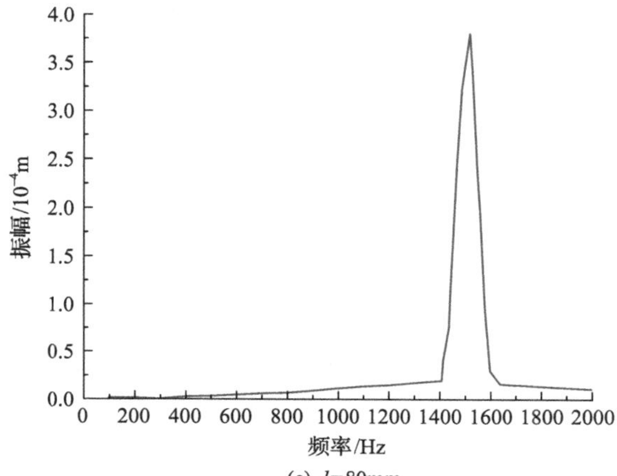

(c) l=80mm

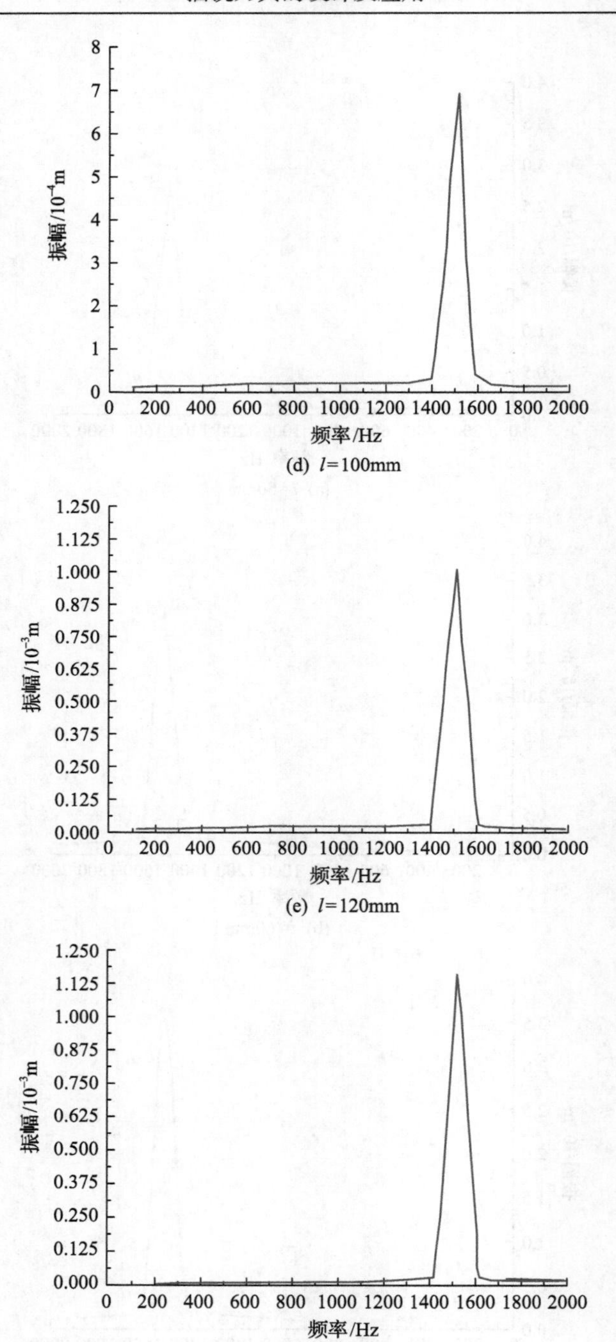

(d) l=100mm

(e) l=120mm

(f) l=140mm

图 2.22　不同空腔长度的频响曲线

2.2　减振部件结构的设计及分析

2.2.1　减振部件结构的设计

1. 减振块的设计

吸振装置要达到更好的减振效果，减振块的选择至关重要。从能量的角度来讲，瞬间碰撞能量传递和消耗的多少与两物体的质量也有很大关系。减振块通过使橡胶圈变形，再反向给予主系统一定的回复力来阻止振动，因此减振过程中系统很依赖减振块与刀柄的质量比。质量比太小难以起到作用，而过大又受到内部空腔的限制，这就要求质量块必须为高密度，一般认为密度越大效果越佳。常用的是钨基合金，这种合金有高密度、高硬度、高熔点的特征，热膨胀系数低，难以加工，且化学性质比较稳定，不易受阻尼油的侵蚀和影响，密度一般在 16.0～18.5g/cm^3。为保持良好的平衡稳定性，减振块的形状应该为与刀柄相仿的圆柱环状。此外，刀尖处振动最明显，质量块应该尽量靠在刀头侧，从而实现减振目的。质量块实体模型如图 2.23 所示。

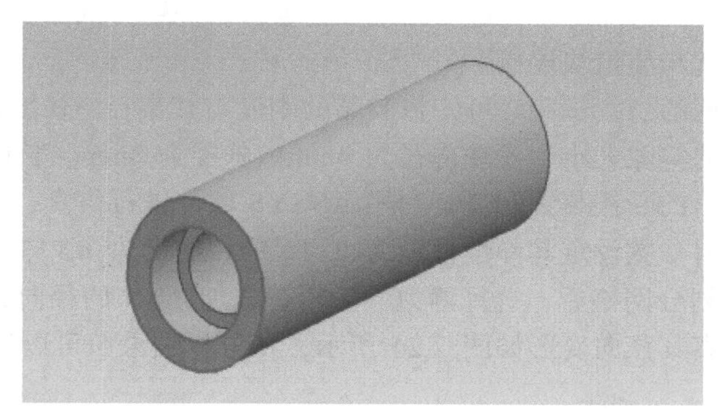

图 2.23　质量块实体模型

根据前面的最佳质量比，减振块最优质量应为 $m = 2.36 \times 0.2 \approx 0.47\text{kg}$，依据空腔的大小，减振块轴向长度为 40mm，外径为 12mm，内径为 6mm，与橡胶圈配合直径为 8mm，经计算密度应为 16.6g/cm^3，与钨合金材料相符。

整体动力装置的参数如下：质量比 $u = 0.47/3 = 0.16$，固有频率比 $\gamma = 1/(1+u) = 1/1.16 = 0.86$，动力吸振装置频率为 $\omega_{n2} = \omega_{n1}\gamma = 1429.38\text{rad/s}$，则动力装置的刚度应为

$$k = m\omega_{n2}^2 = 0.47 \times 1429.38^2 \approx 9.6 \times 10^5\,\text{N/m}$$

2. 弹性元件的设计

系统中的弹性元件传递了减振块与刀柄之间的力，当刀柄振动至最大振幅复位运动时，减振块的质量通过弹性体给予刀柄回复力，消耗了能量并起到减振作用。弹性元件是唯一与减振块接触的元件，限制着减振块的运动，是吸振过程中的主要成分之一，并起到一定的阻尼作用。选取适当的形状和物理参数对减振效果有很大影响，刚度过小容易造成减振块不稳定，产生永久性的偏移，刚度过大又易造成吸振性能下降。下面对弹性元件的选材以及其他参数进行介绍。

常见的减振实物包含利用材料卷曲或弯曲的金属弹簧、利用橡胶自身特性的橡胶弹簧以及利用气压承载的气体弹簧。橡胶弹簧能够抗腐蚀、抗老化。因此，弹性元件选用橡胶材料(针对定向的要求径向减振，只有橡胶性能较为符合)。天然橡胶结构简单，成分中近90%为橡胶烃，是一种天然高分子化合物，较容易获得且经济性好，易于制造出所要求的形状，同时大分子链结构使其有很好的机械强度，具有溶解性可调、耐碱性强、受热变化小、变形后滞后性小、经过处理后能抗磨抗压等特点。

橡胶制品充当缓冲块一般采用中空设计效果更佳，但由于刀柄内部空间尺寸的限制，将其设为环形，内壁与固定结构连接，外壁与减振块内部接触，轴向通过空腔内壁与质量块连接。

通过一系列的仿真试验，可知橡胶圈的刚度与其半径、长度都有关，结合空腔和减振块的空隙大小，发现内径为4mm、外径为8mm、长度为12mm时能符合前面求出的吸振装置刚度。利用ANSYS软件进行仿真，过程如下：通过查询橡胶材料参数设定其弹性模量为3×10^6Pa，密度为0.913×10^3kg/m^3，泊松比为0.49，划分网格后，选择静力学分析，施加1.5N的径向力，对Z方向施加约束，观察其径向变形如图2.24所示，从分析结果中可以看出Y方向上

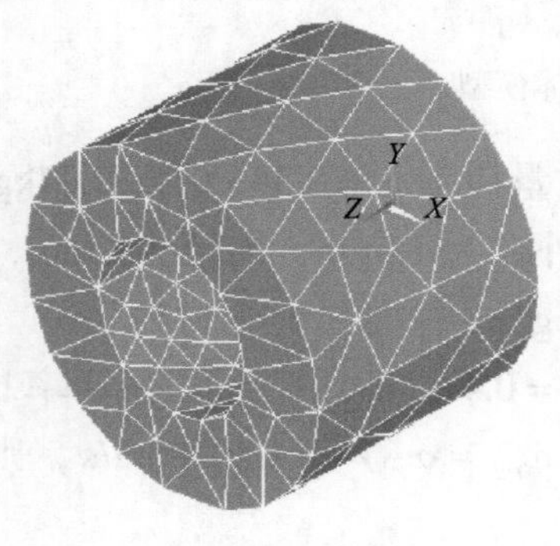

(a) 橡胶圈网格划分

(b) 橡胶圈受力变化图

图2.24　橡胶圈仿真图

变形量最大为 $1.6\times10^{-6}\text{m}$ 。

3. 阻尼元件的设计

根据公式 $\zeta=\sqrt{\dfrac{3u}{8(1+u)}}=\sqrt{\dfrac{3\times0.16}{8\times1.16}}\approx0.23$，可得减振装置的最优阻尼系数为 $c=2\zeta m\omega_{n2}=2\times0.23\times0.47\times1429.38=309.03\text{N}\cdot\text{s/m}$ 。因此，在空腔间隙填充阻尼油不仅能保证系统的稳定，更能极大地增加减振系统的阻尼。当减振块微量运动时，包裹在减振块外的阻尼油也受迫流动，液体内部的黏滞力可以做功消耗部分能量，逐渐缩短减振块运动周期和减小振幅。

4. 固定连接杆

将弹簧橡胶固定在中间杆体和减振块之间，这种方式更适合铣刀的减振设计，固定杆两端分别与刀头钻孔和刀柄空腔内端配合，形成牢固的支撑体结构，系统内部稳定，相对于其他结构有更好的动平衡性，转动会产生一定的离心力，导致质量块有径向的膨胀和运动趋势，单一的外部橡胶限制容易导致永久性偏移。此外在减振方面，固定连接杆将振动从刀头直接传递至吸振单元，更为有效，从刀柄的内壁传递会有较小偏差，且给予系统的回复力和反作用力直接施加在刀头上，更能符合减振系统应离产生外力的刀尖处越近越好的理论，在保证径向平衡的同时，又极大地限制了减振块在轴向空间的位置，在刀柄的垂直加工方向也能起到减振的作用。固定连接杆起到力的传导与承载作用，是减振设计精良与否的关键所在，因此需要较高的精度，尤其是与刀头连接处，尺寸公差要小。

图 2.25 为固定连接杆的示意图，前端直径为 6mm，与刀头钻孔相连，后端直径为 4mm，用于与橡胶圈内孔配合，材料采用 40Cr。

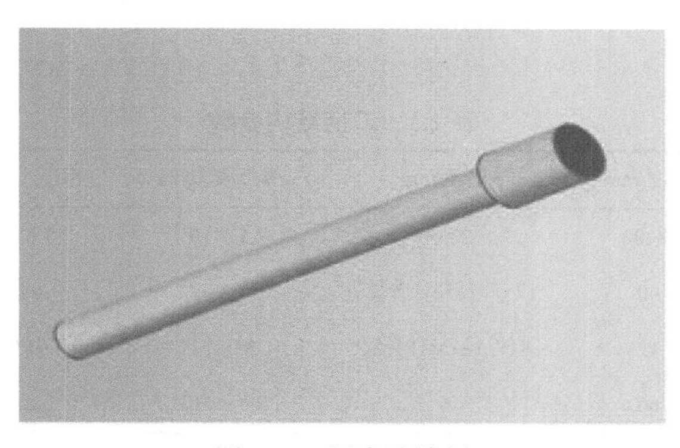

图 2.25　固定连接杆

5. 调节垫片

动力进给装置的原理通常都是产生轴向位移，这在铣刀中显然不适合，高速旋转的刀柄容易造成内部存在自由度的零部件不对称，出现滑动从而造成微小偏移。拟设计一种垫片，当切削参数过大、外激振力过大、频率过高时可装配使用。在内部空间大小一定的情况下，通过改变弹簧橡胶的径向长度和阻尼油压强，可以增大阻尼系数和适当扩大阻尼比；根据质量、刚度和固有频率的关系，增加弹性元件的刚度可以扩大减振单元与系统频率之比，拓宽一阶自振频率大小，承载频宽更大的外力。

根据橡胶圈径向长度改变以及阻尼油压强变化的特性，本节设计了一种环形垫片，如图 2.26 所示，厚度为 1mm，内径为 4mm，外径为 14mm，材料选用硬度较大对系统质量影响较小的聚丙烯塑料。

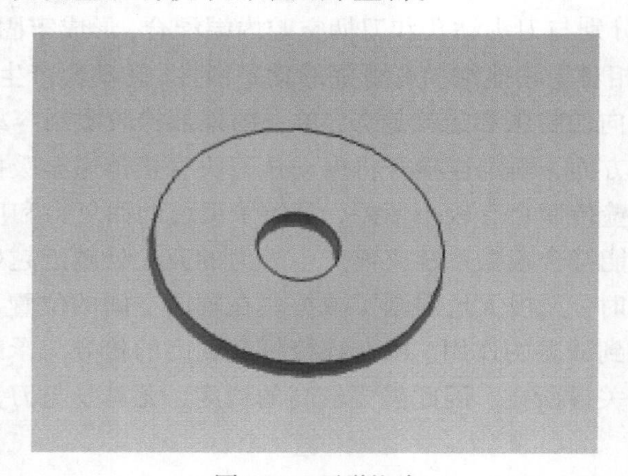

图 2.26　环形垫片

根据以上分析整理，得出刀柄结构参数及其刀柄结构示意图分别如表 2.3 和图 2.27 所示。

表 2.3　刀柄结构参数

零部件名称	长度/mm	直径/mm	弹性模量/Pa	密度/(kg/m^3)	泊松比
刀头	50.00	28.00	2.11×10^{11}	7.8×10^{3}	0.30
减振块	40	12(外径)/6(内径)	3.8×10^{10}	1.66×10^{4}	0.30
复合弹簧	12	8(外径)/4(内径)	3.0×10^{6}	0.913×10^{3}	0.49
固定连接杆	60	6	2.11×10^{11}	7.8×10^{3}	0.28

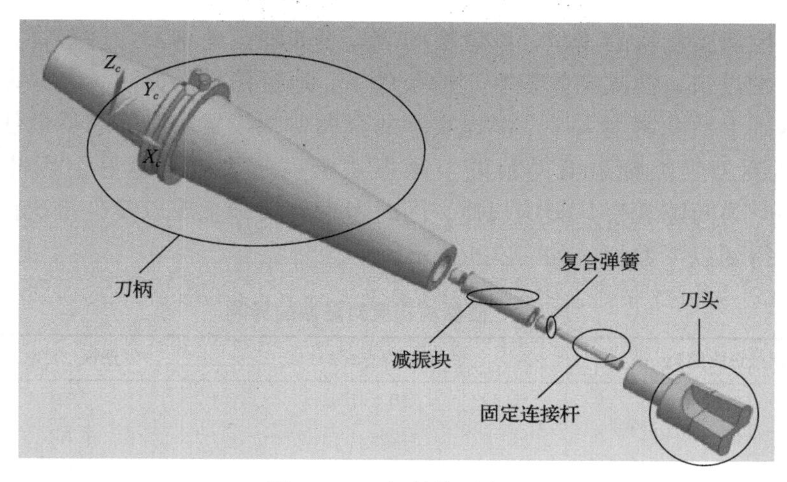

图 2.27 刀柄结构示意图

结合前面的设计，对所得减振系统内部的参数进行验证和优选，通过频响分析方法合理规划减振部件参数。先分析外形一致的实心刀柄、空腔刀柄与减振刀柄在相同外力下的振动情况，再对吸振单元的不同材料属性进行仿真试验分析，最终获得一套最佳吸振装置。

为验证减振刀柄的效果，对实心刀柄、空腔刀柄与减振刀柄进行对比分析，通过仿真试验，在加载相同外力的状态下比对频响曲线数据，将曲线峰值所对应的点列于表 2.4 中。在相同状况的外载荷作用下，实心刀柄、空腔刀柄与减振刀柄的一阶自振频率呈逐渐递增趋势。

表 2.4 不同类型刀柄的分析结果

铣刀刀柄	振幅/10^{-4}m	该状态下频率/Hz
实心刀柄	2.63	1326
空腔刀柄	3.46	1424
减振刀柄	0.09	1592

2.2.2 减振部件对刀柄减振效果的影响

本节通过谐响应仿真分析质量块密度、弹簧橡胶刚度和阻尼油阻尼系数的变化对设计刀柄性能的影响，采用单因素方式，即唯一变量控制验证法。

1. 质量块密度对减振效果的影响

当减振系统消耗激振力传递的能量时，由于受到空间大小以及壁厚的限制，需要控制质量块的体积，质量块的质量不能随意地增加。这里将金属材料的密度考虑进来，尝试在体积一定的条件下，通过仿真的方法，在原设计求解的数值基础上改变密度大小，根据实际的金属材料设置密度，求得最佳的密度范围，达到刀尖振幅最低的目的。减振块密度越大效果越好，因此设置以 2×10^3kg/m^3 为间隙观察其影响规律，同时考虑到实际金属以及性价比情况，进行分析可得到以下数据，如表 2.5 所示。

表 2.5 质量块密度对振幅的影响

减振块质量/kg	密度/(10^3kg/m^3)	振幅/10^{-5}m
0.28	10	7.03
0.33	12	4.20
0.39	14	3.41
0.45	16	3.25
0.50	18	3.04

可绘制出质量块密度与振幅的变化曲线如图 2.28 所示。通过观察曲线可知，当弹簧橡胶径向刚度为 9.19×10^5N/m、阻尼油的阻尼系数 c=359N·s/m、质量块密度在 10×10^3～16×10^3kg/m^3 范围变化时，刀尖的振幅随着质量块密度的增加有明显减小的趋势；在密度在 16×10^3～18×10^3kg/m^3 范围内时逐渐趋于平稳，变化幅度并不明显。根据选择的刀柄材料，经过计算得到质量块的密度为 16.6g/cm^3，在优选范围内。

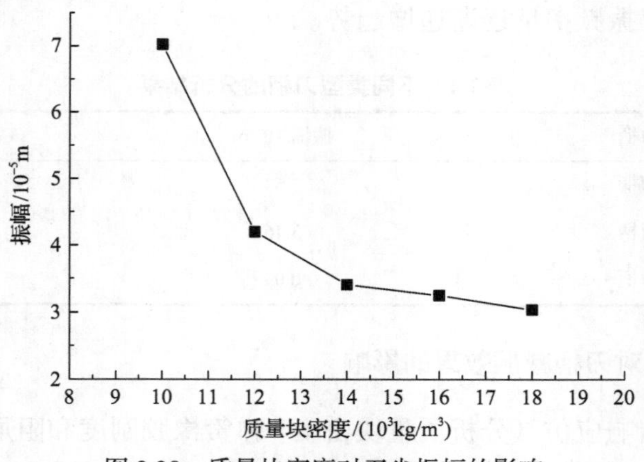

图 2.28 质量块密度对刀尖振幅的影响

2. 弹簧橡胶刚度对减振效果的影响

橡胶圈的变形情况是其承受载荷的体现。橡胶圈是唯一与减振块连接的部件，选取适当的形状和物理参数对减振性能有很大影响。橡胶圈的刚度受材料影响，但相同材料下，与其大小及形状也有关系，弹性模量越大的橡胶刚度值也越大，在相同变形下能承载越大的载荷。当输入材料参数时，仅改变弹性模量，根据变形和受力关系求出不同径向刚度值，然后将这一弹性模量代入下一步仿真，按照已经设计好的可装配尺寸，在假设弹性模量与密度不变的情况下，仿真刚度参数变化对振幅的影响规律。表 2.6 给出了仿真试验提取的弹簧橡胶径向刚度对振幅的影响数据。

表 2.6　弹簧橡胶径向刚度对振幅的影响

径向刚度/(10^5N/m)	3.86	5.04	9.37	13.11	16.38	30.82
振幅/10^{-5}m	16.20	6.55	3.15	3.67	4.51	6.61

图 2.29 为弹簧橡胶径向刚度变化对振幅的影响曲线。由图可以看出，当阻尼油的阻尼系数 c=359N·s/m、质量块密度为 16.6×10^3kg/m^3、弹簧橡胶径向刚度在一定范围内变化时，随着弹簧橡胶径向刚度的增大，刀尖振幅的峰值呈现先减小后增大的现象，且变化幅度较为明显，原因是当弹性模量过小时弹性过大，质量块的运动造成的不规律影响了减振效果。若刚度过大则在受力时变形很小，系统与质量块相当于直接传递力的作用，弹簧橡胶难以起到消耗能量和隔振的效果。可以看出弹簧橡胶的最优径向刚度在 9.37×10^5N/m 左右的一定范围内，因此前面给出的径向刚度 9.19×10^5N/m 较为合理。

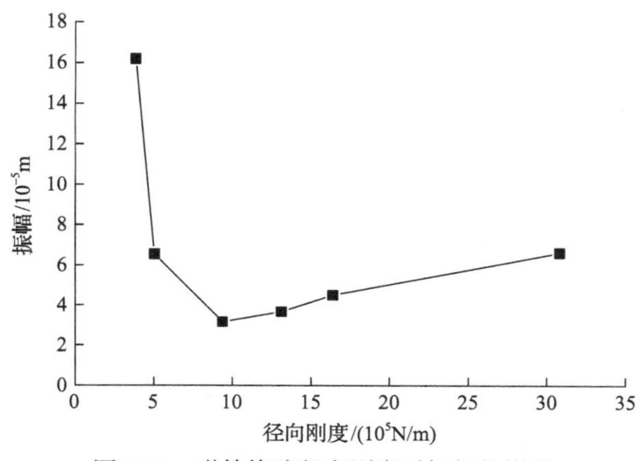

图 2.29　弹簧橡胶径向刚度对振幅的影响

3. 阻尼油阻尼系数对减振效果的影响

通过前文分析可知，减振块与刀柄空腔内壁之间的间隙需填充阻尼油，所以液体阻尼也是吸收能量的主要途径之一。液体阻尼不同时，阻尼油的流动速度、吸收能量的大小、散发热量的速度都可能影响整体的效果，这里考虑改变阻尼油的最大特征量即阻尼系数，设定质量块密度为 16.6×10^3kg/m^3、弹簧橡胶径向刚度为 9.19×10^5N/m，选取几组不同类型的阻尼油进行仿真分析，表 2.7 为阻尼油阻尼系数对振幅的影响数据。

表 2.7　阻尼油阻尼系数对振幅的影响

不同阻尼种类	阻尼油阻尼系数/(N·s/m)	振幅/10^{-5}m
1	100	4.72
2	300	4.20
3	400	3.30
4	600	3.09

图 2.30 为不同阻尼油阻尼系数对振幅的影响曲线。由图可以看出，当阻尼系数在 100～300N·s/m 内变化时，刀尖振幅随阻尼系数的增加逐渐减小，且减小趋势较为明显，原因是阻尼油的阻尼能力较小，吸收动能以及转化振动能量的效果较差，隔振性能不佳，而当阻尼系数达到一定值后振幅趋于平稳。

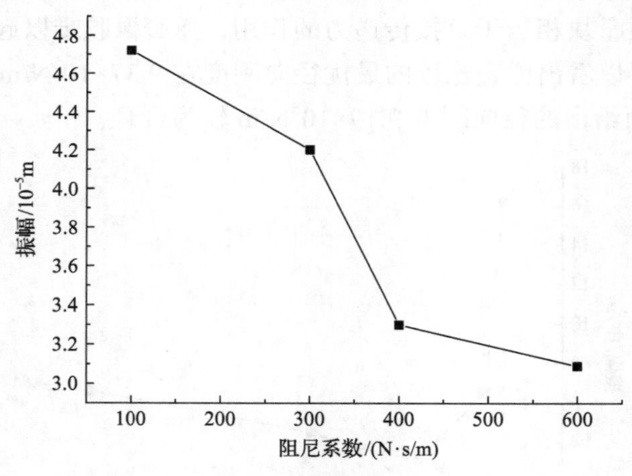

图 2.30　阻尼油阻尼系数对振幅的影响

4. 不同段刀柄弹性模量的分析

设置主轴与刀柄结合面的接触刚度为 2.96×10^9N/m，不同段刀柄弹性模量从上到下逐次增大时刀柄的变形及频率为 125～1000Hz 时刀尖处的振幅情况如图 2.31 所示。

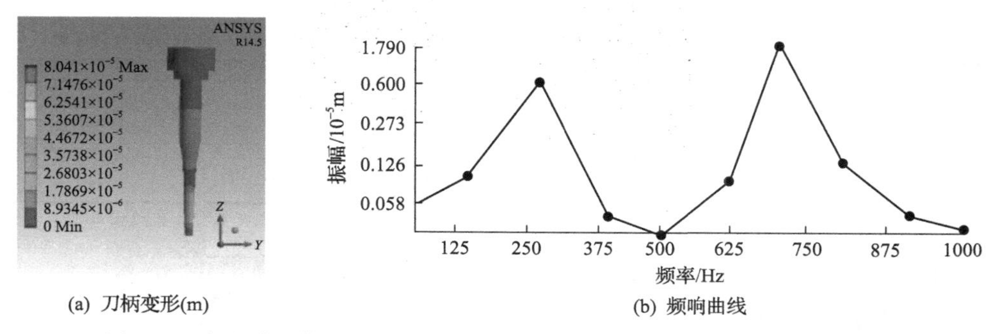

(a) 刀柄变形(m)　　　　(b) 频响曲线

图 2.31　各段弹性模量从上到下逐次增大时刀柄的变形以及刀尖的频响曲线

设置主轴与刀柄结合面的接触刚度为 2.96×10^9N/m，不同段刀柄弹性模量从上到下逐次减小时刀柄的变形及频率为 125～1000Hz 时刀尖处的振幅情况如图 2.32 所示。

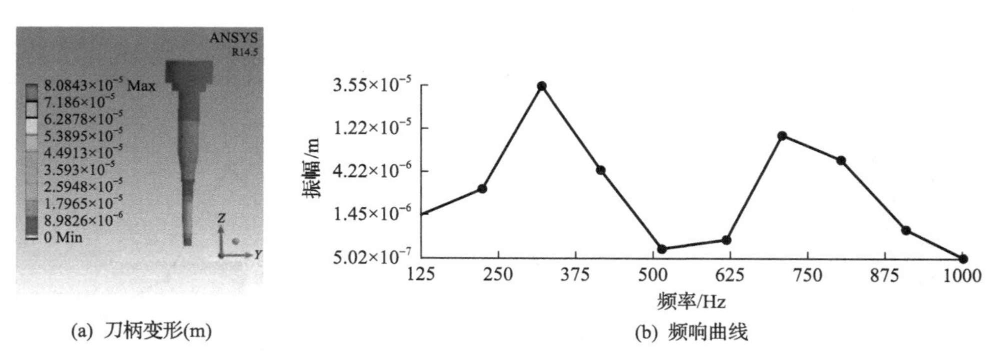

(a) 刀柄变形(m)　　　　(b) 频响曲线

图 2.32　各段弹性模量从上到下逐次减小时刀柄的变形以及刀尖的频响曲线

由图 2.31 和图 2.32 分析可知，当弹性模量从上到下增大时，刀柄的最大变形为 0.080mm，刀尖振幅为 0.0179mm；而当弹性模量从上到下减小时，刀柄的最大变形为 0.081mm，刀尖的振幅为 0.0355mm。故可知当弹性模量从上到下减小时刀柄的变形和振动要大于弹性模量从上到下增大的情况。

5. 不同刀柄内孔直径的分析

设置主轴与刀柄结合面的接触刚度为 2.96×10^9N/m，分析不同内孔直径对刀柄变形和振幅的影响。表 2.8 给出了 5 种内孔直径时的刀柄变形及刀尖振幅。图 2.33～图 2.37 为这 5 种内孔直径下刀柄的变形以及频率在 125～1000Hz 时刀尖处的振幅情况。同时图 2.38 给出了通过插值技术得到的刀尖振幅和刀柄变形随刀柄内孔直径变化的三维曲线。

表 2.8　不同直径时刀柄变形及刀尖振幅　（单位：mm）

内孔直径	0(无孔)	6	8	10	12
刀柄变形	0.073	0.076	0.079	0.084	0.08976
刀尖振幅	0.0337	0.0096	0.00359	0.0397	0.26

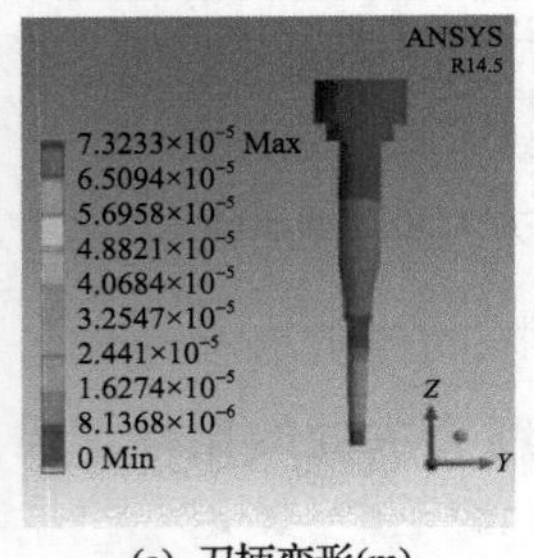

(a) 刀柄变形(m)

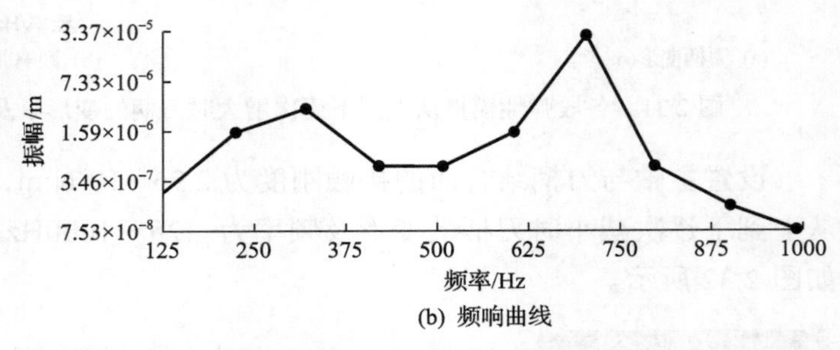

(b) 频响曲线

图 2.33　刀柄无孔时刀柄的变形以及刀尖的频响曲线

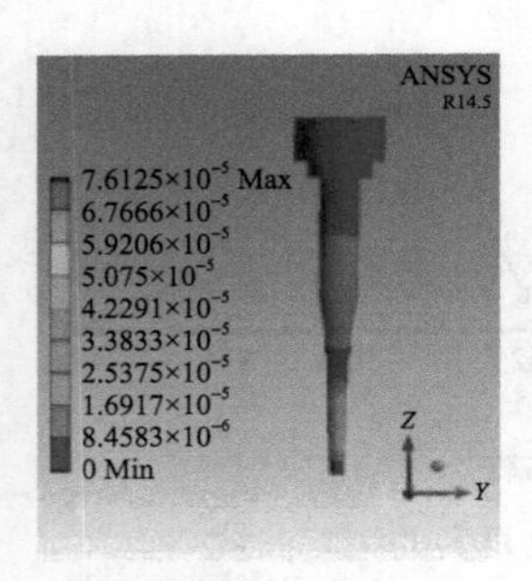

(a) 刀柄变形(m)

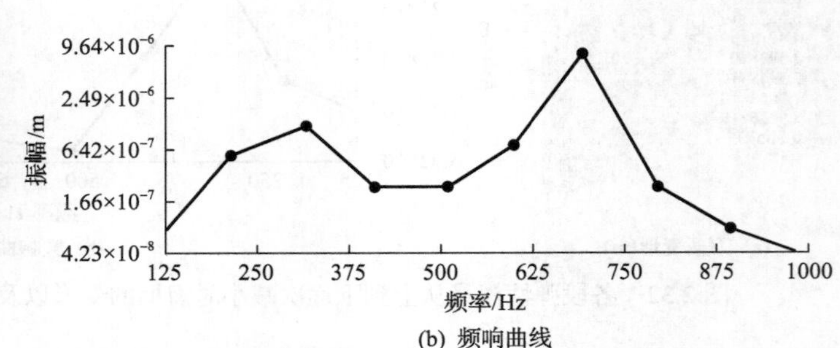

(b) 频响曲线

图 2.34　刀柄孔为 6mm 时刀柄的变形以及刀尖的频响曲线

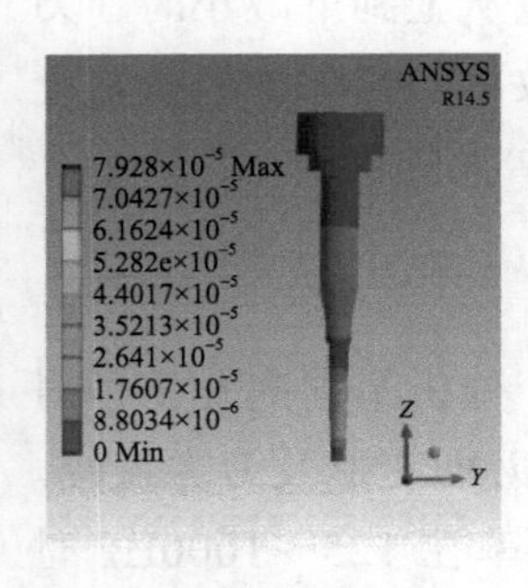

(a) 刀柄变形(m)

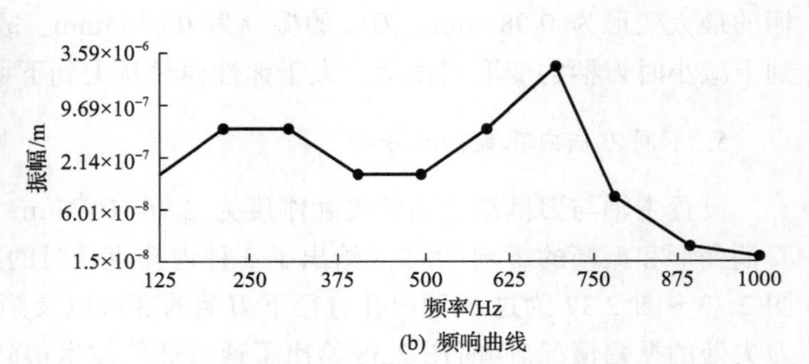

(b) 频响曲线

图 2.35　刀柄孔为 8mm 时刀柄的变形以及刀尖的频响曲线

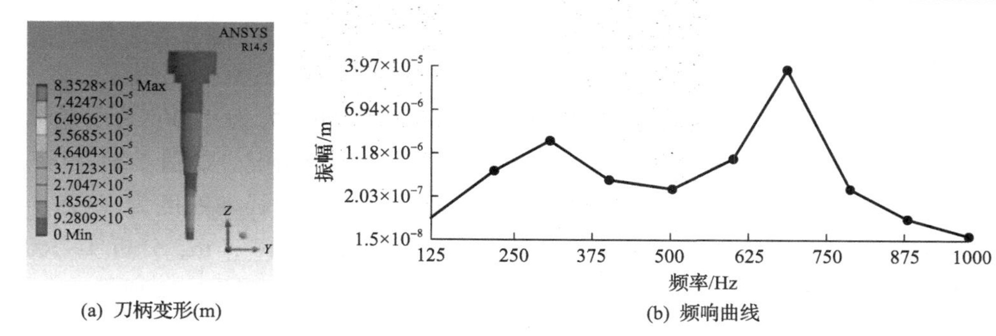

(a) 刀柄变形(m)　　(b) 频响曲线

图 2.36　刀柄孔为 10mm 时刀柄的变形以及刀尖的频响曲线

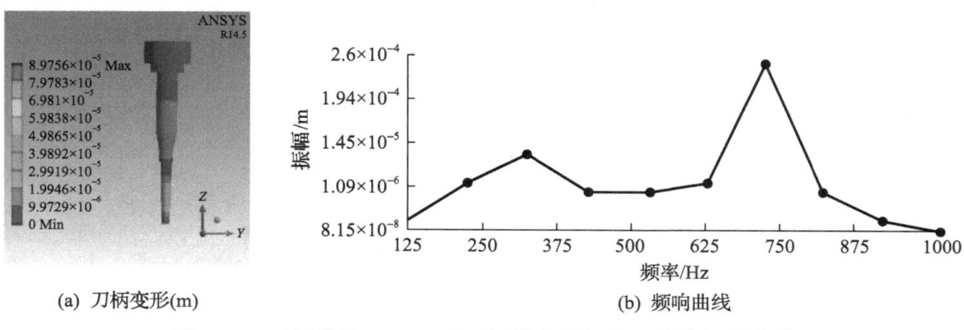

(a) 刀柄变形(m)　　(b) 频响曲线

图 2.37　刀柄孔为 12mm 时刀柄的变形以及刀尖的频响曲线

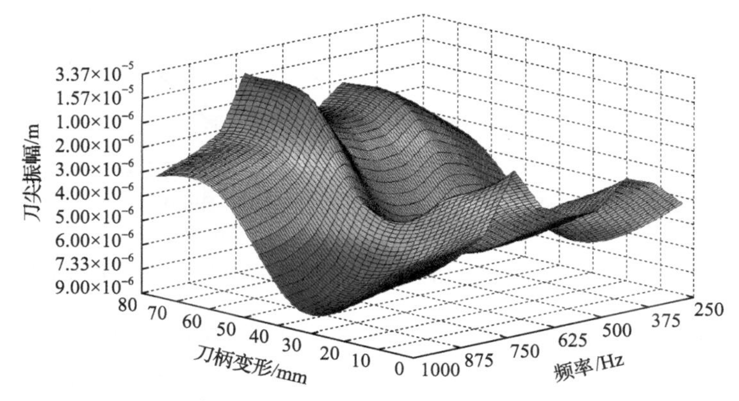

图 2.38　不同内孔直径下刀柄变形以及刀尖振幅的三维曲线

由以上刀柄变形图像分析可知，当刀柄内孔直径逐渐增大时，刀柄变形是逐渐增大的，随着内孔的逐渐增大刀柄的刚度在逐渐降低。从刀尖的振幅图及三维曲线(图 2.38)可以看出，随着内孔的逐渐增大刀尖的振幅存在最低点。由表 2.8 和图 2.38 可以看出，当刀柄内孔直径为 8mm 时刀尖的振幅最小。

6. 主轴与刀柄不同接触刚度的分析

设置主轴与刀柄结合面的接触刚度为 2.96×10^{9}N/m，力为 1000N，分析实心刀柄的变形以及频率在 125～1000Hz 时刀尖处的振幅情况，如图 2.39 所示。刀柄沿 X 方向的最大变形为 7.32×10^{-5}m，故可知刀柄的径向刚度为 $k=F/d=1.36\times10^{7}$N/m。设置主轴与刀柄结合面的接触刚度为 2.96×10^{8}N/m，分析实心刀柄的变形以及频率在 125～1000Hz 时刀尖处的振幅情况，如图 2.40 所示。

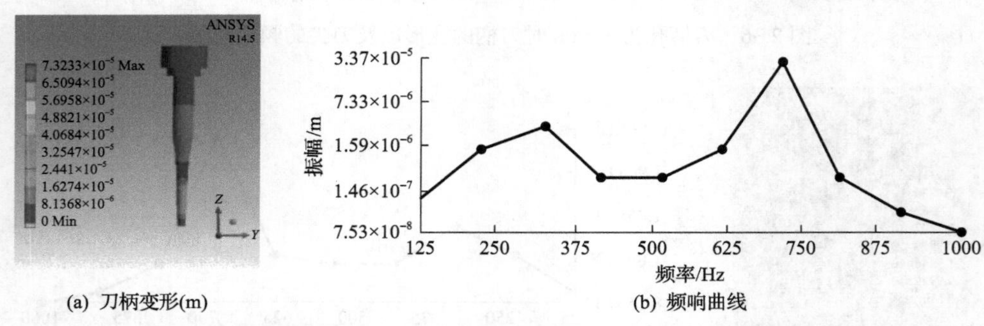

(a) 刀柄变形(m)　　(b) 频响曲线

图 2.39　接触刚度为 2.96×10^{9}N/m 时刀柄的变形以及刀尖的频响曲线

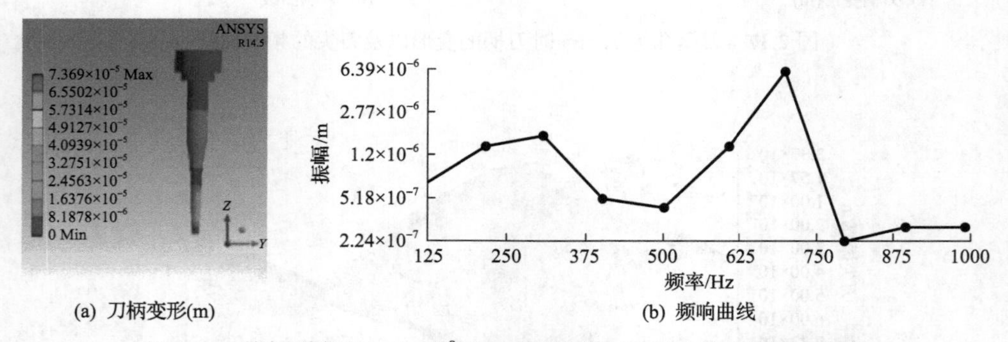

(a) 刀柄变形(m)　　(b) 频响曲线

图 2.40　接触刚度为 2.96×10^{8}N/m 时刀柄的变形以及刀尖的频响曲线

由以上仿真分析可知，当接触刚度为 2.96×10^{9}N/m 时，刀柄的变形为 0.0732mm，刀尖的振幅为 0.0337mm；当接触刚度为 2.96×10^{8}N/m 时，刀柄的变形为 0.0737mm，刀尖的振幅为 0.0064mm。故可知接触刚度越大，即预紧力越大，刀尖的振幅越小，但其对刀柄的变形影响很小。

7. 不同铣削方式对比

设置主轴与刀柄结合面的接触刚度为 2.96×10^{9}N/m，F_x=700N、F_y=280N、F_z=1000N。分析仿真插铣加工情况下刀柄的变形以及频率在 125～1000Hz 时刀尖处的振幅情况，如图 2.41 所示。

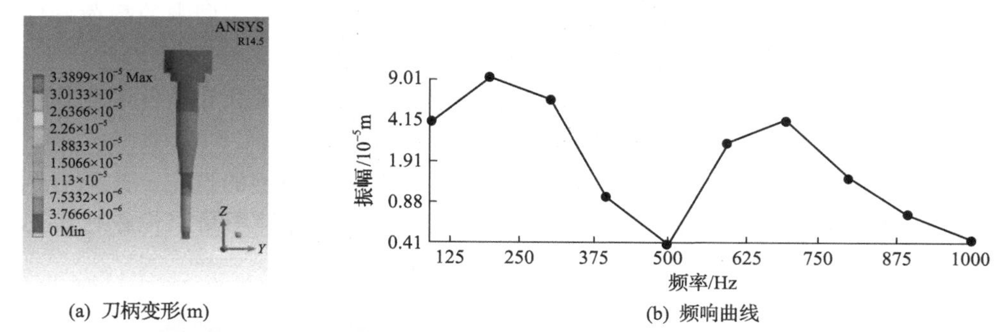

(a) 刀柄变形(m)　(b) 频响曲线

图 2.41　当 F_x=700N、F_y=280N、F_z=1000N 时刀柄的变形以及刀尖的频响曲线(插铣加工)

设置主轴与刀柄结合面的接触刚度为 2.96×10^9N/m，F_x=1000N、F_y=700N、F_z=280N。分析仿真面铣加工情况下刀柄的变形以及频率在 125～1000Hz 时刀尖处的振幅情况，如图 2.42 所示。

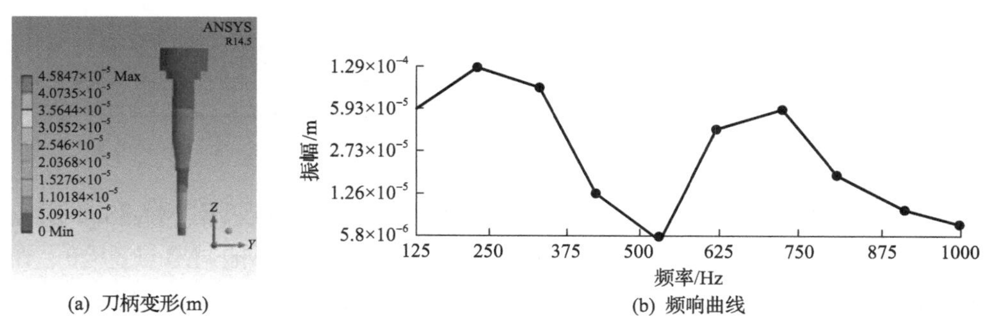

(a) 刀柄变形(m)　(b) 频响曲线

图 2.42　当 F_x=1000N、F_y=700N、F_z=280N 时刀柄的变形以及刀尖的频响曲线(面铣加工)

由以上仿真可知插铣加工情况下刀柄的最大变形为 0.034mm，刀尖处的振幅为 0.09mm；面铣加工情况下刀柄的变形为 0.046mm，刀尖处的振幅为 0.129mm。故可知在刀具长度和其他参数都相同的情况下，采用插铣方式加工的刀柄变形和刀尖的振幅均小于面铣加工。

2.2.3　切削参数对刀柄减振效果的影响

在运动分析中，ADAMS 软件是基于机械原理，针对系统各结构之间的干涉、各种加速度和位移的仿真，ANSYS 软件是针对材料特性的仿真，两种软件联合仿真可取得更好的效果。ADAMS 软件是 MDI 公司研发的虚拟样机分析软件，它围绕理论建模，通过各种数据输入来对目标进行特性分析；融合了大量学科前沿的计算机技术，拓展了数字分析和大规模的综合分析能力；具有强大的振动分析模块和接口模块，能够实现完整的仿真环境、清晰的载荷分布与位移云图、更精准的动态分析，其频响分析模块能分析运动模型中的载荷峰值和频率特性，在船舶、航天等制造业领域得到广泛应用。

由于 ADAMS 软件建模的部件均为刚性体，需要在 ANSYS 软件中制作柔性体文件，使刀柄除了刚性区域皆为柔性体，其步骤如下。

将三维模型导入后，进行实体单元类型和质量单元类型的选定，这里分别用 SOLID45 和 MASS21 单元，填写实体材料的密度、弹性模量、泊松比等参数，而质量单元的属性数值都比较小，如图 2.43 所示。

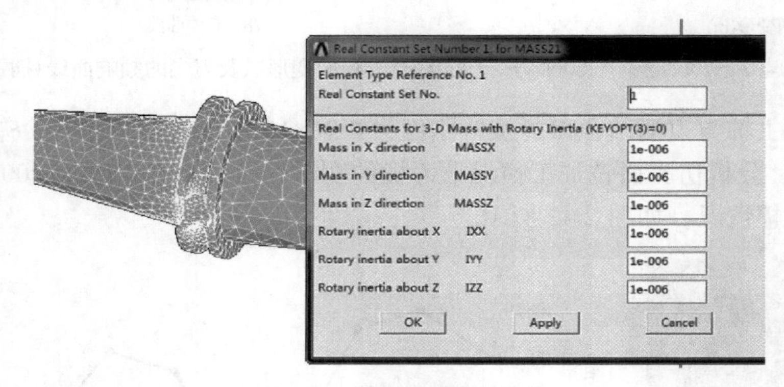

图 2.43　质量单元参数设置

用 SOLID45 对实体进行网格划分，完成后创建关键点，用 MASS21 质量单元对关键点进行网格划分(应注意取点时的关键点编号不能与节点重合)，如图 2.44(a)所示；然后根据关键点所在的平面创建刚性区域(指在后续运动分析处理中，区域内的任何节点间不能产生位移，即整个区域不变形，对节点的自由度进行集体限制，使受力后各部分加速度相同)。本节将刀头和刀柄尾部设为刚性区域，通过 rigid region 命令执行，再选取刚性面其他的点或用选面的

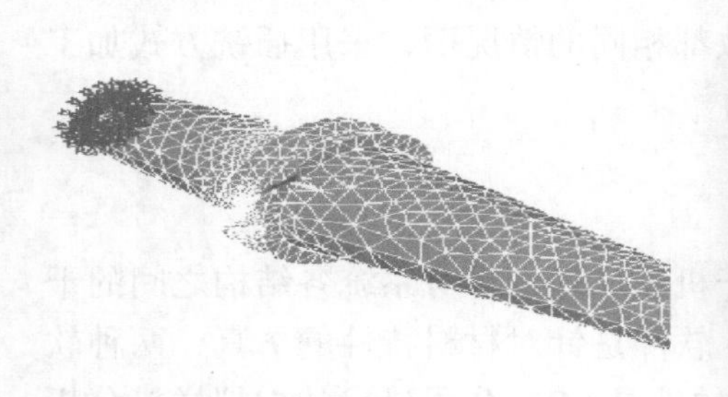

(a) 拾取刚性区域

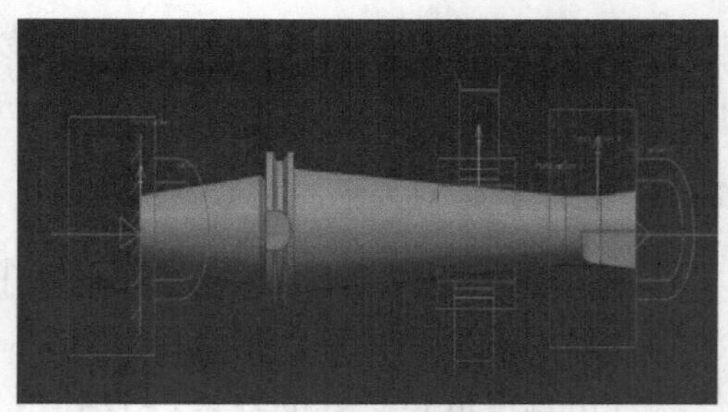

(b) ADAMS约束载荷状况

图 2.44　ANSYS 柔性体文件设置过程

形式确定两个端面，最后通过 export to ADAMS 命令选取两刚化处理面的对接点，导出“.mnf”格式的柔性体文件，在 ADAMS 软件中加载约束和载荷后如图 2.44(b)所示。

1. 切削速度对振动的影响

为分析加工中切削参数对振动的影响，先通过试验的方法测出不同情况下刀尖与工件间 X、Y、Z 方向的切削力，再施加到有限元模型中。试验中刀片材料为硬质合金，工件材料为 45 号钢，插铣加工中切削速度 v_c 用转速 n 代替。

用单因素分析的方法分析转速 n 对刀具振动的影响，设定切削宽度 a_e=1.2mm，进给量 f_z=0.12mm/r，转速分别为 1400r/min、1600r/min、1800r/min、2000r/min，各方向上的切削力参数如表 2.9 所示。

表 2.9　不同转速的切削力参数　（单位：N）

转速	F_x	F_y	F_z	$F_合$
1400r/min	415.7	174.46	130.94	469.38
1600r/min	429.9	174.52	138.02	483.68
1800r/min	447.8	168.58	143.94	497.91
2000r/min	458.4	170.62	144.02	508.4

将所测实际载荷加载到有限元模型中进行频响分析，通过对四种不同转速进行仿真试验，可以得到几组频响曲线，如图 2.45 所示。

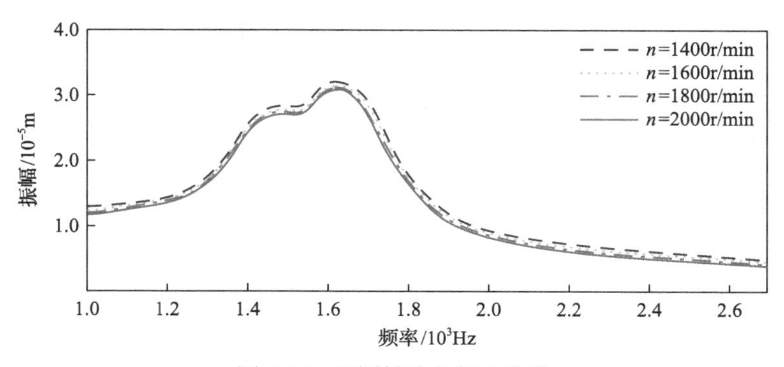

图 2.45　不同转速的频响曲线

将所得数据进行整理后，可以得出当转速变化时不同情况下刀尖振幅的最大值，如表 2.10 所示。转速对刀尖振幅的影响规律如图 2.46 所示。

表 2.10 转速对刀尖振幅的影响

类型	转速/(r/min)	实心刀柄仿真值/10^{-5}m	减振刀柄仿真值/10^{-5}m
1	1400	19.8	2.74
2	1600	20.4	2.97
3	1800	24.3	3.05
4	2000	32.7	3.21

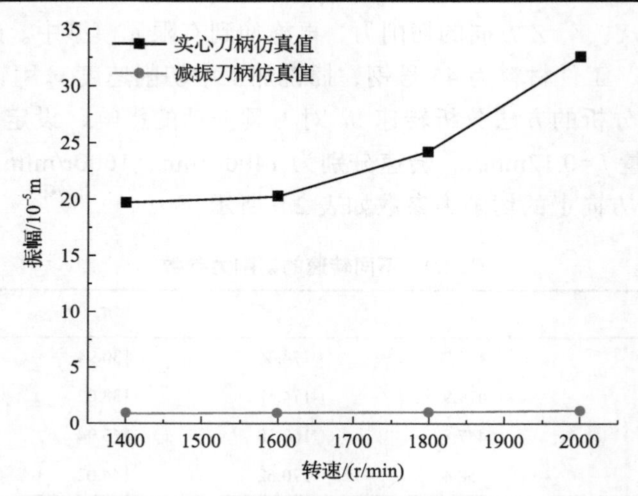

图 2.46 转速对刀尖振幅影响规律

由以上分析可知，在施加与实际相符的载荷下，当切削宽度与进给量不变时，在一定范围内随着转速的逐渐增大，实心刀柄与减振刀柄都呈现出刀尖振幅逐渐增大的趋势，但变化量不大，因此在满足其他加工要求时，为了减小振动带来的危害，可以尽量选择较大的转速即切削速度。

2. 进给量对振动的影响

用单因素分析的方法分析进给量对刀具振动的影响，设定切削宽度 a_e = 1.2mm，转速 n=1600r/min，进给量 f_z 分别为 0.04mm/r、0.08mm/r、0.12mm/r、0.16mm/r，采集不同进给量下的切削力如表 2.11 所示。

表 2.11 不同进给量的切削力参数 (单位：N)

进给量	F_x	F_y	F_z	$F_{合}$
0.04mm/r	332.6	176.3	145.28	403.48
0.08mm/r	381.02	184.34	152.64	449.8
0.12mm/r	402.6	191.52	160.5	473.84
0.16mm/r	443.92	192.4	165.32	511.36

用与前面分析转速时相同的方法，将所测实际载荷加载到有限元模型中进行频响分析。通过对四种不同进给量进行仿真试验，可以得到四组频响曲线，如图 2.47 所示。

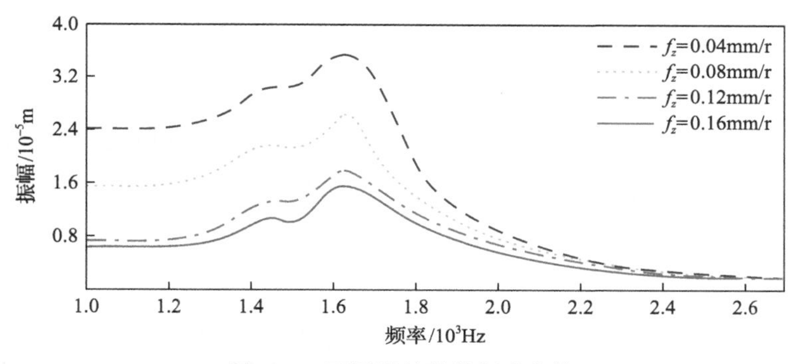

图 2.47　不同进给量的频响曲线

将所得数据进行整理后，可以得出刀尖振幅的最大值随着进给量的变化情况，如表 2.12 所示。图 2.48 为进给量对刀尖振幅影响规律曲线。

表 2.12　切削进给量对刀尖振幅的影响

类型	进给量/(mm/r)	实心刀柄仿真值/10^{-5}m	减振刀柄仿真值/10^{-5}m
1	0.04	5.92	1.03
2	0.08	12.6	1.49
3	0.12	25.1	2.74
4	0.16	43.7	3.57

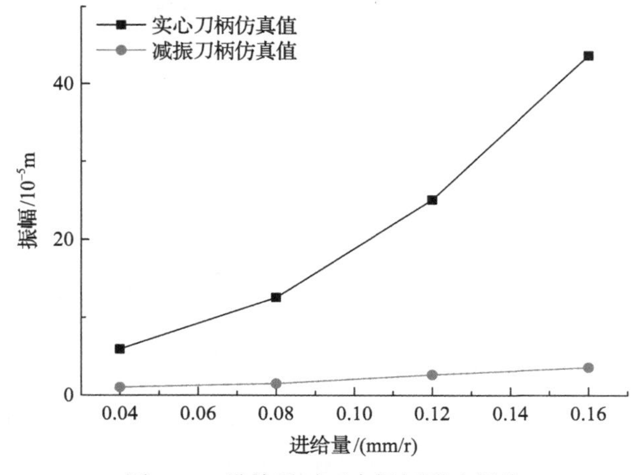

图 2.48　进给量对刀尖振幅影响规律

由仿真结果可以看出，当切削宽度和转速一定时，刀尖振幅随着进给量增大而增大，在实心刀柄中尤为显著，因此从加工稳定性、提高表面形貌方面，针对铣削加工尽量选取较低的进给量，减小刀具振幅，减少共振的可能，当控制一定的加工效率时，在刀具磨损合理范围内，可从转速得到一定的补偿。

3. 切削宽度对振动的影响

分析切削宽度对刀具振动的影响，同样采用单因素分析法，先求出仿真加工过程各方向的最大切削力，设定转速 n=1600r/min，进给量为 0.12mm/r，切削宽度 a_e 为 0.4mm、0.8mm、1.2mm、1.6mm，采集不同切削宽度下的切削力如表 2.13 所示。

表 2.13　不同切削宽度的切削力参数　(单位：N)

切削宽度	F_x	F_y	F_z	$F_合$
0.4mm	220.9	167.32	142.04	310.18
0.8mm	346.0	190.76	158.66	425.76
1.2mm	437.5	197	159.96	489.02
1.6mm	473.4	205.16	171.82	543.82

通过上述数据，可以分析出当转速和进给量不变、改变切削宽度时减振刀柄刀尖处的载荷情况，将所测每组实际载荷加载到有限元模型中进行谐响应分析，通过对不同切削宽度进行仿真试验，可以得到四组频响曲线，如图 2.49 所示。

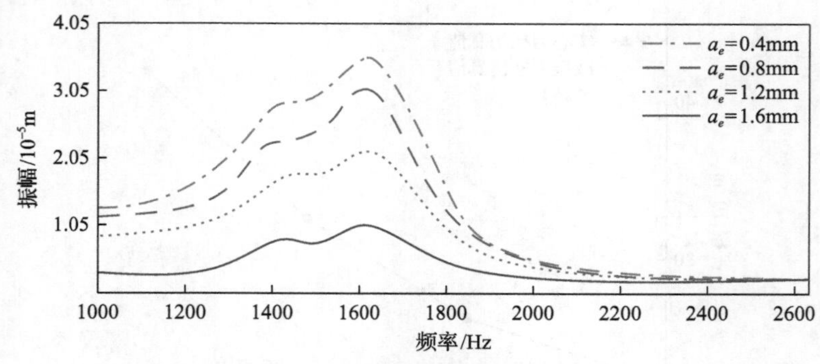

图 2.49　不同切削宽度的频响曲线

将所得数据进行整理后，可以得出刀尖振幅的最大值随着切削宽度的变化情况，如表 2.14 所示，图 2.50 为影响规律曲线。

表 2.14　切削宽度对刀尖振幅的影响

类型	切削宽度/mm	实心刀柄仿真值/10^{-5}m	减振刀柄仿真值/10^{-5}m
1	0.4	1.06	0.98
2	0.8	18.7	2.05
3	1.2	30.1	2.88
4	1.6	44.9	4.37

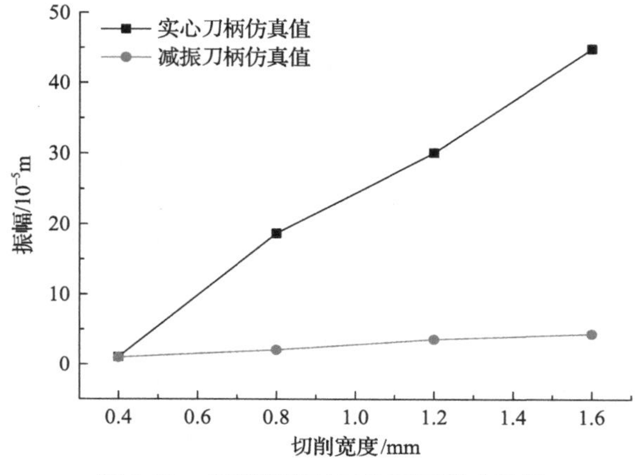

图 2.50　切削宽度对刀尖振幅影响规律

经分析可知，当转速和进给量一定时，刀尖振幅随着切削宽度的增加逐渐增加，起初趋势较为明显，减振刀柄的切削宽度达到 1.2～1.6mm 时趋势较平稳，因此选取切削参数时尽量减小切削宽度。

在实际的加工过程中，机床-主轴-刀具-工件这一系统中的振动是十分复杂而多变的，连接处间隙导致的松动、工件加工中硬质点的集中出现、刀具磨损时载荷的变化，都可能产生不可预测的振动，从而造成一些加工表面质量问题。因此，要通过进一步的加工试验，对所设计减振刀柄振动特性进行验证。

如图 2.51 所示，刀柄的尾部设计采用 BT-40 标准，悬伸长度设置为 185mm，刀头与刀柄连接部分采用螺纹连接，螺栓连接采用过盈配合的方式，能更好地传递载荷及振动。其中前端螺纹的作用是连接，后端无螺纹部分的作用是定位，因此为了部件结构的准确性，需达到较高的精度要求，最后的工序是磨削，磨削加工精度可达到 IT6～IT4，在此半径范围下加工精度可达 0.013mm，因此尺寸公差设为 0.02mm，其他各部分采用适当的车、镗、铣的加工方式。在轴孔配合方面，根据间隙、过渡和过盈配合方式不同，选择适当的公差，并在配合部件的端部设置倒角。

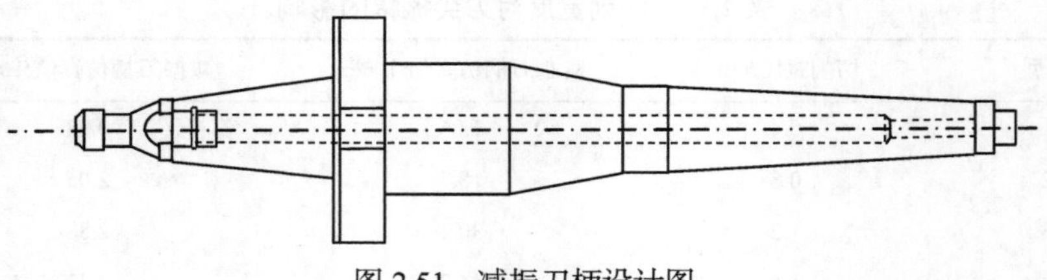

图 2.51　减振刀柄设计图

2.3　减振刀柄的模态试验

通过模态分析能够得到振动系统中固有的振动特性参数，如各阶固有频率、各阶振型及阻尼等。模态试验中采用人工施加激振力，确定好选取的振动点以及适当的施加外力作用点，用锤击法对安装在机床上的刀柄施加载荷(力锤上锤击作用点的锤帽材料会影响有效激振频率的范围,刀柄一阶频率为 1600Hz,为能更好地激发切削系统模态参数，试验中应使用符合要求的铝帽力锤)。模态试验的系统原理如图 2.52 所示,受到外力后刀柄自身的振动通过加速度传感器将信号传输到电荷放大器装置，经过数据采集箱传输至计算机系统，调整分析后输出频响曲线规律图。试验中的设备/仪器如表 2.15 所示。

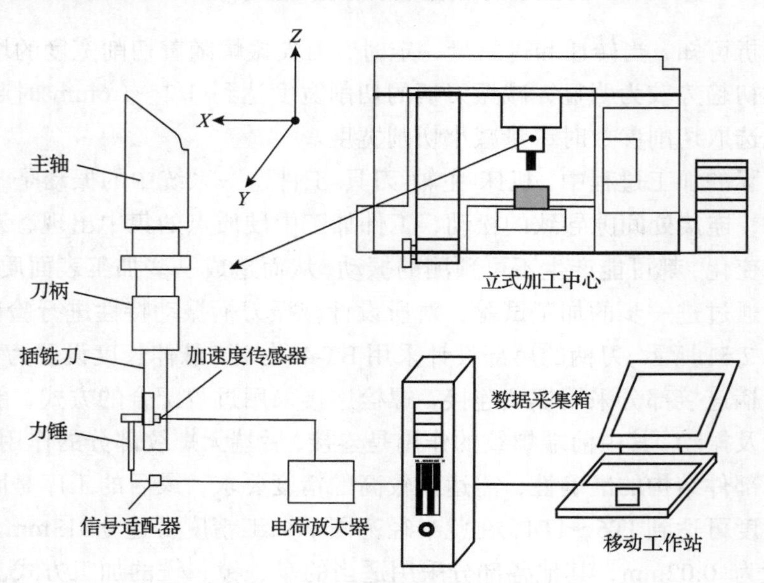

图 2.52　模态试验的系统原理

表 2.15　试验所用设备/仪器

设备/仪器	型号及性能
冲击力锤	东华脉冲力锤
加速度传感器	灵敏度为 1.063mV/(m/s²)
数据采集分析系统	DH5922 数采系统
计算机	数采专用台式机
测力仪	Kistler9257B 压电式测力仪

图 2.53 为模态试验现场照片。为了与减振刀柄进行对比，对空腔刀柄和实心刀柄施加同样的激振力，其中实心刀柄、空腔刀柄、减振刀柄的一阶自振频率分别为 1552Hz、1436Hz、1589Hz。

图 2.53　模态试验现场照片

1. 转速对稳定性的影响

加工试验机床为三轴立式加工机床，实心刀柄采用山特维克可乐满公司产品，刀片材质为硬质合金，工件材料为不锈钢，用单因素分析法分析转速对刀具振动的影响，设定切削宽度 a_e=1.2mm，进给量 f_z=0.12mm/r，转速分别为 1400r/min、1600r/min、1800r/min、2000r/min，刀柄在不同转速下的切削力如表 2.16 所示，刀尖振幅如图 2.54 所示。

表 2.16　不同转速的切削力参数

序号	转速/(r/min)	$F_{合}$/N
1	1400	469.38
2	1600	483.68

续表

序号	转速/(r/min)	$F_{合}$/N
3	1800	497.91
4	2000	508.4

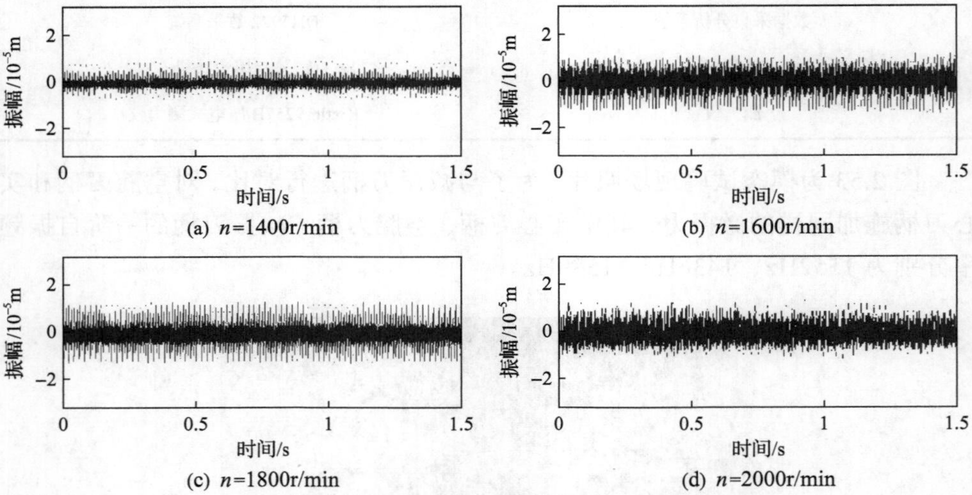

(a) n=1400r/min

(b) n=1600r/min

(c) n=1800r/min

(d) n=2000r/min

图 2.54 转速变化时不同振幅状况

经过数据的采集处理与分析，可以得到几组不同转速情况下的振幅，整理后如表 2.17 所示。

表 2.17 仿真与试验的转速影响对比

类型	转速/(r/min)	减振刀柄		实心刀柄	
		实际振幅/10^{-5}m	仿真振幅/10^{-5}m	实际振幅/10^{-5}m	仿真振幅/10^{-5}m
1	1400	2.74	2.81	20.8	19.8
2	1600	2.97	3.09	21.4	20.4
3	1800	3.05	3.21	26.7	24.3
4	2000	3.21	3.29	33.5	32.7

通过对试验数据的分析，经过整理后得到仿真与实际加工中不同转速对刀尖振幅影响规律，如图 2.55 所示。

通过插铣加工试验与仿真结果进行对比，验证前面仿真结果的准确性，可知当切削宽度与进给量不变时，在一定范围内刀尖振幅随着转速的增大逐渐增大，但变化幅度不大，因此在实际加工中，根据其他因素变化综合考虑选取合理的切削速度，要求较高加工效率时可在一定程度上选择较大值。

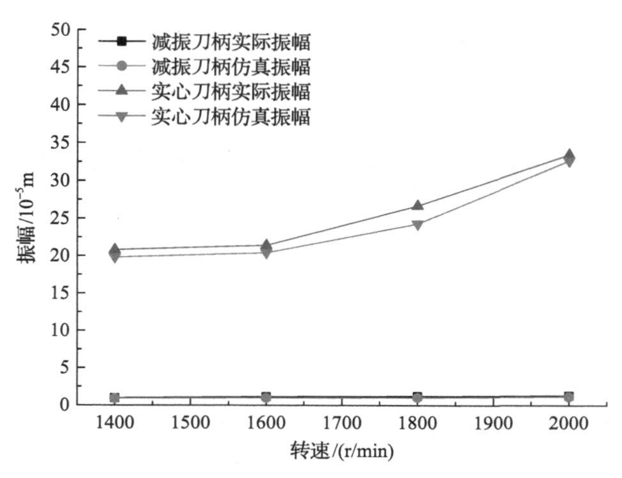

图 2.55　刀尖振幅与转速的关系

2. 进给量对稳定性的影响

这里仍然采用单因素分析法分析进给量对刀具振动的影响，设定切削宽度 a_e=1.2mm，转速 n=1600r/min，进给量分别为 0.04mm/r、0.08mm/r、0.12mm/r、0.16mm/r，采集不同参数下的切削力如表 2.18 所示，并获得刀尖振幅数值如表 2.19 所示。

表 2.18　不同进给量的切削力参数

类型	进给量/(mm/r)	$F_{合}$/N
1	0.04	403.48
2	0.08	449.8
3	0.12	473.84
4	0.16	511.36

表 2.19　不同进给量实际加工中的刀尖振幅

类型	进给量/(mm/r)	刀尖振幅/10^{-5}m
1	0.04	1.30
2	0.08	1.57
3	0.12	2.82
4	0.16	3.73

分析可知，随着进给量的逐渐增大，切削力增大，且增幅明显，设定切削宽度 a_e=1.2mm，转速 n=1600r/min，根据进给量不同得到试验数据，绘制出振

幅曲线如图 2.56 所示。

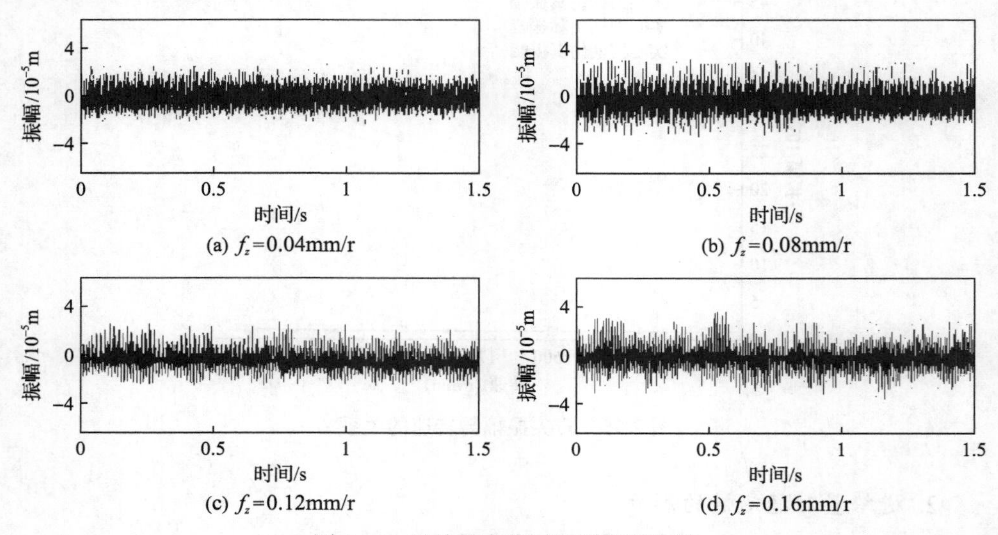

图 2.56　进给量变化时不同振幅情况

利用试验与仿真结合的方法分析进给量对刀柄减振效果的影响，经过分析图像可知，进给量对振幅影响较大，根据 0.04mm/r、0.08mm/r、0.12mm/r、0.16mm/r 四种不同进给量大小，整理出仿真刀柄与实际加工中的振幅对比情况，再结合实心刀柄的振动情况得出表 2.20。

表 2.20　仿真与试验的进给量影响对比

类型	进给量/(mm/r)	实心刀柄		减振刀柄	
		仿真振幅/10^{-5}m	实际振幅/10^{-5}m	仿真振幅/10^{-5}m	实际振幅/10^{-5}m
1	0.04	5.92	5.79	1.03	1.30
2	0.08	12.6	14.1	1.49	1.57
3	0.12	25.1	22.6	2.64	2.82
4	0.16	43.7	41.0	3.57	3.73

为了更清晰地分析进给量大小不同对振幅影响趋势，绘制出图 2.57。

根据试验数据及变化规律曲线可知，当加工时的转速和切削宽度恒定，进给量逐渐变化时，在一定范围内刀尖的振幅随着进给量的增大明显增大，尤其对于加工中一般使用的实心刀柄，振幅出现翻倍增长的趋势，因此在插铣加工过程中，固定刀具的转速与切削宽度应尽量选取较小的进给量以保证刀具-工件系统的稳定。

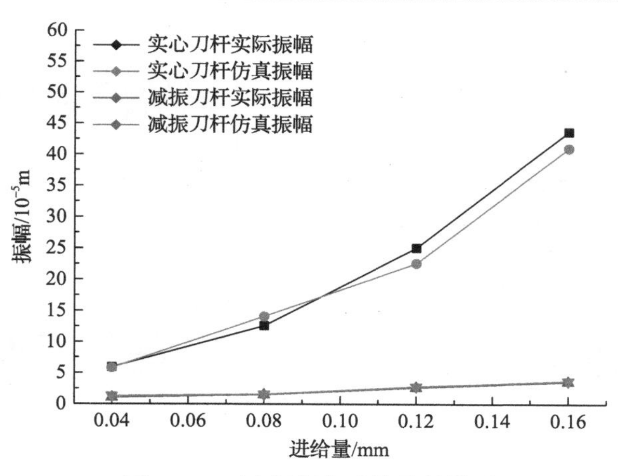

图 2.57　刀尖振幅与进给量的关系

3. 切削宽度对稳定性的影响

分析切削宽度对刀具振动的影响，设定转速 n=1600r/min，进给量 f_z 为 0.12mm/r，切削宽度 a_e 为 0.4mm、0.8mm、1.2mm、1.6mm，采集不同参数下的切削力如表 2.21 所示，得到刀尖振幅数值如表 2.22 所示。

表 2.21　不同切削宽度的切削力参数

类型	切削宽度/mm	$F_{合}$/N
1	0.4	310.18
2	0.8	425.76
3	1.2	489.02
4	1.6	543.82

表 2.22　不同切削宽度实际加工中的刀尖振幅

类型	切削宽度/mm	刀尖振幅/10^{-5}m
1	0.4	1.02
2	0.8	2.18
3	1.2	3.91
4	1.6	4.76

进一步分析切削宽度对刀尖振动的影响，分析当转速 n=1600r/min、进给量为 0.12mm/r 时实际插铣加工过程中不同切削宽度对刀尖振动影响，如图 2.58 所示。

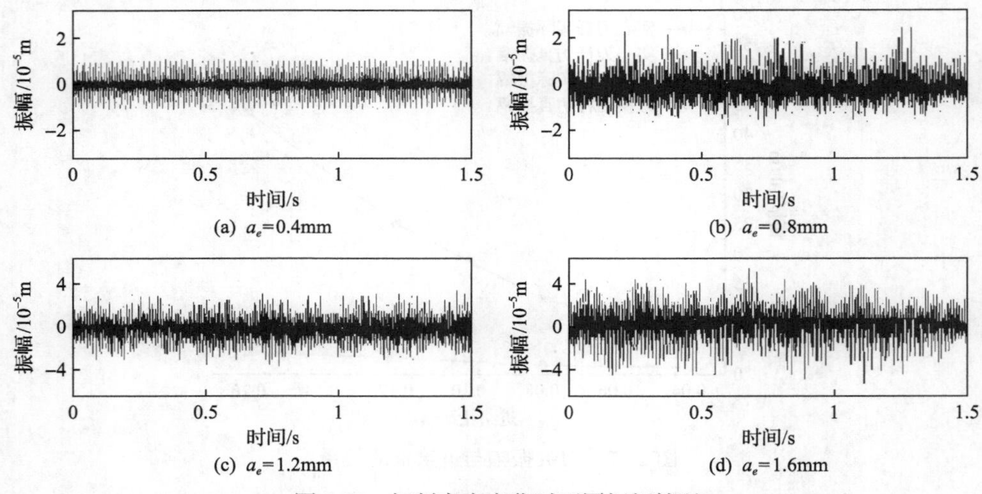

(a) a_e=0.4mm (b) a_e=0.8mm

(c) a_e=1.2mm (d) a_e=1.6mm

图 2.58 切削宽度变化时不同振幅情况

分析切削宽度对刀柄减振效果的影响，可通过图像直观得出切削宽度对刀尖振幅的影响，根据四种不同切削宽度大小，整理出实际加工中减振刀柄与实心刀柄的振幅对比情况，再结合仿真刀柄的振动情况得到表 2.23，图 2.59 为影响规律曲线。

由试验和仿真数据可知，当转速与进给量固定不变时，切削宽度的增加使得刀尖振幅有逐渐增大的趋势，可以看出实心刀柄加工时，切削宽度为 0.4～0.8mm 时振幅增长迅速，减振刀柄振幅变化较为平缓。

分析切削参数对刀尖振幅的影响，通过振幅曲线的变化规律和趋势可以得出，在一定取值范围下切削宽度的选取对刀尖振幅的影响较大，尤其在普通型号的刀柄中更为明显，但这也可能与取值及间隔大小有关。因此，在满足金属去除率的要求下，为获得更高的表面质量和更小的刀具磨损，应尽量选择各参数平缓区域内的值，在控制转速和进给量的前提下选择较小的切削宽度。

表 2.23 仿真与试验的切削宽度影响对比

类型	切削宽度/mm	实心刀柄		减振刀柄	
		仿真振幅/10^{-5}m	实际振幅/10^{-5}m	仿真振幅/10^{-5}m	实际振幅/10^{-5}m
1	0.4	1.06	1.18	0.98	1.02
2	0.8	18.7	20.3	2.05	2.18
3	1.2	30.1	31.6	3.58	3.91
4	1.6	44.9	43.8	4.37	4.76

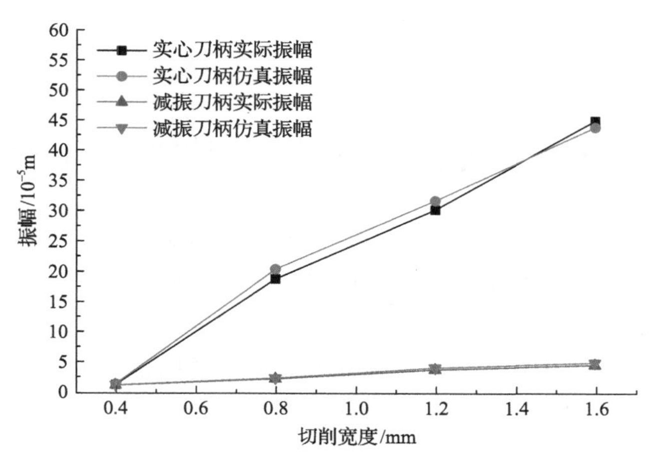

图 2.59　刀尖振幅与切削宽度的关系

第 3 章　插铣刀的设计及性能分析

冲击式水轮机转轮上的水斗是一种狭长勺型腔体，加工时所用刀具必须具有一定的悬伸长度。在悬伸长度较大的状态下进行插铣加工，势必会引起加工过程的剧烈振动，使得切削力激增，刀具寿命缩短。为提高插铣加工的铣削稳定性，本章引进不等齿距的概念，建立不等齿距的插铣加工铣削力模型，设计不等齿距插铣刀并对插铣加工稳定性进行分析。

3.1　不等齿距插铣刀的设计

铣刀的类型有多种形式，但它们具有一个共同的特征就是有多条切削刃或者能够安装多个刀片，且切削刃或安装刀片的相对位置不是固定的，当采用等间距的刀齿加工零部件时，每齿的进给量相同，使得所有刀齿的铣削力波形是相同的；这时刀具的激振能量高度集中在某些频率上，容易导致共振，进而会影响刀具的寿命和工件的质量[23]。

为了降低铣削加工过程中的振动现象，Turner 等[24]提出了不等螺旋角稳定性预测模型；秦斌等[25]对不等齿距插铣刀进行数值分析，研究表明刀齿呈不等齿距分布能够抑制振动；Budak[26]提出了对不等齿距插铣刀刀齿分布角度进行优化的新型分析设计方法，并通过试验证明了合理设计的不等齿距插铣刀能够提高铣削稳定性；Sellmeier 等[27]对变齿距立铣刀进行切削力和表面加工误差建模，通过模型得出，变齿距立铣刀既能抑制振动，又能减小加工表面误差；司博文[28]对不等齿距插铣刀设计、优化齿间角等问题进行了研究，通过铣削试验验证了不等齿距插铣刀具有良好的减振性能，并能够提高零部件的加工质量和减小铣削力；李海斌[29]提出单齿和多齿铣刀的铣削力模型，设计和制造了不等齿距端铣刀，建立了不等齿距铣削力模型，找到最优分布函数，并求出最优的刀齿分布角度，定制刀具并进行铣削试验，验证了不等齿距插铣刀能够降低铣削力、提高工件加工质量和抑制振动；李欣[30]通过优化相关参数来消除阻尼项以实现抑振，并提出了齿间角的设计指标；鲁炎鑫[31]通过铣削力频域分析，发现不等齿距刀具能够分散铣削力频率，进而得到不等齿距刀具能够抑制振动的结论。

传统刀具结构主要分为整体式、焊接式和可转位式。整体式刀具适合高精度加工；焊接式刀具经济、灵活；可转位刀具高效、经济，适用于大批量生产。可转位刀具的刀片是独立的功能元件，这样可以通过选择各种材料的刀片来充分发挥其切削性能，提高切削效率。可转位刀具采用的刀片呈切向排列，切削刃的受力较小，这样切削刃的刚性和强度提高很多，可提高铣刀的寿命；切削刃空间位置相对刀体固定不变，节省了换刀的时间，提高了机床的效率；若刀片磨损甚至不能使用，则可以只更换刀片而继续使用刀具，从而节约成本。

刀具在工作时，要承受很大的压力，为了防止刀具迅速磨损或破损，刀具材料要有较高的硬度和耐磨性、足够的强度和韧性、高的耐热性、良好的物理性能和耐热冲击性能。刀具常用材料有高速钢、硬质合金、金刚石、陶瓷等[32]。

刀体同样需要具有强度高和韧性大等特点，由于普通的碳素结构钢抗拉强度和屈服点较低，所以插铣刀的刀体采用优质的合金结构钢，并且经过热处理方式使其具有足够的硬度和强度。40Cr 和 42CrMo 是两种比较常见的合金结构钢，40Cr 抗拉强度为 1000MPa，屈服点为 800MPa；而 42CrMo 的抗拉强度为 1100MPa，屈服点为 950MPa。插铣刀的负荷较大，零部件对可靠性要求较高，所以这里采用 42CrMo 作为可转位插铣刀的刀体材料。

插铣刀的刀具几何参数，包括前角、主偏角、刀片尺寸和形状、装夹定位类型等；刀体的主要几何参数体现在刀体形状、刀体尺寸、刀槽位置、冷却孔、装夹定位等。

插铣刀的前角主要分为轴向前角和径向前角，如图 3.1 所示。轴向前角主要影响切屑的排出方向，这里选择+5°轴向前角，以使切屑飞离工件表面向上排，防止与 A508-3 钢过度黏结；径向前角主要影响切削刃的锋利程度，因为 A508-3 钢强度和硬度非常高，刀具受到的切削力很大，如果采用正径向前角，刀片的切削刃部分和刀尖部分主要受到弯曲变形和剪切变形，硬质合金的抗弯强度较低，重载下容易破损，所以这里采用−5°径向前角，使切削刃具有较高的强度，不易崩刃。

插铣刀主偏角的大小直接影响轴向切削力和径向切削力的大小，同时也影响切削厚度。根据经验，插铣刀的主偏角一般为 87°、90°和 92°等。刀片槽的设计会影响刀具主偏角大小，如果刀片槽的位置改变，在刀片不变的情况下，主偏角也随之改变。在其他几何参数不变的前提下，分别设计出主偏角为上述三个角度的插铣刀具，并通过 DEFORM-3D 软件进行切削仿真来确定哪一种主偏角更适合切削 A508-3 钢。

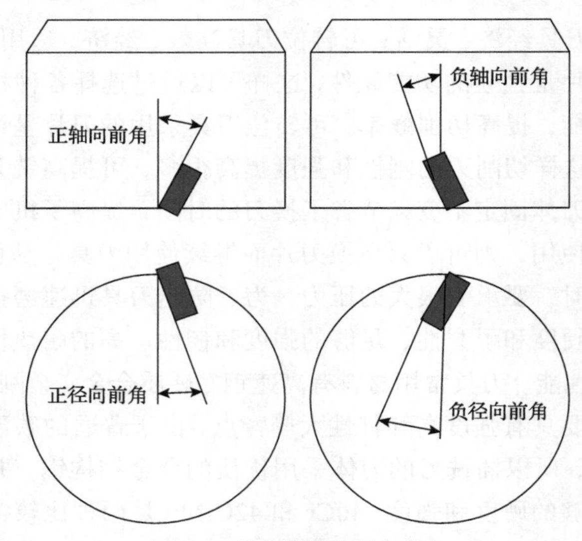

图 3.1　轴向前角和径向前角

在加工水斗的过程中，虽然大直径的插铣刀在插铣时金属去除率能达到最大化，但有些特殊部位需要使用小直径插铣刀，所以选择刀具直径为 32mm。这个尺寸的插铣刀主要用于插铣过程中粗加工和半精加工，在方肩铣和平面铣时可以用来精加工。

排屑槽的大小决定了刀具的排屑能力和刀体刚度。排屑槽越深，排屑越容易，但是刀体的刚性无法得到保证，在插铣过程中容易折断，刀具寿命缩短；如果槽过浅，那么容屑空间不够，排屑不畅，刀具温度急剧上升，产生烧伤刀具现象，也同样影响刀具寿命。因此，排屑槽不能过深，也不能过浅，如图 3.2 所示，设计刀体时从径向截面的一半尺寸斜 70°方向加工出这一排屑槽。

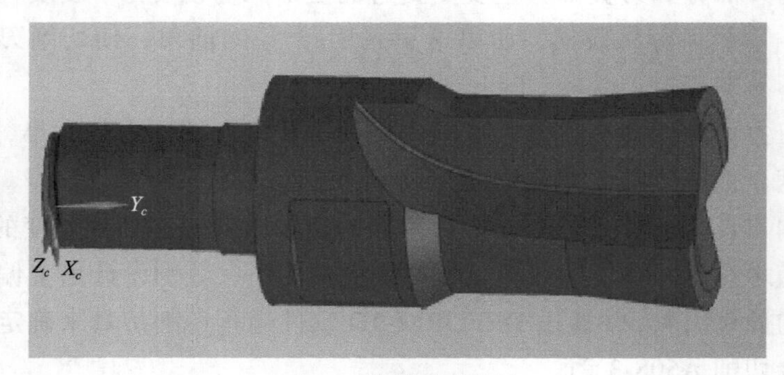

图 3.2　排屑槽的设计

为了使设计的插铣刀能适应各种场合的插铣，包括湿加工和干切削，在刀体设计内冷却孔，如图 3.3 所示，这样在使用切削液的湿加工中，能达到冷却、润滑和排屑的目的。

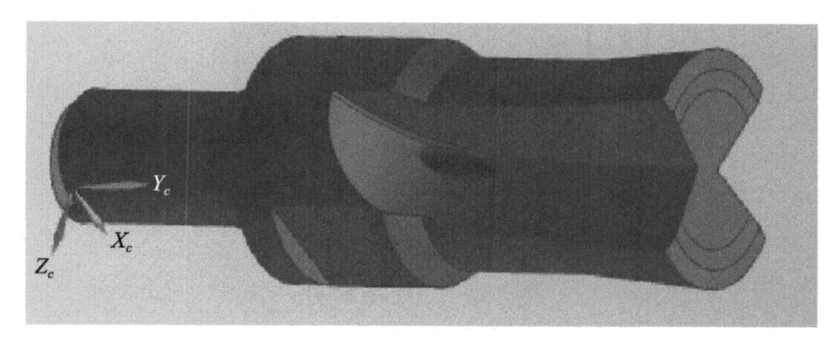

图 3.3　内冷却孔的设计

一般的可转位铣刀刀片按形状主要分为四角形刀片、菱形刀片和圆形刀片，如表 3.1 所示。针对插铣，圆形刀片一般用于仿形铣削，所以不予选取。因为加工方式主要是粗加工，而且刀体半径较小，所以切削刃较长的四角形刀片也不适合要求。这里选取菱形刀片，而 55°菱形刀片主要应用于仿形铣削，所以最终选择 80°菱形刀片。考虑刀片设计水平和制造成本问题，通过材料和形状大小的设定，选择山高公司设计的 XOMX 090308TR-M08 的 80°硬质合金菱形刀片，未涂层部分为 SU41(对应中国牌号 YW 型号)硬质合金，涂层材质为 TiN，圆弧刃半径 r_ε 为 0.8mm，切削前角为 16°，负倒棱宽度为 0.09mm、角度为 3°，如图 3.4 所示。刀片定下来以后，再确定刀片槽的尺寸。

表 3.1　刀片形状及特性

名称	说明
四角形刀片	一般有四个切削刃，刚性较好
80°菱形刀片	易于切入工件，适合插铣
55°菱形刀片	适用于仿形加工，可切削出各种复杂表面，刀尖强度一般
圆形刀片	刀尖强度较高，切削刃最长，可以用来精加工和半精加工

刀片与刀体的固定选择螺钉刚性夹紧方式，螺钉选择山高公司型号为 C02505-T08P 的锁紧螺钉，扳手型号为 T08P-3。

根据哈尔滨理工大学 X5030A 型立式升降台铣床的主轴尺寸，选择 EPB-Combimaster 刀柄，型号为 E9304-5820-1060，材料为硬质合金，内孔尺寸为 10mm，插铣刀体与刀柄的连接部分采用刀柄式连接，其外螺纹尺寸应为 10mm。

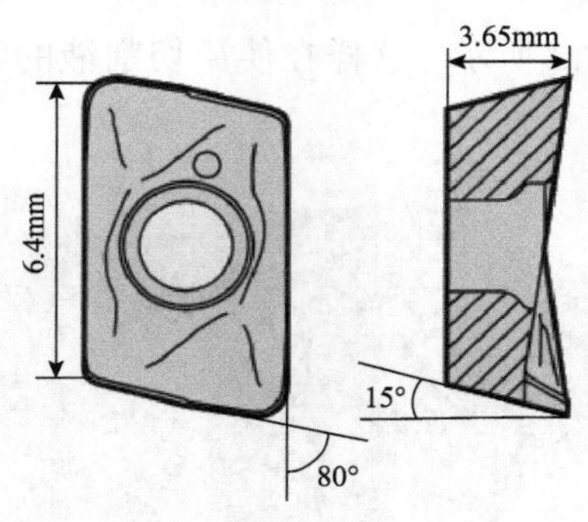

图 3.4　刀片样本图

3.1.1　插铣刀具的参数化设计

参数化设计是指在零件或部件形状的基础上，用一组尺寸参数和约束定义该几何图形的形状。现在二维参数化设计已日趋成熟，随着三维软件的产生与功能的不断完善，三维参数化软件设计已成为参数化设计的必然趋势。UG NX 是 Siemens PLM Software 公司出品的一个数字化开发系统，它为用户的产品设计及加工过程提供了数字化造型和验证手段。UG NX 软件包括了功能强大、应用广泛的产品设计应用模块，具有高性能的机械设计和制图功能，所以通过这款三维造型软件，建立插铣刀的三维造型，为以后的参数化设计、切削仿真、有限元分析以及加工制造打下基础。

确定插铣刀的刀具几何参数，以直径 20mm、轴向前角+5°和径向前角-5°为基础，使刀片和刀柄必须能够安装配合，建立主偏角为 87°的三维模型，如图 3.5 所示。

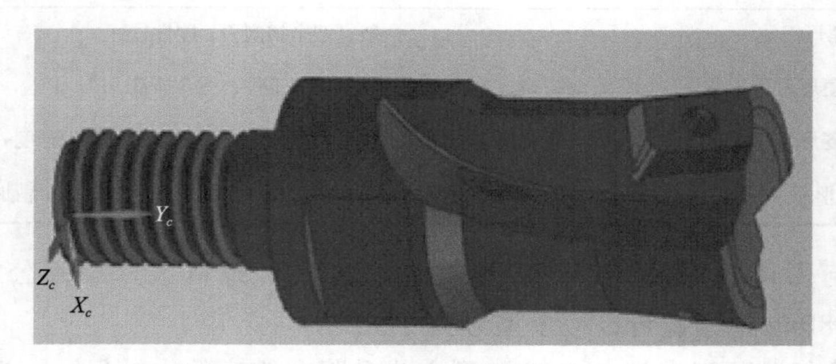

图 3.5　87°的插铣刀体

利用 UG/Open API 和 UG/Open GRIP 进行参数化设计，使之充分发挥各自的特点：利用 UG/Open UIStyler 制作灵活、多样的用户界面，利用 UG/Open GRIP

方便地编写插铣刀参数化模型，对其进行综合利用并将用户界面的数据传给UG/Open GRIP。采用 GRIP 和 API 混合编程的方法，能在短时间内完成参数化设计。插铣刀参数化设计对话框如图 3.6 所示。在插铣刀几个尺寸固定的前提下，选择主偏角 k_r 分别为 87°、90°和 92°，生成如图 3.7 所示的模型。

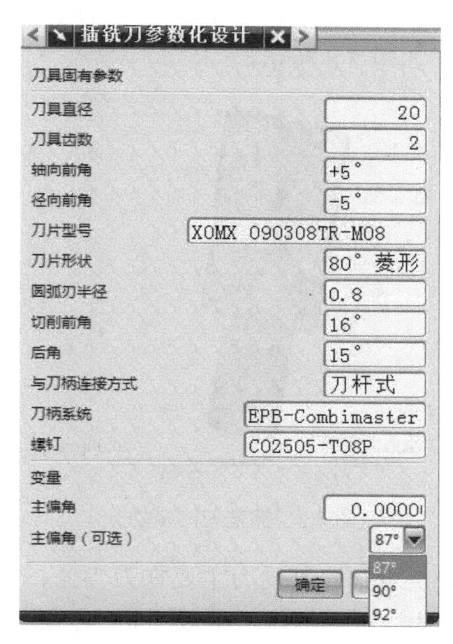

图 3.6　插铣刀参数化设计对话框

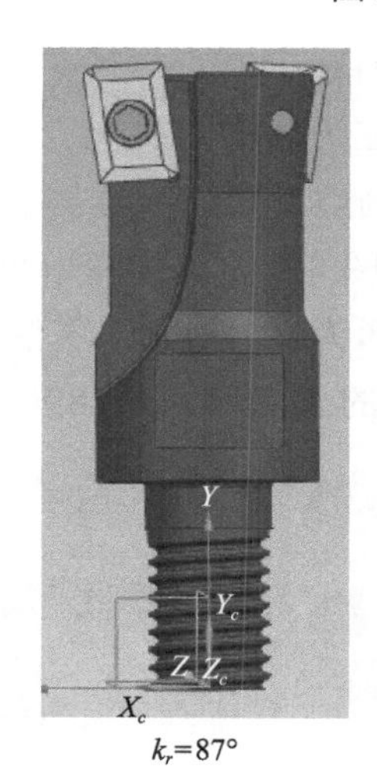

$k_r=87°$　　$k_r=90°$

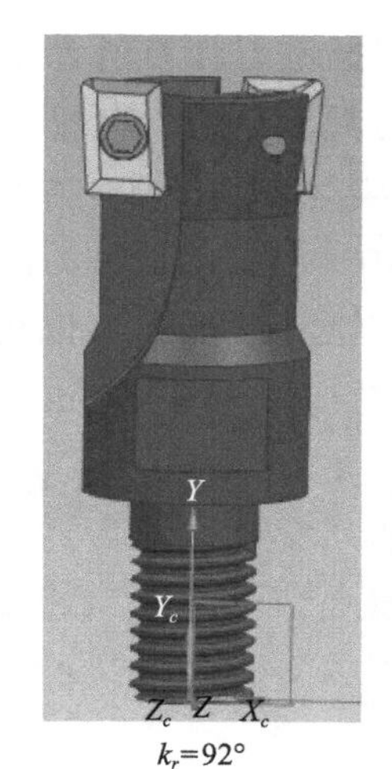

$k_r=92°$

图 3.7　主偏角不同的插铣刀

1. 插铣刀的静力分析

通过 ANSYS 软件对插铣刀进行静力分析，进一步得到三种插铣刀的变形量。插铣刀刀体设置为 42CrMo 合金钢，刀片为涂层硬质合金，在 UG NX 导入模型后，根据已定义的单元类型和单元属性进行网格划分，这里采用自动划分网格法(Automatic)，如图 3.8 所示。

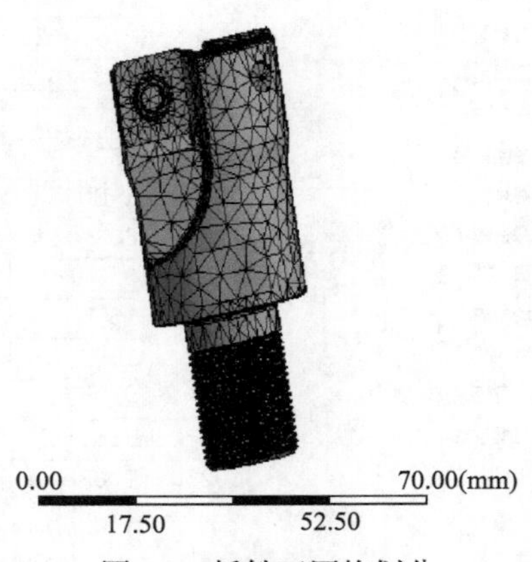

图 3.8　插铣刀网格划分

对插铣刀的过程分析可知，其受力主要在刀尖处，切削刃处的受力最大，主要承受轴向力和圆周力。根据插铣刀的受力特点，将刀具受到的力简化为一集中力来模拟实际力，暂时不考虑动载荷的影响，做出以下两个假设：

(1) 将插铣刀和刀柄看成一个整体，是刚性材料；

(2) 刀具承受的所有载荷为集中载荷，且集中在刀片的刀尖上。

对刀尖处分别施加集中载荷，对刀体的螺纹处施加全约束。对主偏角分别为 87°、90°和 92°的插铣刀的刀体变形进行对比，图 3.9 为刀体变形分析图。

根据后处理结果，主偏角为 87°插铣刀的总变形为 0.292mm，主偏角为 90°插铣刀的总变形为 0.291mm，主偏角为 92°插铣刀的总变形为 0.289mm，可以

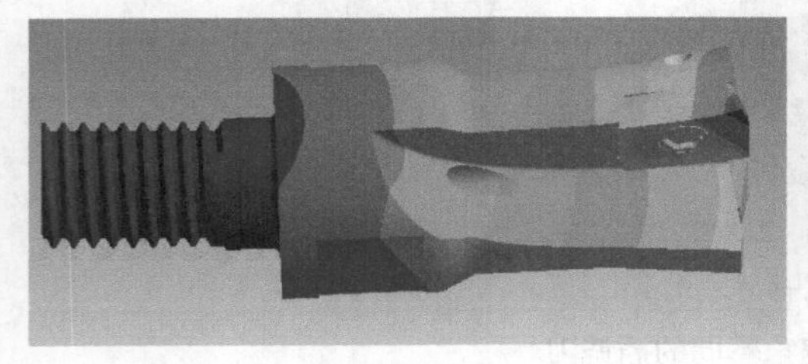

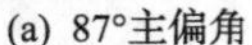
(a) 87°主偏角

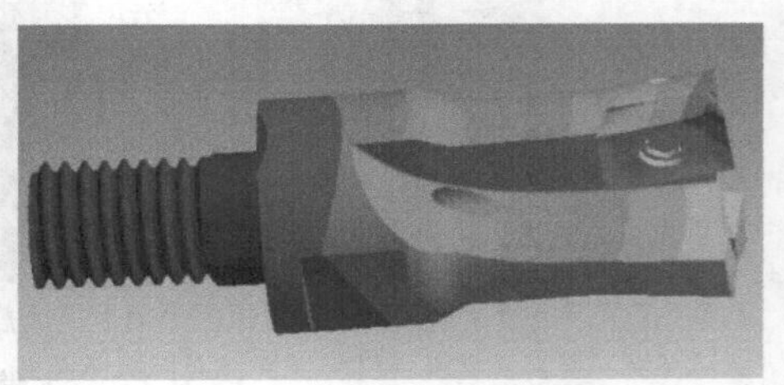

(b) 90°主偏角

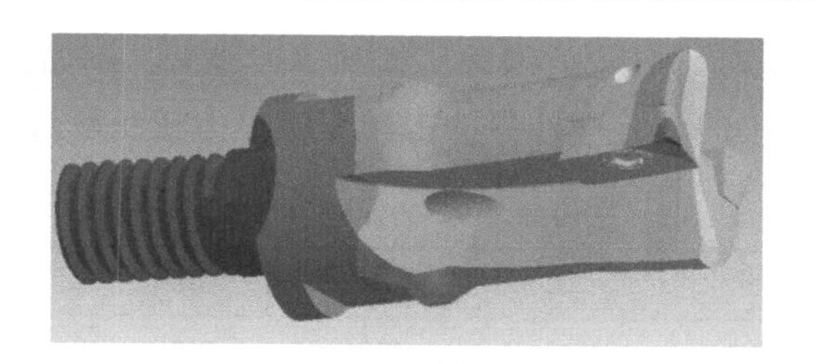

(c) 92°主偏角

图 3.9　不同主偏角的刀体变形

得出主偏角越大，总变形量越小，所以主偏角 92°的插铣刀变形最小。

2. 插铣刀的模态分析

模态是结构的固有振动特性，每一个模态具有固定的阻尼比、固有频率和模态振型。这些模态参数可以由计算或试验分析取得，这样的分析过程为模态分析。模态分析的目的是识别出系统的模态参数，为刀具几何结构优化和振动特性分析提供依据，并且能避免插铣刀在共振频率下长期工作。

为了分析插铣刀主偏角对固有频率的影响，在 ANSYS 线性静力分析的基础上进行模态分析。下面以主偏角为 92°的插铣刀为例研究其模态特性，得到插铣刀前六阶振型，如图 3.10 所示。由五阶振型可以看出刀具已经开始发生折弯变形，所以达到这一阶段的频率时刀具会相当危险。当外界的冲击频率振型与模态振型相近或相等时可能会引起共振、颤振，导致铣削系统不稳定、刀具破损和过度磨损以及铣削表面质量变差。主偏角为 92°的插铣刀前六阶频率

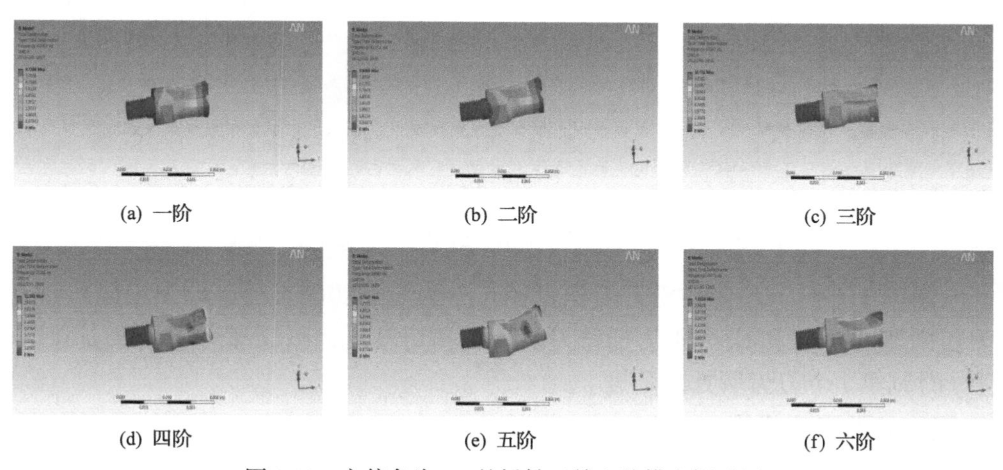

(a) 一阶　(b) 二阶　(c) 三阶

(d) 四阶　(e) 五阶　(f) 六阶

图 3.10　主偏角为 92°的插铣刀前六阶模态振型图

如表 3.2 所示，可见随着阶数的增大，频率逐渐增大，例如，在一阶时的频率为 4034.2Hz，在后续的试验中外界冲击频率应尽力避免超过这一数值。

表 3.2　主偏角为 92°的插铣刀前六阶频率表

模态	一阶	二阶	三阶	四阶	五阶	六阶
频率/Hz	4034.2	4137.6	12347	21352	23647	25975

插铣刀刀片的前刀面与切削过程中产生的切屑下表层、刀片的后刀面与已加工表面之间会产生一定程度的相互摩擦，以上各因素在空间上的合力即铣削力。在自动化生产和精密加工过程中，铣削力也往往被用来监控和衡量刀具磨损程度、已加工表面质量。对铣削力进行深入的分析，推导出铣削力的规律并建立数学模型，对下一步刀具几何结构的优化设计具有重要的指导意义。

插铣加工时一般选用瞬时刚性力模型，在该模型下，可以对任意时间、任意位置的铣削力大小进行预测。插铣加工时插铣刀与被加工工件之间的三维立体空间位置如图 3.11 所示。

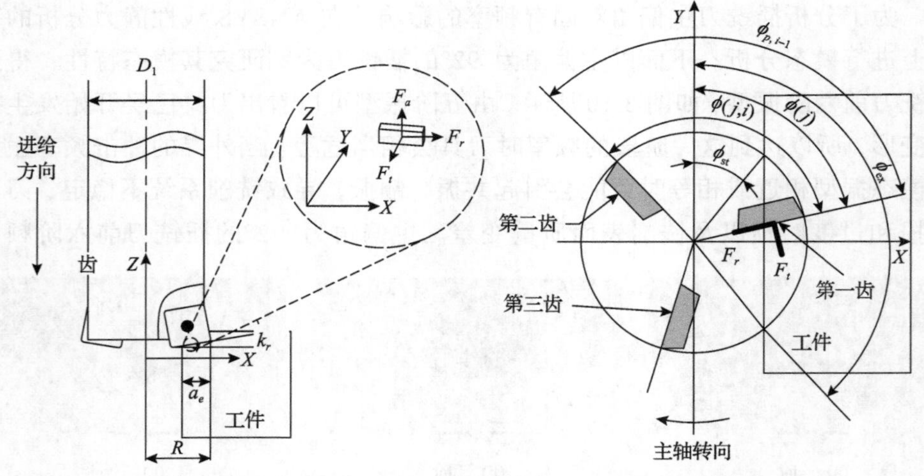

图 3.11　插铣刀与被加工工件之间的三维立体空间位置

图 3.11 中，D_1 为插铣刀刀柄直径，R 为刀具切削半径，k_r 为主偏角，a_e 为切削宽度，ϕ_{st} 和 ϕ_{ex} 分别为插铣刀切入角和切出角，$\phi(j,i)$ 表示插铣刀加工时第 j 时刻第 i 个刀齿所处的角度。

$\phi(j,i)$ 的表达式为

$$\phi(j,i)=\phi(j)+\phi_{p,i-1} \tag{3.1}$$

式中，$\phi(j)$ 为插铣刀被标定的第一个刀齿与 Y 轴正方向的夹角；$\phi_{p,i-1}$ 为第 $i-1$ 个刀齿与第 1 个刀齿的齿间角。

插铣作为一种粗加工方式，刀片的刃口系数对整体铣削力的计算影响程度极低，故本节所建立的插铣铣削力模型未考虑刀片上各方向的刃口系数问题。瞬时状态下参与加工的切削刃上的微小单元所受的切向力 $\mathrm{d}F_t$、径向力 $\mathrm{d}F_r$ 和轴向力 $\mathrm{d}F_a$ 分别为

$$\begin{aligned} \mathrm{d}F_t &= K_t h \Delta a \\ \mathrm{d}F_r &= K_r h \Delta a \\ \mathrm{d}F_a &= K_a h \Delta a \end{aligned} \tag{3.2}$$

式中，Δa 为加工时所用的插铣刀刀片底刃上标定的微小单元的长度；h 为瞬时切削厚度；K_t 、K_r 、K_a 分别为插铣时微小单元上的切向铣削力系数、径向铣削力系数、轴向铣削力系数。

插铣铣削力系数主要与插铣刀的整体结构、插铣刀所用刀片以及被加工毛坯件的材料化学元素含量有关，而刃口系数与铣削中刀片的磨损情况有关，各方向的铣削力系数以及刃口上的各方向刃口系数是先通过插铣刀对毛坯件进行加工测得，再结合铣削力试验数据进行快速标定得到的。

假设插铣刀刀齿瞬时状态下所在位置与 Y 轴正方向的夹角为 ϕ_j，则经过空间三维位置坐标的变换，可求解出在直角坐标系下各方向的铣削力分量：

$$\begin{cases} \mathrm{d}F_x = -\mathrm{d}F_t\cos(\phi(j,i)) - \mathrm{d}F_r\sin(\phi(j,i)) \\ \mathrm{d}F_y = \mathrm{d}F_t\sin(\phi(j,i)) - \mathrm{d}F_r\cos(\phi(j,i)) \\ \mathrm{d}F_z = \mathrm{d}F_a \end{cases} \tag{3.3}$$

插铣加工是一种断续铣削，采用双齿插铣刀进行插铣，在某一时刻总有一个刀齿与被加工工件之间存在切削作用，而另一个在空转，不参与实际的切削，并且插铣刀在转动的过程中与被加工工件发生切削作用的切削刃实际长度是时刻变化的。而对于三齿及更多齿数的插铣刀，在切削宽度不断增加的情况下，会发生多齿共同参与切削的过程。因此，在铣削力数学模型中需要加入一个判定条件来判断瞬时状态下该刀齿是否在参与切削。

定义阶跃函数为

$$g(\phi(j,i)) = \begin{cases} 1, & \phi_{\mathrm{st}} \leqslant \phi(j,i) \leqslant \phi_{\mathrm{ex}} \\ 0, & \phi(j,i) < \phi_{\mathrm{st}} \text{或} \phi(j,i) > \phi_{\mathrm{ex}} \end{cases} \tag{3.4}$$

则可得出切削刃经过微元化后的铣削力为

$$\begin{cases} dF_x = g(\phi(j,i))(-dF_t\cos(\phi(j,i)) - dF_r\sin(\phi(j,i))) \\ dF_y = g(\phi(j,i))(dF_t\sin(\phi(j,i)) - dF_r\cos(\phi(j,i))) \\ dF_z = g(\phi(j,i))dF_a \end{cases} \tag{3.5}$$

参与切削加工的刀齿长度可以在长度上分解成的微小单元个数为

$$M = \frac{R - \dfrac{R - a_e}{\sin(\phi(j,i))}}{\Delta a} \tag{3.6}$$

式中，a_e 为切削宽度。

在插铣加工的瞬时状态下，对参与实际加工的切削刃上一个个微小单元受到的力进行逐项累加求和，然后对该状态下插铣刀所有的刀齿受力情况进行计算，这样就可计算出本次插铣加工合成后的铣削力：

$$\begin{cases} F_x = \sum_{j=1}^{N}\sum_{i=1}^{M}(-dF_t\cos(\phi(j,i)) - dF_t\sin(\phi(j,i))) \\ F_y = \sum_{j=1}^{N}\sum_{i=1}^{M}(dF_t\sin(\phi(j,i)) - dF_t\cos(\phi(j,i))) \\ F_z = \sum_{j=1}^{N}\sum_{i=1}^{M}dF_a \end{cases} \tag{3.7}$$

将式(3.2)代入式(3.7)，可以计算出在任意瞬时状态下，刀具受到的插铣铣削力之和为

$$\begin{bmatrix} F_x \\ F_y \\ F_z \end{bmatrix} = \sum_{j=1}^{N}\sum_{i=1}^{M}\begin{bmatrix} -\cos(\phi(j,i)) & -\sin(\phi(j,i)) & 0 \\ \sin(\phi(j,i)) & -\cos(\phi(j,i)) & 0 \\ 0 & 0 & 1 \end{bmatrix}\begin{bmatrix} K_t f_z \Delta a \\ K_r f_z \Delta a \\ K_a f_z \Delta a \end{bmatrix} \tag{3.8}$$

此即等齿距插铣刀铣削力模型。

在上述模型的基础上，进行局部改变可得到不等齿距插铣刀的铣削力模型。与等齿距插铣刀不同的是，不等齿距插铣刀由于刀片间隔角度不均等，各刀齿的实际进给量并不一致。现对不等齿距插铣刀的刀齿编号做如下定义：若规定插铣刀的某一个刀齿为 1 号齿，则在沿着刀具转动方向上，将依次切到工

件的刀齿定义为 2 号齿, 3 号齿, …, M 号齿。将第 i 个刀齿与按刀具转动方向上的前一个刀齿的齿间角定义为 $\phi_{i-1,i}$ (i= 1, 2,…, M)， a_f 表示刀具旋转一周的总进给量(mm/r)。按照前面的规定，不等齿距插铣刀刀齿的进给量 f_z 可以表示为

$$f_z = \frac{\phi_{j,i}}{2\pi} a_f \tag{3.9}$$

与此同时，用来表示不等齿距插铣刀加工时第 j 时刻瞬时状态下第 i 个刀齿所处的角度 $\phi(j,i)$ 也发生了变动，新的表达式为

$$\phi(j,i) = \phi(j) + \phi_{p,j}(j,i) \tag{3.10}$$

3.1.2　铣削力系数分析

各方向铣削力系数的计算公式主要有以下几种。

1. 指数型

该方法认为各方向铣削力系数与切削厚度之间存在着指数型数学关系，其表达式为

$$\begin{aligned} K_{te} &= K_T h^{-p} \\ K_{re} &= K_R h^{-q} \\ K_{ae} &= K_A h^{-r} \end{aligned} \tag{3.11}$$

式中，p、q、r 为对应的指数参数值。

2. 平均铣削力模型

该方法的核心思想是通过保持转速与切削宽度不变，改变进给量来求解相关系数，基于对试验数据的处理，与相关数学公式进行一一对应比较，采用数据处理软件对其处理后进行求解。

3. 直角切削数据库计算铣削力系数模型

该方法基于直角切削力模型，通过实验数据拟合切削力系数，并应用于铣削力的计算和优化。直角切削数据库计算铣削力系数公式为

$$K_{tc}=\frac{\tau}{\sin\phi_n}\frac{\cos(\beta_n-\gamma_0)+\tan\eta_c\sin\beta_n\tan\beta}{\sqrt{\cos^2(\phi_n+\beta_n-\gamma_0)+\tan^2\eta_c\sin^2\beta_n}}$$

$$K_{rc}=\frac{\tau}{\sin\phi_n\cos\beta}\frac{\sin(\beta_n-\gamma_0)}{\sqrt{\cos^2(\phi_n+\beta_n-\gamma_0)+\tan^2\eta_c\sin^2\beta_n}} \tag{3.12}$$

$$K_{ac}=\frac{\tau}{\sin\phi_n}\frac{\cos(\beta_n-\gamma_0)\tan\beta-\sin\beta_n\tan\eta_c}{\sqrt{\cos^2(\phi_n+\beta_n-\gamma_0)+\tan^2\eta_c\sin^2\beta_n}}$$

式中，τ为剪切屈服强度；ϕ_n为剪切角；γ_0为刀具前角；β_n为平均摩擦角；η_c为切屑流动角；β为螺旋角。

4. 高阶多项式模型

该方法是一种有效的铣削力系数计算方法，能够精确描述切削力与切削参数之间的非线性关系。插铣加工时，插铣刀的刀齿只有在位于切入角与切出角之间的位置才会产生铣削力，为分析简便，选择铣削过程中的平均铣削力作为求解铣削力系数的依据：

$$F_{\text{ave}}=\frac{1}{2\pi}\int_{\phi_{\text{st}}}^{\phi_{\text{ex}}}F(\phi)\mathrm{d}\phi \tag{3.13}$$

插铣加工 X、Y、Z 方向的铣削力平均值计算公式分别为

$$\begin{aligned}F_{x\text{-ave}}&=\frac{Nh}{2\pi}\varepsilon_1K_t+\frac{Nh}{2\pi}\varepsilon_2K_r\\F_{y\text{-ave}}&=\frac{Nh}{2\pi}\varepsilon_2K_t+\frac{Nh}{2\pi}\varepsilon_1K_r\\F_{z\text{-ave}}&=\frac{Nh}{2\pi}\varepsilon_3K_a\end{aligned} \tag{3.14}$$

其中

$$\begin{aligned}\varepsilon_1&=\int_{\phi_{\text{st}}}^{\phi_{\text{ex}}}\left[R\cos\phi-(R-a_e)\frac{\cos\phi}{\sin\phi}\right]\mathrm{d}\phi\\\varepsilon_2&=\int_{\phi_{\text{st}}}^{\phi_{\text{ex}}}\left[R\sin\phi-(R-a_e)\right]\mathrm{d}\phi\\\varepsilon_3&=\int_{\phi_{\text{st}}}^{\phi_{\text{ex}}}\left(R-\frac{R-a_e}{\sin\phi}\right)\mathrm{d}\phi\end{aligned} \tag{3.15}$$

下面进行铣削力系数辨识试验，设备为大连机床集团旗下的加工中心

VDL-1000E，它的转速范围为 45～8000r/min。采用三齿插铣刀具，刀具直径为 42mm，齿间角为 110°、120°、130°，通过 Kistler9257B 三向压电式测力仪将插铣加工过程中产生的力学信号转变成电信号，再经过 DH-5922 信号采集系统转变成计算机可以读取的信号。铣削力测试平台原理如图 3.12 所示，插铣加工现场如图 3.13 所示。若想获得准确的切削过程中刀具各方向的铣削力系数，需要在切削系统稳定的情况下对切削参数进行选取，为了简化计算流程，选择相同的转速和切削宽度，通过控制进给量的改变进行试验，试验数据如表 3.3 所示。

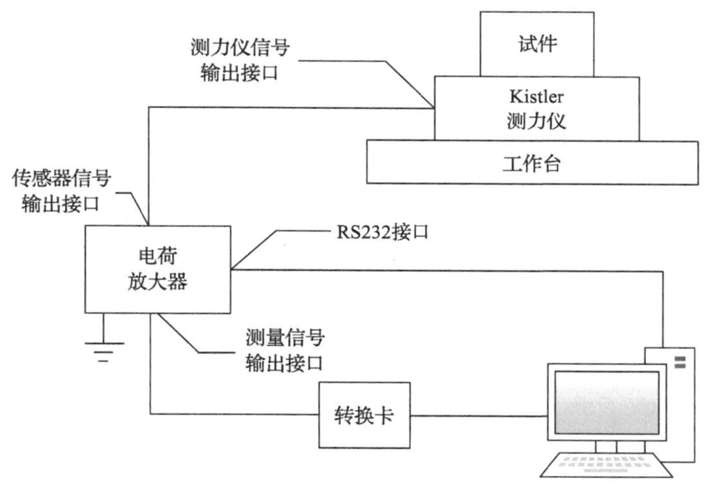

图 3.12　铣削力测试平台原理图

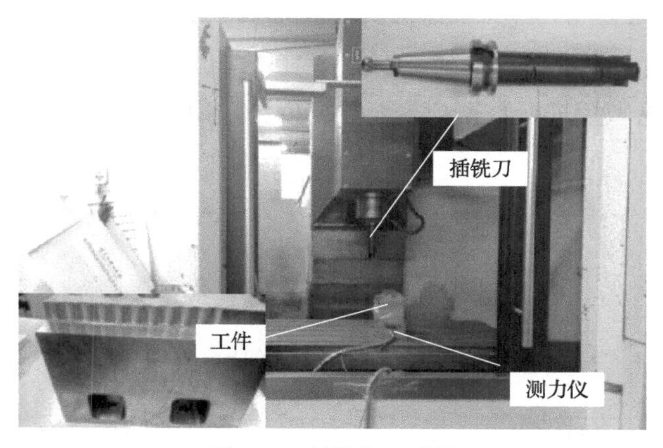

图 3.13　插铣加工现场

用测力仪分别对上述加工条件的铣削力进行采集并将数据存储到计算机

内，通过对其进行数学处理来求解各方向的平均铣削力数值大小，代入前面的相关公式求解各方向的铣削力系数 K_t、K_r、K_a。由试验数据的处理结果看，刀具切削运动时各方向的铣削力系数并不是一成不变的，而是动态变化的，处理的数据结果如表 3.4 所示。建立指数型相关公式为

$$K_m = p_m \times a_f^{-qm}, \quad m = t,r,a \tag{3.16}$$

表 3.3　试验数据

序号	进给量/(mm/r)	转速/(r/min)	切削宽度/mm
1	0.03	1500	1
2	0.06	1500	1
3	0.18	1500	1
4	0.24	1500	1
5	0.30	1500	1

表 3.4　不同进给量下的铣削力系数

序号	进给量/(mm/r)	转速/(r/min)	切削宽度/mm	K_t/(N/mm²)	K_r/(N/mm²)	K_a/(N/mm²)
1	0.03	1500	1	7142	3796	4054
2	0.06	1500	1	5645	3024	3422
3	0.18	1500	1	4388	2346	2890
4	0.24	1500	1	3860	2108	2638
5	0.30	1500	1	3720	2019	2549

通过 MATLAB 软件自带的 cftool 工具箱，以进给量为横坐标、各方向的铣削力系数为纵坐标进行数据拟合。数据拟合采用 power 函数，数据拟合结果如图 3.14 所示。

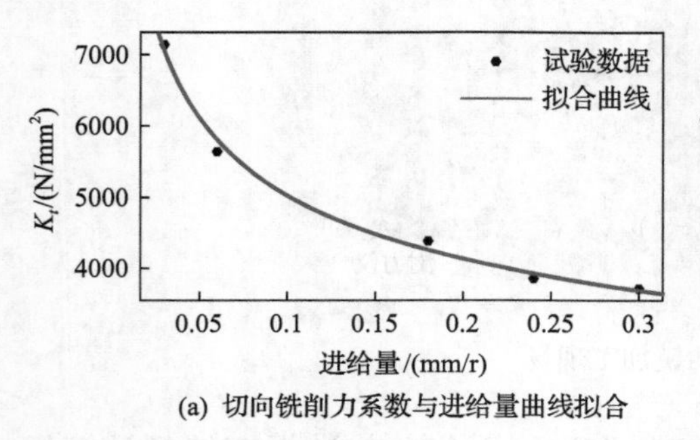

(a) 切向铣削力系数与进给量曲线拟合

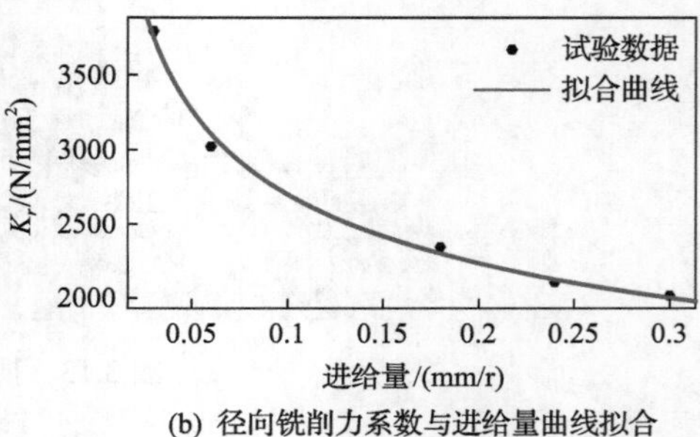

(b) 径向铣削力系数与进给量曲线拟合

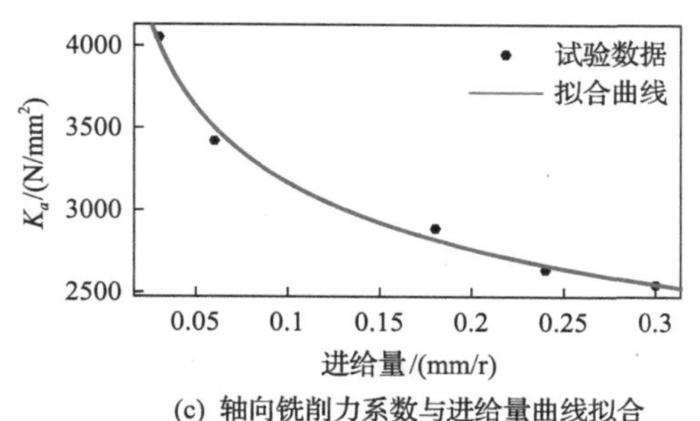

(c) 轴向铣削力系数与进给量曲线拟合

图 3.14　铣削力系数随进给量变化的曲线拟合

经过数据拟合后各方向铣削力系数的表达式为

$$\begin{aligned} K_t &= 1066a_f^{-0.4523}+1911 \\ K_r &= 532.7a_f^{-0.4605}+1108 \\ K_a &= 759a_f^{-0.354}+1412 \end{aligned} \tag{3.17}$$

3.1.3　铣削力数值仿真计算

使用计算机对铣削力进行模拟仿真时，将铣刀转动一周的时间进行微元化，变成一个个小的时间单元，每一个时间单元都对应着一个瞬时状态下的角度位置，首先要判断这个角度位置是否在预先计算出的切入角与切出角的角度范围内。每个刀齿在瞬时状态下参与切削的切削刃长度也是动态变化的，并不是定长度的。若假定刀齿切削刃都是定长度的，将这段定长度的刀齿同样看成许多个微小单元长度的组合体，那么就可以得出每个瞬时状态下参与切削的刀齿微小单元的个数。求出各个微小单元上受到的轴向力、切向力和径向力，坐标变换到工件坐标系，对其进行全部微小单元的累加求和，就可得到每个刀齿上所加载的力，在刀具的齿数上进行累加便能够计算出整体刀体受到的铣削力。铣削力数值仿真计算流程如图 3.15 所示。

为了验证高阶多项式模型是否能够满足对加工过程铣削力的精准预报，选择相同的参数，将计算机模拟计算得出的铣削力数值和实际测试系统得来的数据进行比对。选择转速 n=1500r/min、切削宽度 a_e=1mm、进给量 f_z=0.18mm/r 的工况进行对比，得到插铣铣削力实测与仿真曲线如图 3.16 所示。

分析图 3.16 可知，由于齿间角和切削宽度的综合影响，刀体在转动一个周期时会存在三齿都不参与切削的情况，那么这个瞬时位置的铣削力理论上就应该为零，但是由于齿间角的不同，刀齿之间铣削力为零的时间间隔是与齿间角

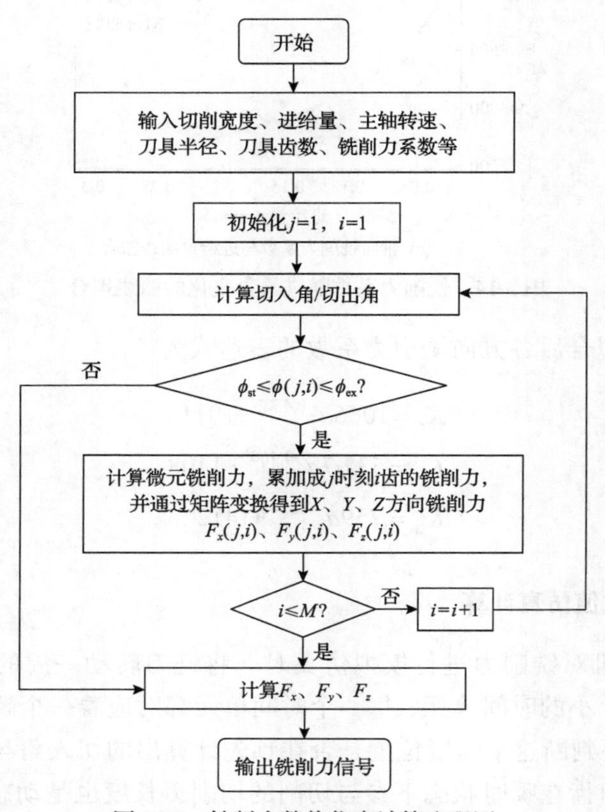

图 3.15　铣削力数值仿真计算流程图

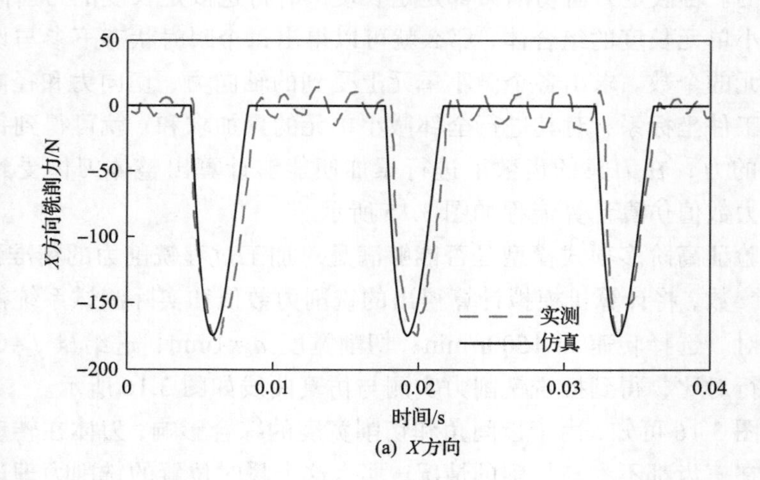

(a) X方向

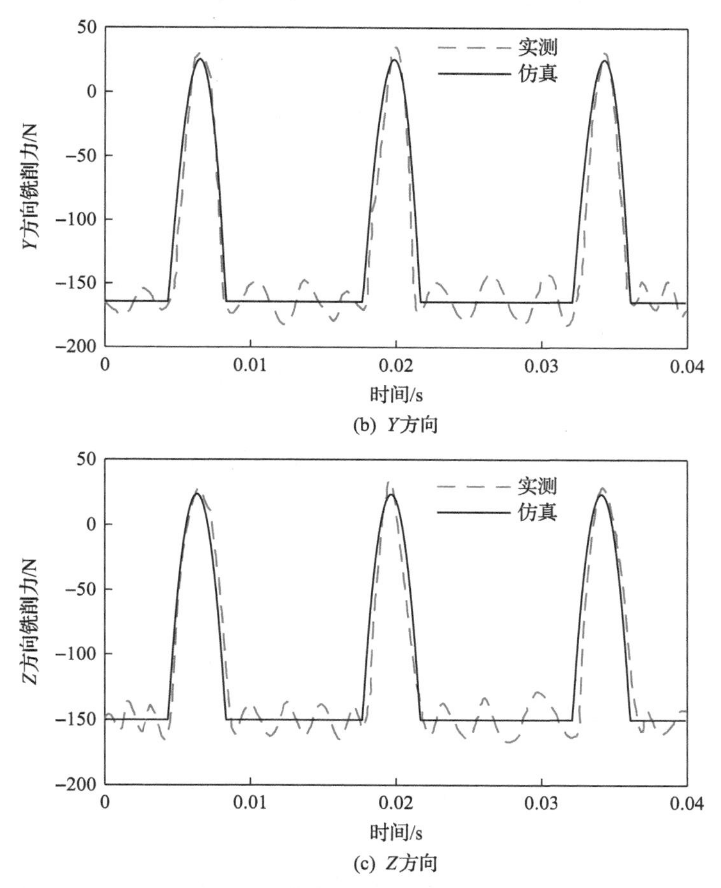

(b) Y方向

(c) Z方向

图 3.16　插铣铣削力实测与仿真曲线

的大小一一对应的。对比两组数据，二者在数值大小上基本吻合，峰值误差在14%左右，表明高阶多项式模型可以较精确地反映实际加工产生的铣削力。

在铣削加工中往往都伴随着颤振问题，使得切削过程中的铣削力忽高忽低极不稳定，将不等齿距插铣刀的概念运用到铣削加工中是解决该问题的一种有效手段。

3.2　不等齿距插铣刀铣削力频域分析

一段信号可以看成多个简谐信号之和，每一个简谐信号都有一个频率成分，一个周期性信号可以由许多个三角函数组成或者由复指数型函数组成。这种表示方法能够更为直观地表现出该周期信号的本质。一个周期为 T_0 的函数 $f(t)$ 表示成复指数型傅里叶级数形式为

$$f(t)=\sum_{n=-\infty}^{+\infty}c_n\mathrm{e}^{\mathrm{j}n\omega_0 t} \tag{3.18}$$

式中，$c_n=\dfrac{1}{T_0}\displaystyle\int_{t_0}^{t_0+T_0}f(t)\mathrm{e}^{-\mathrm{j}n\omega_0 t}\mathrm{d}t$。

从中可以看出周期函数 $f(t)$ 表示为复指数型傅里叶级数时的幅值和相位，其中 ω_0 为周期函数 $f(t)$ 的基波角频率，$\omega_0=2\pi/T$。

实函数 $f(t)$ 用三角函数形式的傅里叶级数表示为

$$f(t)=c_0+\sum_{n=1}^{\infty}(a_n\cos(n\omega_0 t)+b_n\sin(n\omega_0 t)) \tag{3.19}$$

其中

$$\begin{aligned}
c_0&=\frac{1}{T_0}\int_{t_0}^{t_0+T_0}f(t)\mathrm{e}^{-\mathrm{j}n\omega_0 t}\mathrm{d}t\bigg|_{n=0}=\frac{1}{T_0}\int_{t_0}^{T_0+t_0}f(t)\mathrm{d}t\\
a_n&=\frac{2}{T_0}\int_{t_0}^{T_0+t_0}f(t)\cos(n\omega_0 t)\mathrm{d}t\\
b_n&=\frac{2}{T_0}\int_{t_0}^{T_0+t_0}f(t)\sin(n\omega_0 t)\mathrm{d}t
\end{aligned} \tag{3.20}$$

按信号的能量特点可以将信号分为能量信号或者功率信号，周期信号按照分类标准归为功率信号。信号的功率 P 可以表示为

$$p=\frac{1}{T_0}\int_{-T_0/2}^{T_0/2}\left|f(t)\right|^2=\sum_{n=-\infty}^{+\infty}\left|c_n\right|^2 \tag{3.21}$$

式中，$\left|c_n\right|^2$ 为有关基波角频率的功率谱。

由周期函数中取出一个周期看成一个脉冲函数，那么有

$$f_i(t)=\begin{cases}f(t), & 0\leqslant t\leqslant T\\ 0, & \text{其他}\end{cases} \tag{3.22}$$

在此基础上进行复指数型傅里叶变换可得

$$f_i(\omega)=\int_{-\infty}^{+\infty} f_i(t)\mathrm{e}^{-\mathrm{j}\omega t}\Big|_{n=0}=\int_0^T f_i(t)\mathrm{e}^{-\mathrm{j}\omega t}\mathrm{d}t \tag{3.23}$$

在时域内，一个周期函数可以看成该脉冲函数和一个单位脉冲函数进行卷积(*)计算：

$$f(t)=f_i(t)*\sum_{k=-\infty}^{+\infty}\delta(t-kT) \tag{3.24}$$

对式(3.24)做傅里叶变换，可得

$$f(\omega)=f_i(\omega)*\omega_0\sum_{k=-\infty}^{+\infty}\delta(t-k\omega_0) \tag{3.25}$$

采用等齿距插铣刀加工材料时，在刀体转过一周的时间内，每一个刀齿经历一次切削过程，但实际加工中即使刀齿分布为均匀分布，也难免受到外界环境的干扰。因此，在计算机仿真过程中，弱化这些客观存在的外在影响，认为现代化生产的刀具生产工艺优良，在等齿距插铣刀上的刀齿所承受的铣削力、经历的铣削过程均一致，也就可以说，等齿距插铣刀在加工过程中受到的铣削力呈周期性波形，一个波形部分与下一次波形部分的周期间隔为一个刀齿转过该刀体的刀具齿间角的时间。

等齿距插铣刀铣削力的模型在前面已搭建完毕，即 $F(t)=\left[F_x,F_y,F_z\right]^{\mathrm{T}}$，将其表示成两个函数的卷积形式：

$$F(t)*\delta(t\pm T_0)=\int_{-\infty}^{+\infty}F(t)\delta(\tau\pm T_0)\mathrm{d}\tau=F(t\pm T_0) \tag{3.26}$$

式中，$\delta(t)=\begin{cases}\infty, & t=0\\ 0, & 其他\end{cases}$，$\int_{-\infty}^{+\infty}\delta(t)\mathrm{d}t=1$。那么，等齿距插铣刀所受到的铣削力为

$$\begin{bmatrix}G_x\\G_y\\G_z\end{bmatrix}_T=\begin{bmatrix}F_x\\F_y\\F_z\end{bmatrix}*\delta_T(t) \tag{3.27}$$

式中，$\delta_T(t)=\sum_{k=-\infty}^{+\infty}\delta\left(t-k\dfrac{60}{n}\right)$，$n$ 为转速(r/min)。

如果是齿数为 z 的等齿距插铣刀，那么它的铣削力可表示为

$$\begin{bmatrix} G_x \\ G_y \\ G_z \end{bmatrix}_T = \begin{bmatrix} F_x \\ F_y \\ F_z \end{bmatrix} * \delta_E(t) \tag{3.28}$$

式中，$\delta_E(t) = \sum_{k=-\infty}^{+\infty} \delta\left(t - k\frac{60}{nz}\right)$。

继而可以推导出齿数为 z 的等齿距插铣刀在频域上的铣削力模型：

$$\begin{bmatrix} G_x(\omega) \\ G_y(\omega) \\ G_z(\omega) \end{bmatrix}_E = \begin{bmatrix} F_x(\omega) \\ F_y(\omega) \\ F_z(\omega) \end{bmatrix} * \delta_E(\omega) = \begin{bmatrix} F_x(\omega) \\ F_y(\omega) \\ F_z(\omega) \end{bmatrix} \cdot z \cdot \omega_0 \sum_{k=-\infty}^{+\infty} \delta(\omega - k \cdot z \cdot \omega_0) \tag{3.29}$$

那么对于不等齿距插铣刀，若为 z 个齿，则其铣削力的频域模型为

$$\begin{bmatrix} G_x \\ G_y \\ G_z \end{bmatrix}_T = \begin{bmatrix} F_x \\ F_y \\ F_z \end{bmatrix} * \delta_T(t) * \delta_u(t) \tag{3.30}$$

式中，$\delta_u(t) = \sum_{k=1}^{z} \delta\left(t - \sum_{i=1}^{k} \frac{60}{2\pi n} \phi_{p,j}\right)$，$\phi_{p,j}$ 为不等齿距插铣刀的齿间角。

齿数为 z 的不等齿距插铣刀在频域上的铣削力模型为

$$\begin{bmatrix} G_x(\omega) \\ G_y(\omega) \\ G_z(\omega) \end{bmatrix}_u = \begin{bmatrix} F_x(\omega) \\ F_y(\omega) \\ F_z(\omega) \end{bmatrix} * \delta_T(\omega) * \delta_u(\omega) = \begin{bmatrix} F_x(\omega) \\ F_y(\omega) \\ F_z(\omega) \end{bmatrix} \cdot \delta_u(\omega) \cdot \omega_0 \sum_{k=-\infty}^{+\infty} \delta(\omega - k\omega_0) \tag{3.31}$$

式中，$\delta_u(\omega) = \sum_{i=1}^{z} \mathrm{e}^{-\mathrm{j}\sum_{i=1}^{k} \omega \phi_{p,j}}$ 为在频域范围内不等齿距插铣刀的刀齿分布。

本节进行的插铣加工采用的是断续切削形式，加工系统发生的振动主要是受迫振动。受迫振动有一个显著的特点，即如果外部产生激振力的频率和该加工系统的固有频率相近或者完全相等，那么在这一状态下该系统会发生较强的振动。这种振动会影响全系统的稳定性，使需要加工的工件表面质量都无法得到保证。这就引出一种新的降低加工过程振动的思路，即通过某种方法来改变外来激振力的频率，使其远离加工系统自身的固有频率，从而减小发生共振的可能性。

由前面的傅里叶变换以及卷积定理的分析可知，周期铣削力的信号进行傅

里叶变换之后得到的频谱幅值线分布在基波角频率的正整数倍数频率点所在的位置处。假设离散的频谱幅值线的时间间隔为 ω_c，那么铣削加工中所出现的铣削力的周期越大，时间间隔 ω_c 越小，其对应计算得到的频谱幅值线一定会越来越密集。周期函数的频谱图如图 3.17 所示。

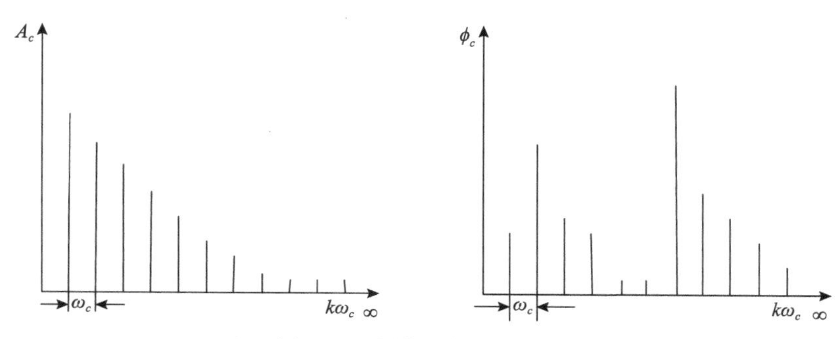

图 3.17　周期函数的频谱图

等齿距结构的插铣刀所受的铣削力经过傅里叶变换之后其频谱幅值线的横坐标应该位于基波角频率与刀齿齿数乘积的整数倍上，即横坐标为 $z \times n \times \omega_0$ 的这些位置，并且这些位置处的能量分布也较为密集。相对于等齿距插铣刀受到的周期性铣削力，不等齿距插铣刀所受的铣削力周期要更大一些，它是以刀具每转动一周的时间为一个周期，那么可知不等齿距插铣刀所受的铣削力在经过傅里叶变换以后得到的频域上的幅值谱线就会更为密集。假设两种插铣刀承受相同的当量铣削力，那么在其身上所附加的能量也应该是相等的，等齿距插铣刀上的能量分布相对于不等齿距插铣刀将更为密集地存在于一些特定的频率位置处，并且能量会出现集中分布的现象。不等齿距插铣刀在频域上的幅值谱线在各频率处都会不同程度地小于等齿距插铣刀，呈现出一种平稳包络的态势。图 3.18 为齿数为 3 的等齿距插铣刀在 a_e=1mm、r=1500r/min、a_f=0.12mm/r 时所受的铣削力频域图。

由图 3.18 可知，具有 3 个刀齿的等齿距插铣刀所受到的铣削力变换到频域上的能量集中分布在一些特定的频率，即 $3 \times n \times \omega_0$ 所在的频率上；这些频率处的频谱线幅值较大，外加激振力的频率若与整个加工系统的固有频率贴近或者完全吻合，那么发生共振是不可避免的，这就必然引起被加工的工件表面质量下降，刀具的报废率上升。使用不等齿距插铣刀相比于等齿距插铣刀就会有一定的优势，因为它的各个刀齿之间的齿间角并不是一个定值，而是变动的，所以这种插铣刀受到的铣削力在变换为频域范围内进行铣削力的分析时，铣削力频谱图相对于等齿距插铣刀加工时的铣削力频谱图将发生明显的变化。图 3.19 为三齿不等齿距插铣刀在相同铣削参数下的铣削力频谱图。

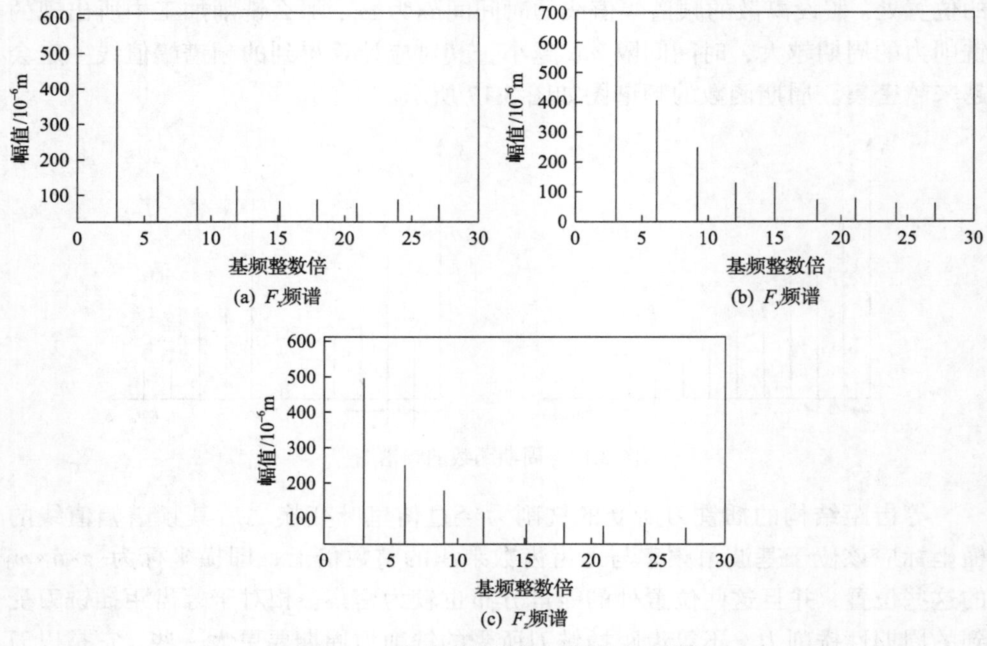

图 3.18　三齿等齿距插铣刀铣削力频谱图

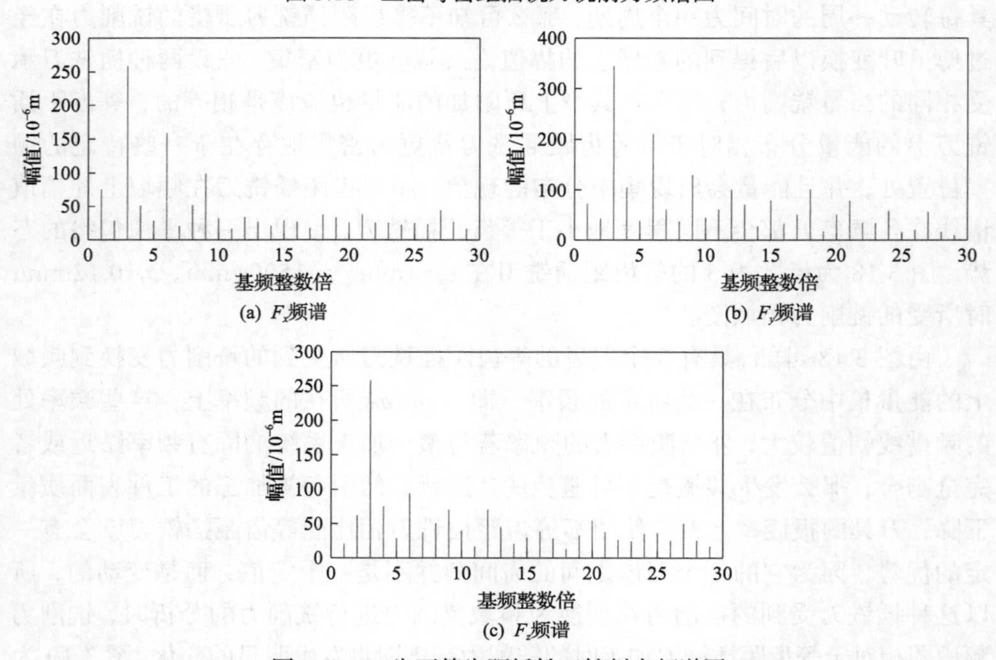

图 3.19　三齿不等齿距插铣刀铣削力频谱图

图3.19中具有3个刀齿的不等齿距插铣刀所受的切削力经过频域上的傅里叶变换，其幅值谱线相比于等齿距插铣刀的幅值谱线更为分散，其横坐标数值集中在 $n\times\omega_0$ 所在的位置上，在同样的 $3\times n\times\omega_0$ 频率处，不等齿距插铣刀频域上幅值谱线相对更低，实现了能量在横坐标数值上较为均匀的分布。

插铣加工过程中，实际铣削运动时整个系统是动态的，动态系统所能产生的振动位移的数值可以表示为

$$\left|X(\mathrm{j}\omega_c)\right|=\left|G(\mathrm{j}\omega_c)\right|\cdot\left|F(\mathrm{j}\omega_c)\right| \tag{3.32}$$

由式(3.32)可知，系统振动所产生的位移大小不仅与系统自身相关，还与所受到的铣削力频率有着很大的关系。对于同一个切削系统，若铣削力频域上的幅值谱线均匀分布，并且各位置处的幅值也较小，则系统的振动位移就会小一些，不等齿距插铣刀就是运用这一原理削减了加工过程整个动态铣削系统的振动量。后面将在保证插铣刀刀体结构强度这一前提下，以铣削力在频域上的幅值谱线幅值更小、分布更加均衡为原则进行优化分析。

3.3　插铣刀刀齿角度分布的优化

由前面的分析可知，不等齿距插铣刀能够很好地减少铣削过程中共振现象的发生，这对于实际加工生产具有重要的意义。不等齿距插铣刀已经逐步运用在各种铣削加工中，但是如何优化铣刀刀齿的角度分布才能更好地实现对振动的削弱，目前研究较少。

1. 最优分布函数的选择依据

选择一个合理且最佳的评价指标是构建最优分布函数的大前提。对于插铣刀的齿间角优化，可备选的目标函数是多种多样的，主要有：被加工工件表面形貌稳定性、刀片的使用寿命长久、铣削过程中的噪声最小以及加工中产生的振动量最小等。对于不等齿距插铣刀的研究，最终目标就是削弱加工过程中的振动量，尤其是加工过程所造成的强迫振动。不难发现，上述内容其实都与加工产生的振动量有着密切的关联性。当插铣刀进入工作状态时，整个加工系统产生的振动会直接影响被加工工件的表面质量；刀片在单位时间内的磨损程度也与加工过程产生的振动呈正相关；刀片磨损速度降低自然就会减小更换刀片的频率，这就相当于节约了换刀时间，提高了生产效率。本节选择控制加工过程的系统振动量最小作为插铣刀刀具齿间角优化的目标函数。

当系统处于受迫振动的状态时，插铣刀系统产生的相对振动量为

$$X(\omega)=G(\omega)\cdot A(\omega) \tag{3.33}$$

式中，$X(\omega)$为相对振动函数；$G(\omega)$为系统频响函数；$A(\omega)$为系统激振频谱。

在加工系统的频响函数已经确定的前提下，可控制不等齿距插铣刀在加工时产生的激振力频谱，进而控制切削产生的振动量大小，即让激振力频谱均衡地分布在一些合理的频率点处，使振动的能量更为分散，频谱幅值也会有不同程度的减小。

2. 最优分布函数的确定

不等齿距插铣刀齿间角最优分布的目标函数就是在频域分析时的切削力频谱幅值 $A(\omega)$在任何一个等可能的频率上实现较为均衡的分布，整个图线包络更为平坦。

将插铣加工过程铣削力的频域幅值谱线的偏差平方和最小作为刀齿分布优化的目标函数，该函数定义为

$$\begin{aligned}\min\{\beta E(\omega)\}&=\min\left\{\beta\sum_{x=1}^{N}\left(A(\omega)-\frac{\sum_{i=1}^{N}A(\omega)}{N}\right)^2\right\}\\&=\min\left\{\beta_1\sum_{x=1}^{N}\left(A_x(\omega)-\frac{\sum_{x=1}^{N}A_x(\omega)}{N}\right)^2+\beta_2\sum_{y=1}^{N}\left(A_y(\omega)-\frac{\sum_{y=1}^{N}A_y(\omega)}{N}\right)^2\right.\\&\qquad\left.+\beta_3\left(\sum_{z=1}^{N}A_z(\omega)-\frac{\sum_{z=1}^{N}A_z(\omega)}{N}\right)^2\right\}\end{aligned} \tag{3.34}$$

式中，$\beta_1+\beta_2+\beta_3=1$，$\beta_1$、$\beta_2$、$\beta_3$ 是由系统在各个方向动刚度的数值等比例分配而来的。

其约束条件设定为

$$
\begin{cases}
\alpha_{\min} \leqslant \alpha_1 \leqslant \alpha_{\max} \\
\alpha_{\min} \leqslant \alpha_2 \leqslant \alpha_{\max} \\
\quad \vdots \\
\alpha_{\min} \leqslant \alpha_n \leqslant \alpha_{\max} \\
\alpha_1 + \alpha_2 + \cdots + \alpha_n = 2\pi
\end{cases}
\tag{3.35}
$$

式中，$\alpha_{\min}$ 为齿间角的最小值；$\alpha_{\max}$ 为齿间角的最大值。这两个值的确定主要从刀具结构自身的排屑效率以及刀体转动动平衡是否满足要求考虑的。

该目标函数属于单一目标但有多个约束的优化求解问题，其解通常不是唯一的，最初的极值设定对结果有直接的影响，可采用几组不同的初始设置进行计算，再对获得的结构进行验证对比选出最优的方案。一种方法是运用 MATLAB 内部集成的工具箱，进行最小二乘计算，确定曲线拟合函数，并对约束非线性极值问题的系统方程进行求解。另一种方法是 Monte Carlo 法，这种方法是数理统计的一种方法，在现代计算中运用十分广泛，主要是其具有如下优点：一是简洁，没有较为复杂的数学方面的推导计算，原理清晰易懂，方便快速入门上手操作；二是计算迅速，在相对低精度的计算要求下表现得尤为出色；三是兼容性好，一些复杂的项目管理的最优求解问题都可用这种方法进行求解。

3. 插铣刀齿分布优化流程

针对前面的目标函数，构建了不等齿距插铣刀刀齿分布优化的流程图，如图 3.20 所示。

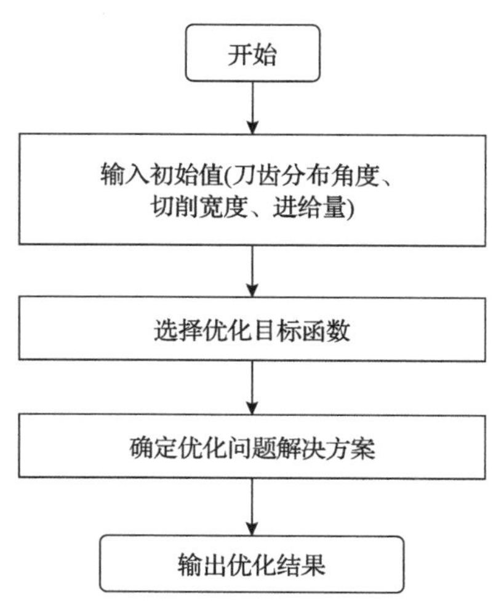

图 3.20　不等齿距插铣刀刀齿分布优化流程图

刀具系统动平衡技术属于高速加工、数控加工、加工中心等现代机床中刀具的关键技术之一，用于保证高速切削安全性和稳定性。高速切削条件下，刀具系统微小的不平衡，都可能产生很大的离心力，引起机床和刀具系统的急剧振动，导致加工工件表面质量恶化甚至损坏机床主轴等部件，因此高速切削刀具系统的平衡更为重要。考虑到刀具强度以及回转动平衡，最大齿间角与最小齿间角的差$\Delta\alpha$不能太大，否则刀具强度不够，在加工过程中极易发生破坏变形。刀具在主轴的带动下旋转之后的动平衡也满足不了稳定切削的要求，因此选择 $\Delta\alpha=10°$，即当$\alpha_{\min}=115°$、$\alpha_{\max}=125°$时，得到的计算结果为$\alpha_1=117°$、$\alpha_2=120°$、$\alpha_3=123°$。

以铣削力最大的 Y 方向作为分析对象，对上述求解出的刀齿角度的铣削力进行频谱分析。图 3.21 为优化前 F_y 的频谱图，图 3.22 为优化后 F_y 的频谱图，可见优化后的频谱图分布更为均匀。

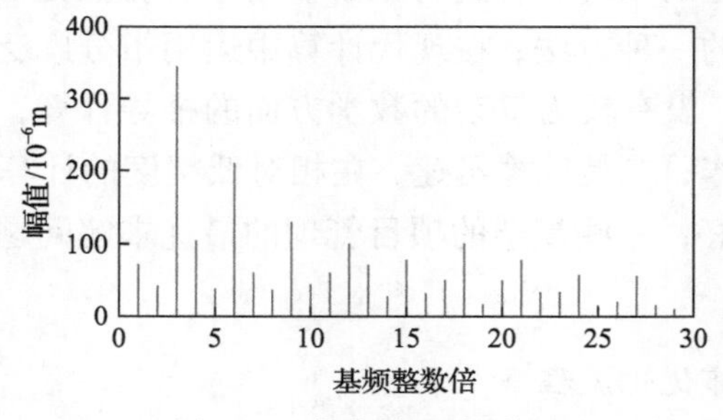

图 3.21 优化前 F_y 频谱图

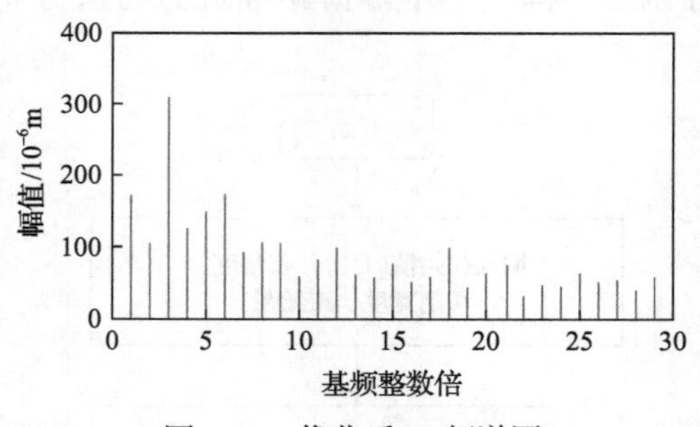

图 3.22 优化后 F_y 频谱图

第4章 插铣加工刀具磨损的分析

插铣法具有较高的金属切除率，但用于插铣加工的刀具经常出现磨损、破损等现象，过早地达到使用寿命，不仅降低了加工效率，还大大增加了经济成本。本章建立水斗插铣加工时刀具的磨损模型，对不同刃口结构的刀具进行分析与仿真，以对插铣刀切削刃口的结构进行优选。

针对硬质合金刀具插铣加工 Cr13 不锈钢时切削刃刃口结构对刀具磨损影响的问题，本章进行以下几方面的研究：

(1)插铣加工过程中刀具磨损模型的建立及变化规律。分析刀具磨损产生的原因，建立刀具磨损模型，找出不同插铣刀刃口结构对刀具磨损的影响规律。研究主要集中在铣削过程中加工区域的温度变化、刀具磨损机理及形态、不同刃形刃口结构的刀具在插铣过程中的磨损情况，并分析刀具磨损过程的规律等。

(2)插铣加工过程中不同切削参数对刀具磨损影响的有限元分析。通过有限元仿真研究插铣过程中工件温度及应力的变化，对刀具磨损的机理及影响因素进行分析；重点针对不同刃口结构的刀具建立磨损模型，对加工区域温度、刀具磨损率等进行仿真并对结果进行整理分析。

(3)完成不同刃形刃口结构的插铣刀铣削试验；利用超景深三维显微镜与扫描电子显微镜观察刀具的磨损情况；对比分析仿真与试验结果，并验证有限元仿真分析的可行性和准确性，建立多因素影响模型，比较不同因素对刀具磨损的影响。

4.1 插铣加工刀具的磨损

4.1.1 刀具磨损形态

插铣刀刀头结构及其刀片正常磨损形态如图 4.1 所示。插铣刀具的正常磨损主要包括以下三种形态。

1)前刀面磨损

切削过程中随着切屑的流出，在摩擦、高温及高压作用下，切屑与前刀面接触的位置处开始出现月牙洼磨损。月牙洼磨损出现的初期，其位置与主切削

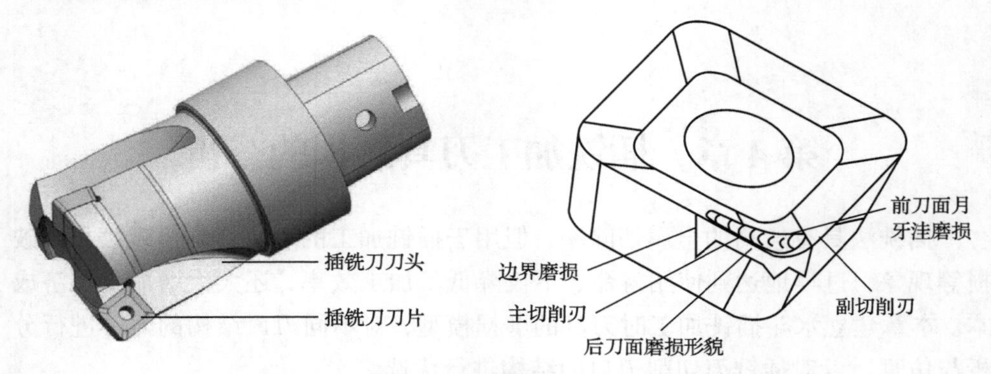

图 4.1　插铣刀刀头的三维模型及刀片磨损形态

刃之间留有一定的间隙，随着切削的继续进行，月牙洼磨损的面积和深度逐渐扩大，当月牙洼磨损扩展到主切削刃时，刀具前角减小，刀具变钝，使得铣削力增大，此时容易出现刀具崩刃和破损现象。

插铣加工主要应用于大型异构件的粗加工，其金属材料去除率很高，但同时刀具的磨损现象严重，成为插铣加工的难题。图 4.2 为前刀面理论磨损模型，其中 KT 为前刀面月牙洼最大磨损深度。

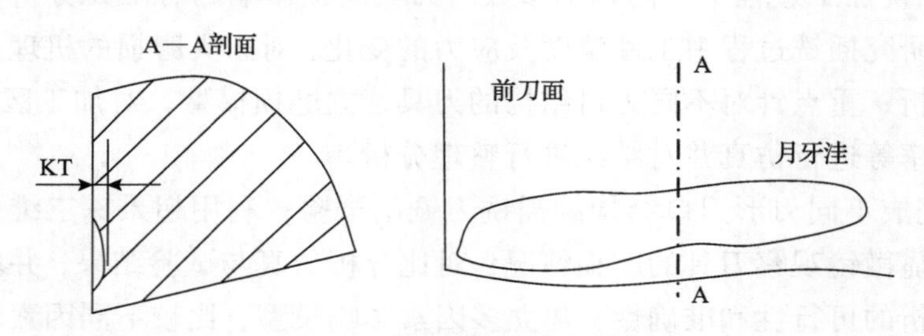

图 4.2　前刀面理论磨损模型

2)后刀面磨损

后角的大小影响后刀面与已加工表面之间的接触，但实际切削过程中后刀面与已加工表面之间存在很大的压力，且工件存在弹性和塑性变形。因此，后刀面与已加工表面之间存在较小的接触面，后刀面的磨损就发生在这个较小的接触面上。由于切削参数和切削材料的不同，前刀面月牙洼磨损并不会 100% 发生，但都会出现后刀面磨损。

在切削刃参与切削的各个点上，后刀面的磨损不是均匀的。图 4.3 为刀具后刀面理论磨损模型，其中 VB 表示后刀面的平均磨损量，VB_{max} 表示后刀面的最大磨损量。在科学研究中多数试验以 VB 和 VB_{max} 的值作为刀具磨钝的标准。

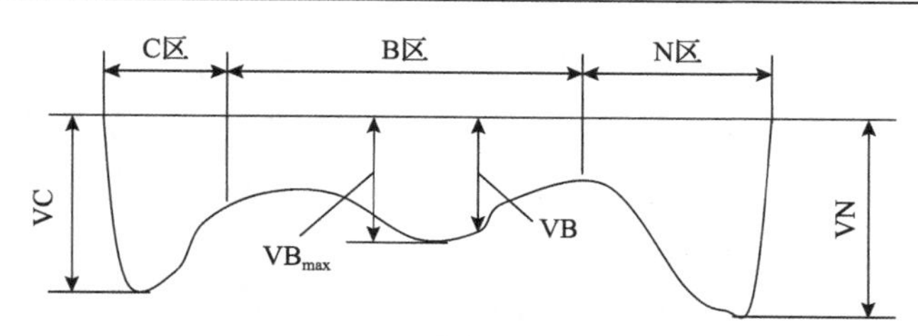

图 4.3　后刀面理论磨损模型

VC 表示 C 区磨损量，VN 表示 N 区磨损量

3) 边界磨损

边界磨损主要存在于主切削刃靠近工件外表面处以及副切削刃靠近刀尖处的后刀面上，其形貌主要为沟槽型。边界磨损产生的主要原因是：工件表面的加工硬化；切削刃附近前、后刀面上压应力和剪切应力较大；刀具与工件的接触区域温度高，工件外表面接触点受空气和冷却液的影响而温度较低，造成很高的温度梯度，引起较大的剪切应力等。

刀具非正常磨损的主要表现形式是破损。破损之所以称为非正常磨损，主要是因为刀具通常没有经过正常磨损阶段而在短时间内突然损坏以致失效。破损不同于正常磨损形态，当刀具发生严重破损后机床是不能够继续进行切削加工的，此时需要对刀具进行刃磨或更换新刀。硬质合金刀具具有硬度高、耐热等特点，其非正常破损形态主要有以下几种。

(1) 切削刃崩碎。

工件材料的组织、硬度、加工余量不均使得切削过程中产生的铣削力不断变化，整个切削过程极其不稳定；刀具前角偏大，此时切削刃处的强度不足，使得切削刃容易崩碎；当工艺系统的刚度不足或断续切削时，加工过程中产生的振动加大了刀具崩刃的可能；新刃磨的刀具质量差，在插铣时同样容易产生切削刃的崩碎。当刀具轻微崩碎时切削仍可继续进行，但当崩碎程度较为严重时应终止切削，以保护机床、产品以及技术工人的人身安全。图 4.4 为切削刃崩碎图片。

(2) 刀片或刀具折断。

刀片或刀具折断情况出现的主要原因是切削条件恶劣、切削参数设置极其不合理，使得切削过程中产生极大的冲击载荷，导致刀片或刀具出现微裂痕等。出现此种情况，刀片或刀具不能继续使用。

(3) 刀片表层剥落。

由金属材料的特性可知，常态下硬度较高的硬质合金刀具的塑性相对较低、脆性较大，由于表层组织中存在缺陷或潜在裂纹，焊接或刃磨会在表层形成残余应力，当切削过程出现不稳定状态或刀具表面承受交变应力时，极容易产生表层剥落。表层剥落可能发生在前刀面或后刀面，轻微表层剥落时可继续工作，严重表层剥落时将丧失切削能力。图 4.5 为表层剥落图片。

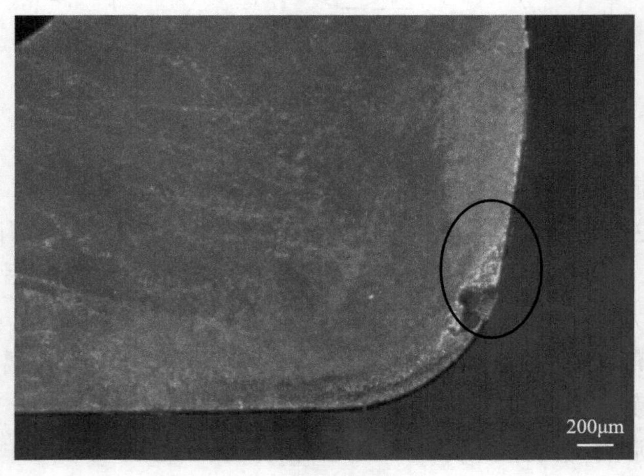

图 4.4　切削刃崩碎

图 4.5　表层剥落

4.1.2　刀具磨损原因

随着科学技术的发展，社会上各行各业对金属材料的要求越来越高，为合金材料的发展提供了广阔的空间，各种合金材料被大量使用。但是，合金中各种元素的含量对金属材料的物理和化学性能有着不同的影响。随着材料的强度、硬度等物理性能的提高，金属切削过程变得更加艰难。在刀具与工件的接触区域内磨损形式是多样化的，通常来说，刀具正常磨损的主要原因是磨粒磨损、黏结磨损、扩散磨损、氧化磨损等。

1) 磨粒磨损

常规的金属切削过程中，要求刀具材料的硬度高于工件材料的硬度，才能顺利完成切削任务。在常用的金属材料中大多数为合金材料，一方面，为了改善合金材料的性能，通常在工件材料中加入一些其他元素(如 Si、Ti、Mo、V、Nb 和 Al 等)，这些元素在刀具与工件接触区域内高温、高压的作用下，常与 C、N、O 等活性较强的元素发生化学反应，生成硬度极高的化合物；另一方面，工件材料本身可能含有一些硬度较高的碳化物、氮化物等。这些硬物对刀具表面产生刻划和耕犁作用，在刀具的前、后刀面形成划痕和沟槽，所以这种磨损形式称为磨粒磨损，如图 4.6 所示。

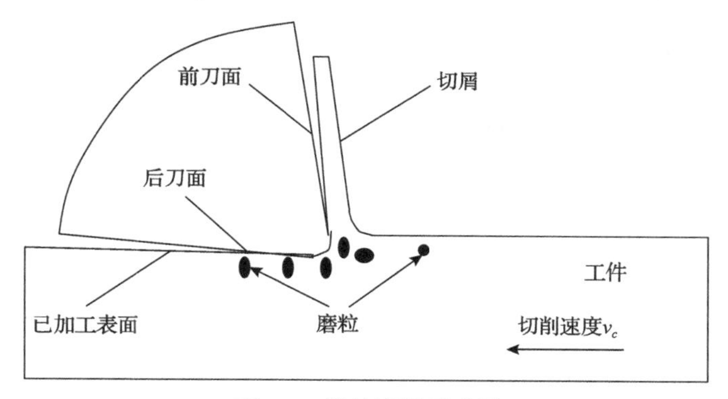

图 4.6　磨粒磨损示意图

2) 黏结磨损

切削过程中，刀具的前刀面与切屑之间、后刀面与已加工表面之间存在着剧烈的摩擦，在接触区域内产生了高温、高压的物理现象。在这种情况下，接触区域内发生了冷焊现象，其形成的原因是切屑的塑性变形所形成的新表面原子之间存在吸附力。由于切削的继续进行，冷焊接点处的晶粒在交变应力、接触疲劳和刀具表层结构缺陷等情况下被撕裂，并被对方带走从而形成黏结磨损，如图 4.7 所示。

3) 扩散磨损

切削过程中，切屑、工件和刀具在接触时双方的化学元素在固态下相互扩散。能提高刀具硬度的化学元素(如 W、Co、Ti 等)扩散到元素浓度较低的工件中，同时工件材料中的化学元素(如 Fe、C 等)扩散到刀具中。伴随以上两个变化过程，刀具材料变得更脆，而工件硬度有一定的提升，从而加速了刀具的磨损。双方化学元素扩散的速度主要与切削温度有关，并且按 $e^{-E/(KT_0)}$ 指数形式增加（T_0 为刀具表面的热力学温度，E 为活性化学能，K 为常数），同时，切屑在刀具表面的流动速度、刀具和工件材料的化学成分等也对扩散速度有一定的影响，如图 4.8 所示。

图 4.7　黏结磨损

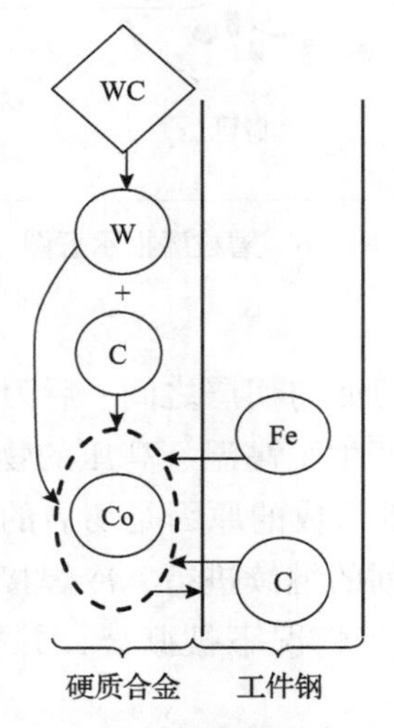

图 4.8　扩散磨损示意图

4）氧化磨损

氧化磨损主要发生在切削温度为 700～800℃时，刀具中较硬的物质与空气中的氧气发生化学反应，生成硬度较低的物质，在刀具和工件的相对运动中被切屑带走而形成氧化磨损。在刀尖处刀具与工件紧密接触，氧气几乎无法进入该区域。因此，刀具的氧化磨损主要发生在切削刃与空气接触良好的区域。硬度高的刀具韧性相对较差，在切削难加工材料或者断续切削过程中，刀具在受到冲击作用时极容易发生非正常磨损。造成刀具非正常磨损的主要原因有：刀刃在焊接或刃磨时由于热应力而形成微裂纹；切削参数选择不合理，造成切削过程中的铣削力过大，产生的切削温度过高；积屑瘤产生后黏结到刀具上，随着切削的进行又开始从刀具上脱落，在不断产生和脱落过程中引起前、后刀面表层脱落，造成切削刃强度削弱；机床主轴的刚性差，切削过程中产生较大的振动；技术工人在机床的操作过程中由于疏忽大意而产生失误等。

刀具磨损过程分为前期磨损、常规磨损、剧烈磨损三个阶段。图 4.9 为后刀面磨损量 VB 与切削时间 T 的变化关系。同时，硬质合金刀具在铣削 Cr13 不锈钢的过程符合以上所述规律。

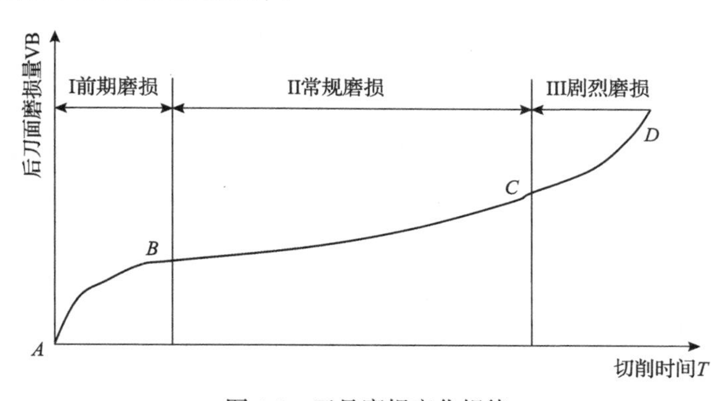

图 4.9　刀具磨损变化规律

(1) I 区是前期磨损阶段(即 AB 段)。

此阶段单位时间内刀具磨损量非常大。主要原因在于刚刚刃磨后的刀具表面非常粗糙，并且刀刃在加工区域的单位接触面积很小，导致部分应力较大，刀具后刀面处也因此磨出一定宽度，降低了切削刃和加工区域的表面接触压力，使得磨损率减小，磨损情况逐渐平稳，直至到达常规磨损阶段。

(2) II 区是常规磨损阶段(即 BC 段)。

此阶段磨损率相对平稳。经过前期磨损，后刀面磨损逐渐放缓，刀具磨损量随着切削时间的增加而均匀增长，磨损率变化曲线趋于线性。此时，磨损率变化相对较小，铣削过程比较稳定，随着刀具磨损量的变化，铣削力和加工区域的温度也发生改变。

(3) III 区是剧烈磨损阶段(即 CD 段)。

此阶段磨损率较大。当刀具在铣削加工中的磨损量达到一定标准后(经过常规磨损后），摩擦更为剧烈，加工区域的温度快速上升，铣削力迅速增大，致使切削刃加工能力降低，切削刃出现大规模过度磨损、破损或烧结等现象，刀具因此丧失切削加工能力。

4.1.3 刀具磨损计算

刀具处于剧烈磨损阶段前应将该刀片取下进行刃磨，或更换新的刀片，因此要对磨损的最大值做出限定，将刀具达到的磨损最大值的标准定义为刀具的“磨钝标准”。

通常来说，在粗加工或半精加工过程中，认为磨钝标准是刀具在磨损过程中即将结束的常规磨损阶段的磨损量，既可以有效地展现刀具的铣削能力，又可以使刀具免于烧毁、破损等。在精加工过程中，认为磨钝标准的磨损量是表面粗糙度或铣削精度难以满足工艺需求时的磨损量。由于切削工艺技术的需求不同以及生产环境的差异，对刀具磨损程度的限定存在一定的困难。因此，在研究过程中插铣刀具磨钝标准选用以下几种方式：

(1) 规定磨钝标准为后刀面磨损量达到限定标准的 VB 值为 0.3mm；

(2) 通过观察刀具后刀面是否出现大规模磨损、崩刃等现象或观察切屑的形状、颜色及表面的光滑程度，判断分析刀具切削刃的磨损情况；

(3) 以铣削力、铣削温度的变化为基础，观察刀柄有无振动发生或辨别异常声音的出现来推测刀具是否达到磨钝标准。

1. 插铣加工中的磨粒磨损

根据硬质合金的磨损机理，将其发生的过程分为以下几步：合金表面层黏结相移动；黏结相塑性变形；WC 颗粒塑性应变增加；单个 WC 颗粒断裂；晶粒间断裂；晶粒从基体拔出。

以滑动距离、正常载荷、刀具硬度和磨粒硬度等作为参数的经验磨损体积损失方程，通过引入材料热硬度数据，将该方程应用到金属切削中，可得

$$V_1 = K\left(\frac{P_a^{\,n-1}}{P_t^n}\right)xL\tan\theta \tag{4.1}$$

式中，V_1为随单位时间变化由磨粒磨损造成的刀具体积损失量；K为常数；P_a为磨粒硬度；P_t为刀具硬度；x 为滑动距离；L 为正常载荷；θ为磨粒平面粗糙角度。

考虑到后刀面磨损条件(图 4.10)，具有磨损长度 VB 的后刀面以切削速度

v_c沿着工件滑动：

$$N_{\mathrm{VB}} = \bar{\sigma} \cdot \mathrm{VB} \cdot a_e \tag{4.2}$$

式中，N_{VB}为刀具后刀面总正常载荷；$\bar{\sigma}$为平均应力；VB 为后刀面平均磨损量；a_e为切削宽度。

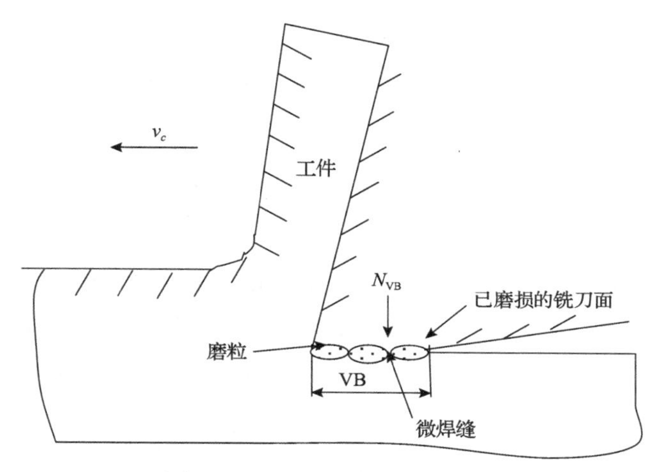

图 4.10　刀具与工件界面示意图

由于在插铣加工中磨粒磨损与黏结磨损并存，在总的正常负载中存在一部分由黏结磨损产生的微焊缝支撑，则总正常负载为

$$N_{\mathrm{VB}} P_1\% = F_1 n_1 \cdot \mathrm{VB} \cdot a_e \tag{4.3}$$

式中，$P_1\%$为磨粒支撑的总法向力百分比；F_1为每个磨粒所支撑的力；n_1为单位表观接触面中的粒子数。

由式(4.2)和式(4.3)可得

$$F_1 = \frac{\bar{\sigma} P_1\%}{n_1} \tag{4.4}$$

在时间 Δt 内，磨损的总面积 A 为

$$A = v_c t a_e \tag{4.5}$$

因此，在时间 Δt 内沿磨损总表面产生的磨粒总量 M 为

$$M = n_1 A = n_1 v_c t a_e \tag{4.6}$$

当发生磨粒磨损时，假定磨粒在磨损区域内出现的概率是相同的，同时每个磨粒平均移动距离是后刀面磨损长度的一半。根据式(4.1)，假设磨损区域温度相同，则在时间 Δt 内由磨粒磨损引起的刀具总体积损失量为

$$\bar{V}_1 = MK\left(\frac{P_a^{n-1}}{P_t^n}\right)xL\tan\theta = \frac{v_c a_e \cdot \mathrm{VB} \cdot \bar{\sigma} P_1\%}{2} K\left(\frac{P_a^{n-1}}{P_t^n}\right)\tan\theta \cdot \Delta t \tag{4.7}$$

式中，K 与 n 均为常数项，可通过查表获得。磨粒磨损系数为 $R_1 = \frac{P_1\%\tan\theta}{2}$，则

$$\bar{V}_1 = R_1 K\left(\frac{P_a^{n-1}}{P_t^n}\right)v_c a_e \cdot \mathrm{VB} \cdot \bar{\sigma} \cdot \Delta t \tag{4.8}$$

在实际加工过程中，因切削区域高温高压等外界因素影响，会在刀具与工件之间产生微焊缝。微焊缝断裂产生的颗粒可能存在于刀具与工件之间，但是这部分颗粒的硬度远低于 WC 磨粒硬度，因此可忽略这部分刀具体积的损失。

2. 插铣加工中的黏结磨损

插铣加工过程中，刀具与工件的接合处因温度高和压力大，产生塑性变形，形成微焊缝，也因此造成黏结磨损。一般来说，剪切容易出现在接口处或较软材料的表面，在某些特殊条件下，也可能出现在较硬材料的较软区域。假设在较硬材料的刀具表面形成相当大的颗粒的可能性为 q，在已磨损后刀面的单位表面上有 w 条微焊缝。如果每条微焊缝都会引起刀具体积损失 V'，则在单位面积内刀具总体积为

$$V_2 = qwV' \tag{4.9}$$

令 H 为剪切微焊缝的特征高度，A'为每个微焊缝的平均横截面积，则 V'变为

$$V' = HA' \tag{4.10}$$

由微焊缝支撑的法向力为$(1-P_1\%)N_{\mathrm{VB}}$，则实际的表面硬度 N 为

$$N = \frac{(1-P_1\%)N_{\mathrm{VB}}}{w \cdot \mathrm{VB} \cdot a_e A'} \tag{4.11}$$

因此有

$$A' = \frac{(1 - P_1\%) N_{\mathrm{VB}}}{w \cdot \mathrm{VB} \cdot a_e N} \tag{4.12}$$

当 A'为常数时，特征高度 H 为

$$H = \frac{K'}{P_t} \tag{4.13}$$

式中，K'为常数。假设沿刀具后刀面应力均匀分布，则根据式(4.10)、式(4.12)、式(4.13)可得

$$V' = \frac{K'(1 - P_1\%) N_{\mathrm{VB}}}{w \cdot \mathrm{VB} \cdot a_e N P_t} = \frac{K(1 - P_1\%)\bar{\sigma}}{w N P_t} \tag{4.14}$$

假定切削区域的温度均匀分布，则根据式(4.4)、式(4.9)、式(4.14)，在时间 Δt 内，由黏结磨损引起的刀具体积损失为

$$\bar{V}_2 = V_2 A = \frac{qK(1 - P_1\%)\bar{\sigma}}{N P_t} v_c a_e \Delta t \tag{4.15}$$

表面硬度 N 更多取决于接触面的体积特性，而不是接触表面本身。另外，也可能取决于接触面上的扩散层、温度、应变和应变速率等因素。此时，表面硬度被模拟为温度的指数函数，则有

$$N = A_1 \mathrm{e}^{-A_2 T} \tag{4.16}$$

刀具的硬度和温度之间呈类似的指数关系，则 NP_t 可以表示为

$$N P_t = N_0 \mathrm{e}^{-aT} \tag{4.17}$$

式中，N_0 为室温硬度。由黏结磨损引起的刀具体积损失可以表示为

$$\bar{V}_2 = \frac{1}{N_0} qK(1 - P_1\%)\bar{\sigma} \mathrm{e}^{aT} v_c a_e \Delta t \tag{4.18}$$

令 $R_2 = \dfrac{qK(1 - P_1\%)}{N_0}$，则有

$$\bar{V}_2 = R_2 \mathrm{e}^{aT} v_c a_e \bar{\sigma} \Delta t \tag{4.19}$$

式中，R_2 为黏结磨损系数($\mathrm{m^3/N}$)，该系数被视为相同刀具和工件的组合常数，且由黏结磨损引起的刀具体积损失仅取决于 v_c 和 Δt。

3. 插铣加工中的扩散磨损

WC 颗粒与 Cr13 不锈钢材料，在高温高压的环境下均具有较高的化学稳定性。但在特殊的切削条件下，硬质合金材料中的黏合剂相对不稳定。因此，黏合剂的扩散导致插铣加工过程中刀具体积的损失，并使 WC 颗粒容易释放。

在分析插铣刀铣削过程中的扩散磨损，尤其是对后刀面体积损失进行建模时，假设刀具与工件接触面的温度分布均匀，同时在接触面处扩散物质的浓度 C_0 视为常数。进一步假设刀具接触面的物质只扩散到工件中，并且系统的动态特性使得沿接触面各点处的浓度梯度不随时间发生变化。那么，刀具与加工材料接触面的平均浓度梯度为

$$\frac{\mathrm{d}c}{\mathrm{d}t} = -2C_0\sqrt{\frac{v_c}{\pi D \cdot \mathrm{VB}}} \tag{4.20}$$

其中，扩散系数 D 为温度的函数。根据菲克定律，刀具与工件接触面处的平均通量为

$$J_{\mathrm{ave}} = -D\frac{\mathrm{d}c}{\mathrm{d}t} \tag{4.21}$$

从刀尖开始，每个接触点以匀速 v_c 通过磨损区域，则每个接触点通过的时间 $\Delta t'$ 为

$$\Delta t' = \frac{\mathrm{VB}}{v_c} \tag{4.22}$$

在时间 $\Delta t'$ 内，由扩散磨损引起的刀具体积损失量为

$$\overline{V}_3 = \frac{m}{\rho}\left|J_{\mathrm{ave}}\right| A\Delta t' = 2C_0\frac{m}{\rho}\sqrt{\frac{D \cdot \mathrm{VB} \cdot v_c}{\pi}}a_e\Delta t \tag{4.23}$$

式中，m 为扩散物质的原子量；ρ 为黏合剂材料的密度。

将扩散系数 D 表示为指数函数，$R_3 = 2C_0 m\left(\sqrt{D_0/\pi}\right)\big/\rho$ 是扩散磨损系数。那么，由黏结磨损引起的体积损失量可重写为

$$\overline{V}_3 = R_3\sqrt{v_c \cdot \mathrm{VB}}\,\mathrm{e}^{-(K_Q/T+273)}a_e\Delta t \tag{4.24}$$

式中，K_Q 为扩散常数；扩散磨损系数 R_3 为相同刀具与工件的组合常数，不随

切削条件发生变化。

在 Δt 内，刀具因磨粒磨损、黏结磨损和扩散磨损影响，引起后刀面体积损失 V 为

$$
\begin{aligned}
V &= \overline{V}_1 + \overline{V}_2 + \overline{V}_3 \\
&= R_1 K\left(\frac{P_a^{n-1}}{P_t^n}\right) v_c a_e \cdot \mathrm{VB} \cdot \overline{\sigma}\Delta t + R_2 \mathrm{e}^{aT} v_c a_e \overline{\sigma}\Delta t + R_3\sqrt{v_c \cdot \mathrm{VB}}\mathrm{e}^{-(K_Q/T+273)} a_e \Delta t
\end{aligned}
\tag{4.25}
$$

4. 插铣刀具磨损率建模

根据分析，部分硬质合金刀具的切削刃处有修光刃或其他刃口结构存在，在计算其磨损率时，不应仅考虑后刀面。因此，硬质合金刀具插铣加工时，其总的刀具磨损体积损失量主要由沿倒角区域的体积损失量以及沿后刀面的体积损失量引起。刀具后刀面总的磨损体积损失量示意图如图 4.11 所示。

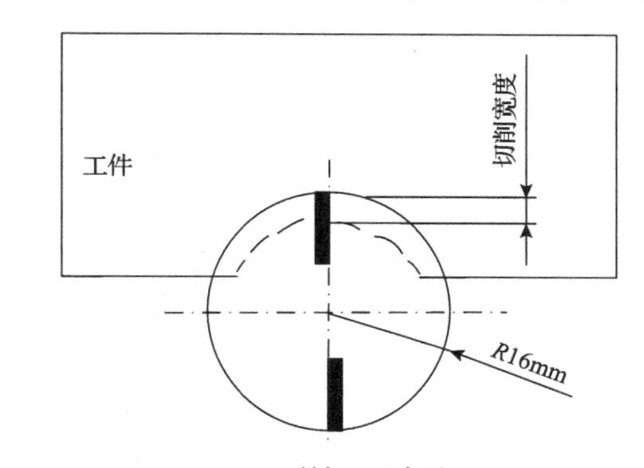

(a) 刀具加工示意图

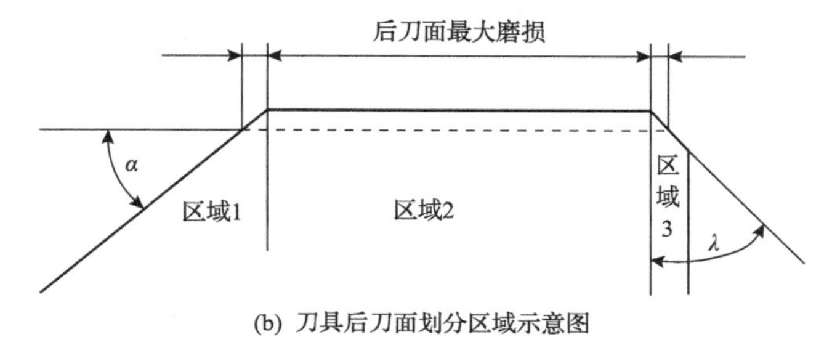

(b) 刀具后刀面划分区域示意图

图 4.11　刀具加工及后刀面划分区域示意图

在计算过程中，Δh 的高阶项对刀具磨损体积损失量的影响非常小，因此可忽略。刀具后刀面总的磨损长度为 $\mathrm{VB} + \Delta\mathrm{VB}$，其中 $\Delta\mathrm{VB} = \Delta l_1 + \Delta l_2$，则总的

刀具体积损失量 ΔV 近似为

$$\Delta V \approx \mathrm{VB} \cdot a_e \Delta h = \frac{\Delta \mathrm{VB} \cdot a_e \cdot \mathrm{VB}}{\cot\alpha + \tan\lambda} \tag{4.26}$$

在插铣加工中，沿着切削边缘的切削宽度是有效切削宽度。此时，刀具有效切削长度不随刀具磨损而变化。因此，插铣刀后刀面磨损率为

$$\frac{\Delta \mathrm{VB} \cdot a_e \cdot \mathrm{VB}}{\cot\alpha + \tan\lambda} = R_1 K \left(\frac{P_a^{n-1}}{P_t^n} \right) v_c a_e \cdot \mathrm{VB} \cdot \bar{\sigma} \Delta t + R_2 \mathrm{e}^{aT} v_c a_e \bar{\sigma} \Delta t + R_3 \sqrt{v_c \cdot \mathrm{VB}}\, \mathrm{e}^{-\left(K_Q/T+273\right)} a_e \Delta t \tag{4.27}$$

对切削时间 Δt 求导，可得

$$\frac{\mathrm{dVB}}{\mathrm{d}\Delta t} = \frac{\cot\alpha + \tan\lambda}{\mathrm{VB}} \left(R_1 K \frac{P_a^{n-1}}{P_t^n} v_c \cdot \mathrm{VB} \cdot \bar{\sigma} + R_2 \mathrm{e}^{aT} v_c \bar{\sigma} + R_3 \sqrt{v_c \cdot \mathrm{VB}}\, \mathrm{e}^{-\left(K_Q/T+273\right)} \right) \tag{4.28}$$

在硬质合金插铣加工过程中，因加工材料的不同，需要校准不同刀具与加工材料的组合系数 R_1、R_2、R_3、a 和 K_0，以便更加准确地分析插铣刀后刀面磨损及磨损率等问题。

4.2 插铣加工后刀面磨损模型的建立

本构模型又称材料的本构方程，或材料的应力-应变模型，是一种用于表达力学特性的数学公式。在插铣加工过程中，加工材料可能会出现高温、高应变速率等情况。因此，能否建立准确的材料本构模型是模拟真实热变形行为的关键。

DEFORM 软件材料库中的数据包含各种工件材质的物理性能、应力-应变关系、断裂准则等，用户也可以依据自身需要录入相关数据进行材料设定。在完成金属切削时，随着加工区域温度的升高，工件材料的导热系数、热膨胀系数、剪胀性等物理性能会发生显著变化。当前应用广泛的力学本构方程有 Oxley 模型、EI-Magd 模型、ERC 模型、Maekawa 模型以及 Johnson-Cook 模型等。

力学本构方程采用 Johnson-Cook 模型，其具体形式为

$$\bar{\sigma} = \left(A + B\bar{\varepsilon}^p \right) \left(1 + C \ln\left(\frac{\dot{\bar{\varepsilon}}}{\dot{\bar{\varepsilon}}_0} \right) \right) \left[1 - \left(\frac{T - T_0}{T_m - T_0} \right)^q \right] \tag{4.29}$$

式中，$\bar{\sigma}$ 为流动应力；$\bar{\varepsilon}$ 为等效塑性应变；$\dot{\bar{\varepsilon}}$ 为等效塑性应变速率；$\dot{\bar{\varepsilon}}_0$ 为参考应变速率；T 为材料的变形温度；T_m 为材料的熔化温度；T_0 为室温(一般为20℃)；A 为屈服应力强度；B 为硬化模量；C 为应变速率敏感系数；p 为切削硬化指数；q 为温度应变敏感性指数。其中，A、B、C、p、q 均为材料的常系数。

切削参数 A、B、C、n、m 均可通过材料试验获得。表 4.1 为不锈钢 Johnson-Cook 模型的材料参数。

表 4.1　Johnson-Cook 模型的材料参数

A/MPa	B/MPa	C	p	q
792	510	0.014	0.26	1.03

图 4.12 为 DEFORM-3D 仿真软件中材料参数的设定。

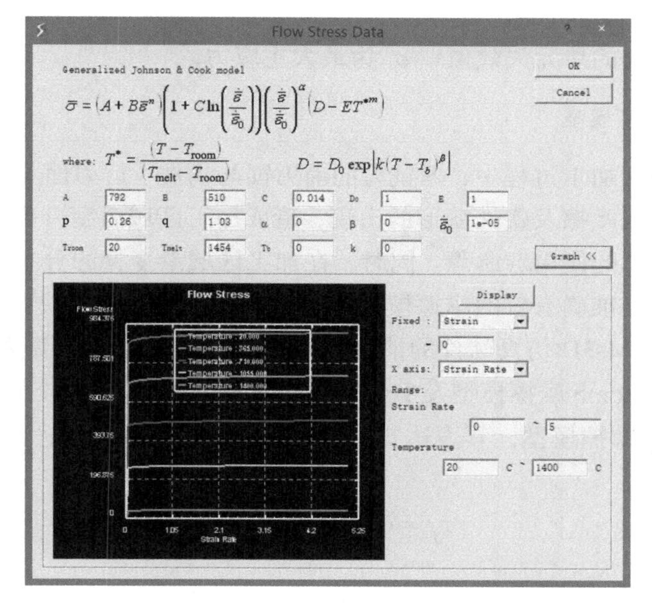

图 4.12　DEFORM-3D 仿真软件中材料参数的设定

1. 断裂准则

脆性断裂主要是指材料在较低应力的作用下，塑性变形还未发生就忽然断裂了，而且断裂口相对平整，塑性区和裂纹之间的尺寸非常小。而韧性断裂则是在加载后，一部分材料形成塑性区域，出现的裂纹随着载荷的增加而增大，最终出现断裂并出现断口。在插铣加工过程中，金属的断裂现象与材料的材质(材料内部组成元素及其分布、表面条件等)、切削参数(切削速度、切削温度、摩擦系数等)等因素有关。因此，选择准确的韧性断裂准则来解决具体切削加工过程中的问题是较为困难的。

利用 DEFORM-3D 软件进行切削仿真时，加工区域所产生的切屑，其形状既受刀屑分离准则的影响，又受材料断裂准则的影响。在分析材料的断裂问题时，所建立的断裂准则是否能够适用于多种情况变得十分重要。脆性断裂与韧性断裂之间存在巨大的差异。

当前，广泛应用于金属切削仿真领域的断裂模型有 Cockroft-Latham 模型、MeClintock 模型、Freudenthal 模型、Rice&Tracey 模型、Oyane 模型等。本节所选取的断裂模型为 Cockroft-Latham 模型，其表达式为

$$\int_0^{\bar{\varepsilon}_f} \sigma^* \mathrm{d}\bar{\varepsilon} = D \tag{4.30}$$

式中，D 为材料的单元失效值；σ^* 为最大主应力。

2. 刀具摩擦模型

在金属切削加工过程中，插铣刀的前刀面与切屑、后刀面与加工材料的已加工表面之间因摩擦及塑性变形的出现，造成加工区域温度升高，严重影响了加工精度、刀具的使用寿命等。同时，在加工区域参变量的分布，也会随之发生改变。因此，准确有效的摩擦模型十分重要。

在 DEFORM-3D 仿真软件的前处理程序中提供了多种摩擦模型，如 Shear 摩擦模型、Coulomb 摩擦模型及 Hybird 摩擦模型等。其中，本节所选取的摩擦模型为 Hybird 摩擦模型，其表达式为

$$\tau_f = \begin{cases} mk, & \mu p < mk \\ \mu p, & \mu p \geqslant mk \end{cases} \tag{4.31}$$

式中，τ_f 为摩擦剪应力；k 为剪切屈服极限；p 为正压力；m 为内摩擦系数；μ 为摩擦系数。

图 4.13 为 DEFORM-3D 仿真软件中摩擦条件的设定。

3. 刀具磨损模型

DEFORM-3D 仿真软件数据库中，有 Archard 磨损模型和 Usui 磨损模型两种刀具磨损模型可供选择，用户也可根据自身需要如滑移速度、接触应力和表

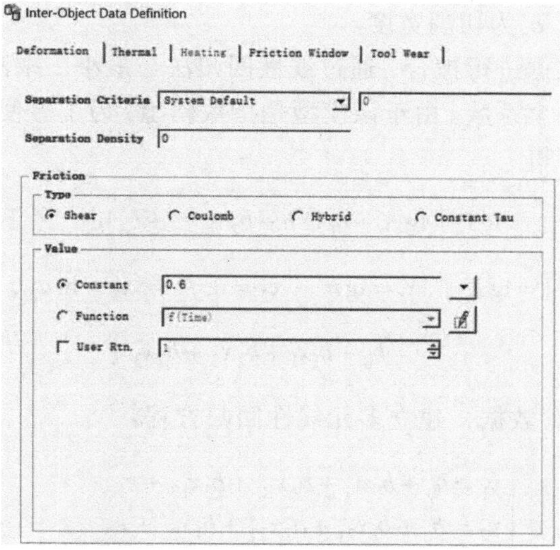

图 4.13　DEFORM-3D 仿真软件中摩擦条件的设定

面接触温度等对子程序进行二次开发。在这两种刀具磨损模型中，Archard 磨损模型更多应用于冷(热)锻等机械制造工艺，而 Usui 磨损模型则广泛适用于金属切削加工。为了更好地预测刀具磨损情况，本节选择 Usui 磨损模型，根据经验选取参数 a 为 0.0000001，b 为 850。

Usui 磨损模型为

$$W=\int apv\mathrm{e}^{-b/T_0}\,\mathrm{d}t \tag{4.32}$$

式中，p 为正压力；v 为工件材料相对于刀具的滑动速度；T_0 为刀面热力学温度；a、b 为特征参数。

4. 多影响因素分析模型

多影响因素分析模型的优点是可以针对不同因素对刀具磨损影响的大小进行分析。在插铣刀铣削 Cr13 不锈钢时，刀具磨损达到失效准则所用时间主要受到转速、进给量及切削宽度的影响，并且切削所用时间与各项切削参数之间不是简单的线性关系。

因此，建立刀具达到失效准则所用时间的多影响因素分析模型为

$$T=Kn^{b_1}f_z^{b_2}a_e^{b_3} \tag{4.33}$$

式中，T 为刀具达到失效准则所用时间；K 为与加工材料相关的系数；n 为转

速；f_z 为进给量；a_e 为切削宽度。

为了将试验数据进行拟合，通过线性回归法与最小二乘法来求解多影响因素分析模型中的各个系数。由于该模型是指数模型，为了方便求解，对式(4.33)两端同时取对数可得

$$\lg T = \lg K + b_1 \lg n + b_2 \lg f_z + b_3 \lg a_e \tag{4.34}$$

令 $y = \lg T$，$b_0 = \lg K$，$x_1 = \lg n$，$x_2 = \lg f_z$，$x_3 = \lg a_e$，整理可得

$$y = b_0 + b_1 x_1 + b_2 x_2 + b_3 x_3 \tag{4.35}$$

针对 16 组试验数据，建立多元线性回归方程：

$$\begin{cases} y_1 = b_0 + b_1 x_{11} + b_2 x_{12} + b_3 x_{13} + \varepsilon_1 \\ y_2 = b_0 + b_1 x_{21} + b_2 x_{22} + b_3 x_{23} + \varepsilon_2 \\ \quad \vdots \\ y_{16} = b_0 + b_1 x_{16,1} + b_2 x_{16,2} + b_3 x_{16,3} + \varepsilon_{16} \end{cases} \tag{4.36}$$

式中，$\varepsilon_i (i = 1,2,\cdots,16)$ 为试验随机变量误差，矩阵通式为

$$Y = b_m X + \varepsilon \tag{4.37}$$

其中，$Y = \begin{bmatrix} y_1 \\ y_2 \\ \vdots \\ y_{16} \end{bmatrix}$，$X = \begin{bmatrix} 1 & x_{11} & x_{12} & x_{13} \\ 1 & x_{21} & x_{22} & x_{23} \\ \vdots & \vdots & \vdots & \vdots \\ 1 & x_{16,1} & x_{16,2} & x_{16,3} \end{bmatrix}$，$b_m = \begin{bmatrix} b_0 \\ b_1 \\ b_2 \\ b_3 \end{bmatrix}$，$\varepsilon = \begin{bmatrix} \varepsilon_1 \\ \varepsilon_2 \\ \vdots \\ \varepsilon_{16} \end{bmatrix}$。

为了排除切削条件或外部因素对数据造成的影响，保证多影响因素分析模型的准确性，采用 MATLAB 软件绘制残差图，剔除已获得数据中的残差值。

经过计算获得多影响因素分析模型：

$$T = 94.45 n^{-1.0792} f_z^{-0.4586} a_e^{-1.0692} \tag{4.38}$$

分析发现，对刀具磨损率的影响程度从重到轻依次为转速、进给量、切削宽度。

多元线性回归分析中，因变量 y 的总平方和 SS_y 可分解为回归平方和 SS_R 与离回归平方和 SS_r：

$$SS_y = SS_R + SS_r \tag{4.39}$$

式中，$SS_y=\sum_{i=1}^{n}(y_i-\bar{y})^2$ 反映因变量 y 的总变异程度；$SS_R=\sum_{i=1}^{n}(\hat{y}_i-\bar{y})^2$ 反映因变量与多个自变量之间的线性关系引起的变异，或者多个自变量对因变量综合线性影响引起的变异；$SS_r=\sum_{i=1}^{n}(y_i-\hat{y})^2$ 反映除因变量与多个自变量间线性关系以外的其他因素引起的变异。

回归自由度 df_R 与离回归自由度 df_r 是因变量 y 的总自由度 df_y 的重要组成部分，即

$$df_y=df_R+df_r \tag{4.40}$$

其中，$df_y=N-1$，$df_R=m$，$df_r=N-m-1$，m 为自变量的个数，N 为试验数据组数。

以 SS_R、df_R、SS_r、df_r 数据为基础，对回归均方值和离回归均方值进行计算，即

$$MS_R=\frac{SS_R}{df_R},\quad MS_r=\frac{SS_r}{df_r} \tag{4.41}$$

为了观测关于试验数据的回归关系的显著性，进行 F 检验。统计量 F 为

$$F=\frac{MS_R}{MS_r}\sim F(m,N-m-1) \tag{4.42}$$

表 4.2 为刀具达到失效准则时所用时间的回归方程显著性检验结果。

表 4.2　回归方程显著性检验结果

差异源	平方和 SS	自由度 df	均方值 MS	F	显著性
回归	405.699	3	135.233	13.761	$F_{0.05}(4,9)=3.633$
离回归	98.275	10	9.827		
总计	503.974	13			

利用 MATLAB 软件得到的残差分析结果剔除了第 1 组与第 12 组试验数据，故自由度的取值为 10，查表可知 $F_{0.05}(4,9)=3.633$，$F=13.761>F_{0.05}(4,9)$，所以经验模型的回归效果是显著的，表明刀具磨损达到刀具失效准则所用时间的模型中切削参数的影响是显著的，也可说明模型的准确性较高。

5. 建立基于刀具参数的磨损模型

在仿真和试验分析的基础上，利用 DEFORM-2D 有限元仿真软件分析刀具几何参数对磨损的影响。采用正交试验的方案建立硬质合金刀具磨损经验模型，为优化刀具几何参数提供依据。

在 DEFORM-2D 软件中建立的有限元模型与第 3 章建立的 DEFORM-3D 模型有相同之处，如材料的本构方程、刀具和工件的材料、刀具与工件的摩擦系数等。为了高效、准确地研究刀具几何参数对磨损的影响，在 DEFORM-2D 有限元模型建立的过程中将插铣的圆周运动简化为直线运动，其运动关系如图 4.14 所示。

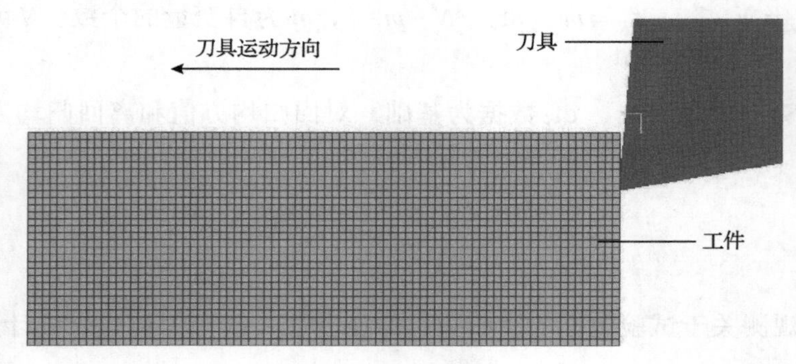

图 4.14　仿真运动关系

基于 DEFORM-2D 软件设计关于刀具前角、刀具后角、倒棱宽度、倒棱角度的正交试验，通过试验结果建立刀具磨损模型，从而为刀具的设计提供理论支持。表 4.3 给出了仿真试验选取的因素和水平。

表 4.3　仿真试验选取的因素和水平

水平	因素			
	刀具前角 γ_0/(°)	刀具后角 α_0/(°)	倒棱宽度 b/mm	倒棱角度 φ/(°)
1	5	10	0.1	5
2	0	12	0.2	10
3	−5	14	0.3	15

根据表 4.3 插铣加工因素和水平，本次仿真试验选用 $L_9(3^4)$ 正交表，具体信息如表 4.4 所示。

表 4.4 仿真试验正交表

试验编号	刀具前角 γ_0/(°)	刀具后角 α_0/(°)	倒棱宽度 b/mm	倒棱角度 φ/(°)
1	5	10	0.1	5
2	5	12	0.2	10
3	5	14	0.3	15
4	0	10	0.2	15
5	0	12	0.3	5
6	0	14	0.1	10
7	−5	10	0.3	10
8	−5	12	0.1	15
9	−5	14	0.2	5

通过试验设计及仿真试验分析，得到 Cr13Ni4Mo 不锈钢插铣加工刀具的磨损形貌及磨损量，如图 4.15 所示，表 4.5 为仿真试验中 9 组刀具磨损深度 KT 的数据。

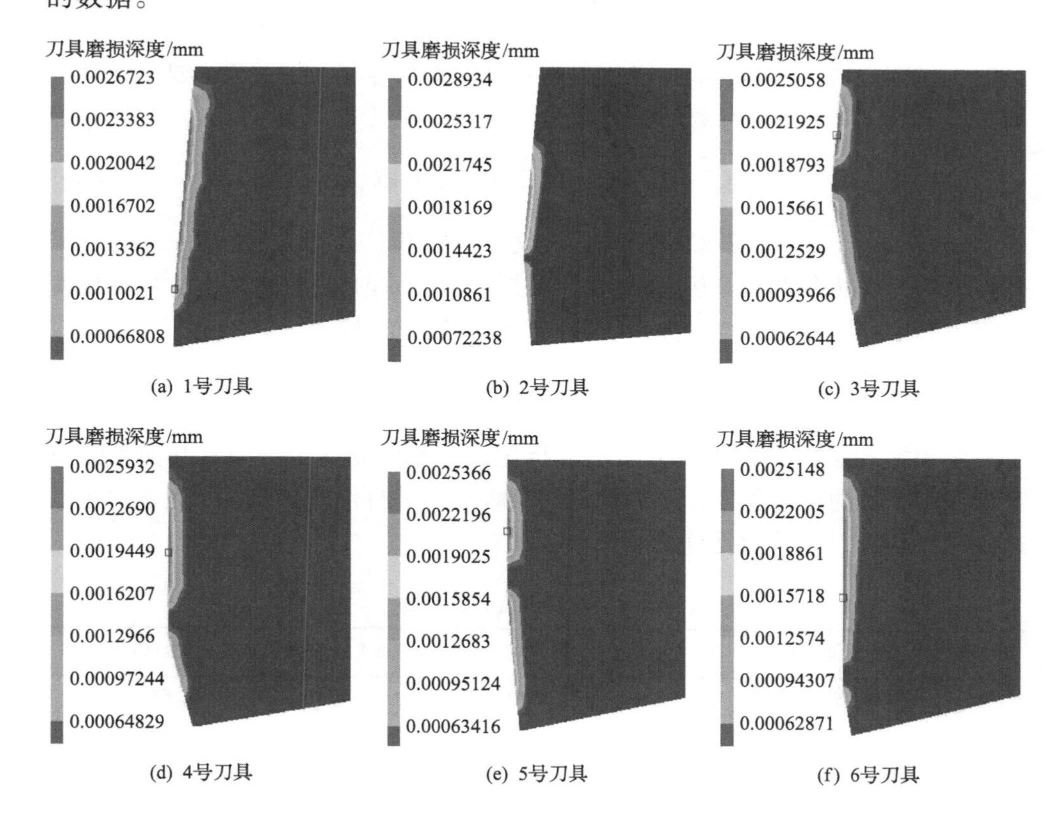

(a) 1号刀具 (b) 2号刀具 (c) 3号刀具

(d) 4号刀具 (e) 5号刀具 (f) 6号刀具

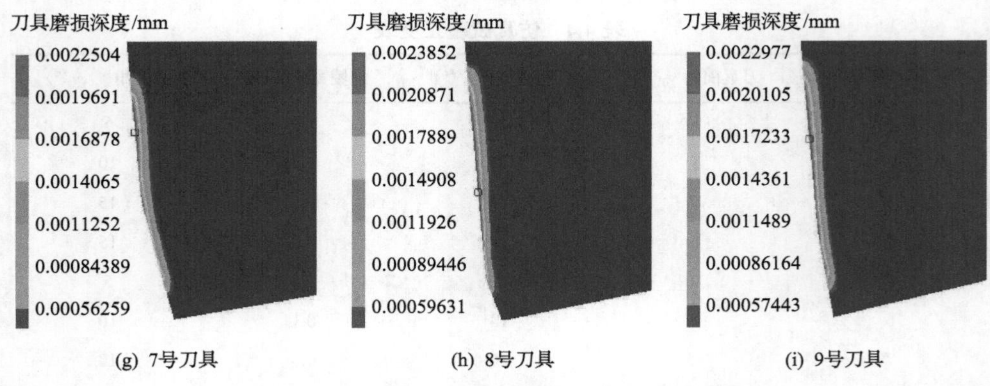

(g) 7号刀具 (h) 8号刀具 (i) 9号刀具

图 4.15 仿真试验中刀具磨损形貌及磨损深度

表 4.5 Cr13Ni4Mo 不锈钢插铣加工刀具磨损深度 KT（单位：10^{-3}mm）

序号	1	2	3	4	5	6	7	8	9
刀具磨损深度 KT	2.67	2.89	2.51	2.59	2.54	2.51	2.25	2.39	2.30

本次仿真试验研究过程中刀具和工件的物理特性是相同的，所选择的切削参数也是固定的，刀具的磨损深度与刀具几何参数存在线性关系。建立刀具磨损深度 KT 与刀具几何参数的关系式为

$$\mathrm{KT} = C_0 + C_1\gamma_0 + C_2\alpha_0 + C_3 b + C_4\varphi \tag{4.43}$$

式中，C_0、C_1、C_2、C_3、C_4 为常数；γ_0 为刀具前角；α_0 为刀具后角；b 为倒棱宽度；φ 为倒棱角度。对仿真试验结果进行拟合，应用 MATLAB 软件可快速求得刀具磨损深度 KT 与刀具几何参数之间的回归方程：

$$1000\mathrm{KT}=5.1726-1.0719\gamma_0-0.2363\alpha_0-0.3634b-0.00182\varphi \tag{4.44}$$

利用数理统计中的直观分析法分析仿真试验中硬质合金刀具几何参数对磨损深度 KT 的影响程度，对刀具几何参数组合进行优选。表 4.6 为本次仿真试验中的数据，试验数据分析结果如表 4.7 所示。

表 4.6 仿真试验分析数据

试验编号	刀具前角 γ_0/(°)	刀具后角 α_0/(°)	倒棱宽度 b/mm	倒棱角度 φ/(°)	刀具磨损深度 KT/10^{-3}mm
1	5	10	0.1	5	2.67
2	5	12	0.2	10	2.75
3	5	14	0.3	15	2.52
4	0	10	0.2	15	2.59

续表

试验编号	刀具前角 γ_0/(°)	刀具后角 α_0/(°)	倒棱宽度 b/mm	倒棱角度 φ/(°)	刀具磨损深度 KT/10^{-3}mm
5	0	12	0.3	5	2.54
6	0	14	0.1	10	2.51
7	–5	10	0.3	10	2.25
8	–5	12	0.1	15	2.39
9	–5	14	0.2	5	2.30

表 4.7　试验数据极差分析结果

项目	前角 γ_0/(°)	后角 α_0/(°)	倒棱宽度 b/mm	倒棱角度 φ/(°)
K_1	7.94	7.51	7.57	7.51
K_2	7.64	7.68	7.64	7.51
K_3	6.94	7.33	7.31	7.5
极差	1	0.35	0.33	0.01

由表 4.6 和表 4.7 可以得出如下结论。

(1) 各个因素对试验指标影响的主次顺序。

在影响硬质合金刀具磨损深度的因素中，极差从大到小依次为刀具前角 γ_0、刀具后角 α_0、倒棱宽度 b、倒棱角度 φ。

(2) 各个试验因素最优搭配方案。

所分析问题的性质决定了试验结果越小越好，因此按照 $\min\{K_1, K_2, K_3\}$原则进行选取，其中 K_1、K_2、K_3 分别表示前角、后角、倒棱宽度影响最小的水平。最优搭配方案的选取结果为刀具前角 $\gamma_0 = -5°$，刀具后角 $\alpha_0= 14°$，倒棱宽度 b=0.3mm，倒棱角度 φ=15°。

第 5 章　插铣加工过程的仿真分析

插铣加工时，需综合考虑铣削力、铣削温度和刀具磨损量等因素。对铣削力进行研究时，着重考虑铣削加工时的动态铣削力。目前切削仿真技术已经代替了大部分传统的试验验证，切削仿真技术相对于传统试验研究具有周期短、成本低的优点。

本章通过 DEFORM-3D 软件仿真和试验相结合的方法，以不锈钢 Cr13 为研究对象，研究仿真过程中铣削力、铣削温度和刀具磨损量的变化情况。铣削力、铣削温度和刀具磨损量是检验刀具机械加工性能好坏的重要指标，而切削力占主导地位，主要是由于切削力影响切削温度、刀具的寿命以及工件的加工质量。

5.1　插铣加工过程仿真模型的建立

金属切削过程中，刀具与工件的接触、切削的变形以及切屑的形成都可以通过有限元法进行仿真分析，为进一步研究切削机理等提供准确可靠的数据支持。

本节通过查找刀具手册和生产商提供的刀具样本资料，利用 UG NX 软件建立精确的三维模型。建模时重点注意刀具的刃口结构，刃口为倒圆结构且细微，建模不精确将会增大仿真的误差。图 5.1 为刀片整体实物图以及刀具刃口结构的示意图。

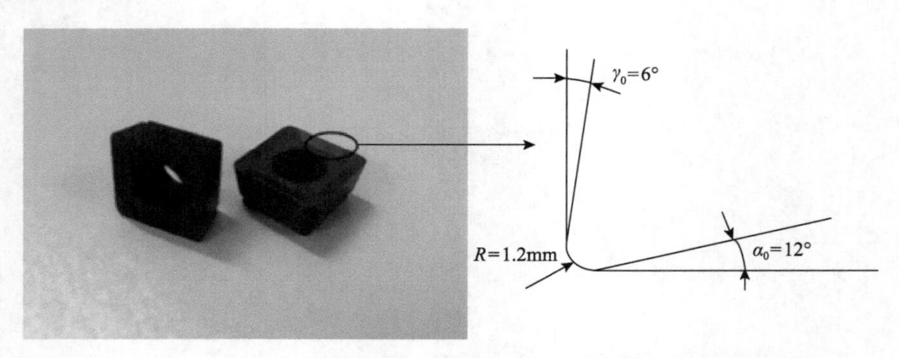

图 5.1　刀片整体实物图以及刀具刃口结构示意图

本节采用的插铣刀具的刀片型号为 SCET120612T-M14，刀具几何参数及材质的相关信息如表 5.1 所示。

表 5.1　刀具结构参数

刀片型号	γ_0/(°)	α_0/(°)	R/mm	涂层材料	基体材料
SCET120612T-M14	6	12	1.2	TiAlN	T350M

插铣刀柄为可安装三个刀片的刀柄，有限元仿真过程中采用三个刀片，根据降低有限元仿真计算量的要求，将刀柄部分省去；在满足仿真切削的基础上，尽可能减小工件体积，将工件设置为长方体(30mm×15mm×8mm)以便减少有限元模型中的网格数量，提高仿真效率，如图 5.2 所示。

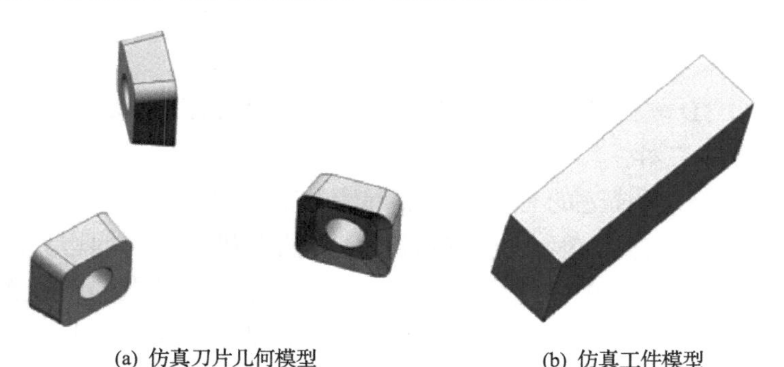

(a) 仿真刀片几何模型　(b) 仿真工件模型

图 5.2　仿真刀片及工件模型

将 UG 三维模型导入 DEFORM-3D 软件之前，首先要对所选刀具做分割处理，仅保留其参与切削的部分，以提高有限元仿真的效率。图 5.3 为 UG 三维造型软件建立的刀具几何模型。

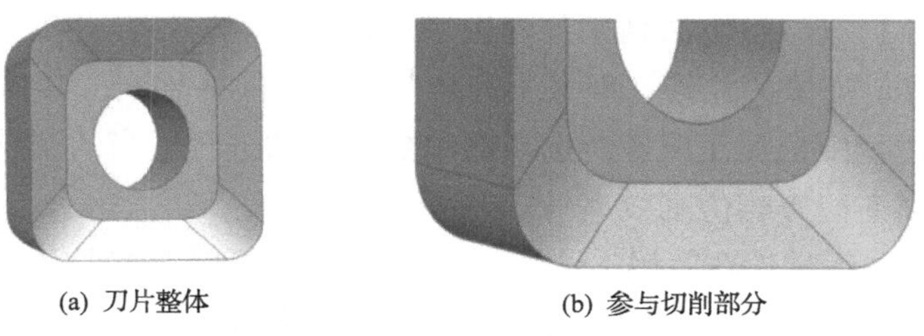

(a) 刀片整体　(b) 参与切削部分

图 5.3　刀具几何模型

利用 UG 快速调整模型位置关系，确定好刀具与工件的正确位置关系，如图 5.4(a)所示。在 UG NX 软件中对刀具几何模型进行简化处理后将其导入 DEFORM-3D 软件，如图 5.4(b)所示。

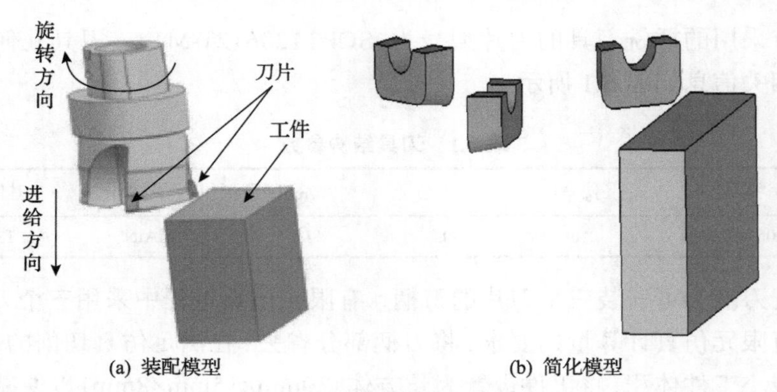

图 5.4 刀具和工件装配模型

5.1.1 刀具、工件材料选择及网格划分

DEFORM-3D 软件仿真过程中常用的网格划分方法有 Lagrange 方法、Euler 方法、ALE 方法三种。

Lagrange 方法所描述的有限元节点和物质节点是一致的，因此在分析固体的结构应力、应变时具有很大的优越性。该方法在描述结构的边界运动时具有非常高的精确率，但是在处理结构的大变形过程中，由于其自身缺陷的限制，所描述的网格会产生严重畸变而影响有限元分析的效率和准确性。

Euler 方法是以空间坐标系为基础的划分方法，其分析的结构和所描述的网格之间是独立存在的。网格中各个节点的位置由网格划分决定，一旦生成网格，其连接各个网格之间的节点位置就已确定，在后续的仿真分析过程中始终保持着最初的位置，其缺点是在捕捉物质边界的运动上是困难的。

ALE 方法兼具 Lagrange 和 Euler 两种方法的优点。在描述物质结构的边界问题时，利用 Lagrange 方法精确处理边界运动的优点；在描述物质结构的网格时，利用 Euler 方法的长处，但又不完全与 Euler 网格相同，其描述的网格在有限元求解过程中根据使用者所选择的参数会自动进行适当的调整，避免网格出现严重的畸变而影响仿真效率。

DEFORM-3D 软件在使用 Lagrange 方法进行仿真时，主要利用其能精确描述边界运动的特点，同时对仿真过程中产生的网格畸变通过自身的程序设置进行网格重新划分。网格自动重划分功能是将旧网格上的变量通过联系函数重新定义，应用于新的网格计算过程中。一般来说，这些情况无须使用者人为干预，都是在计算过程中自动发生的。这种利用联系函数重新定义的方法，不仅可以保证仿真精度，还可以减少计算工作量。该功能的存在弥补了 Lagrange 方法在处理大变形问题时的不足，故本节仿真过程选用 Lagrange 方法。

本节所建立的仿真模型将刀具设置为刚体，工件设置为塑性体。其仿真和后续的插铣试验所采用的刀具基体材料为硬质合金(T350M)，在 DEFORM-3D 软件中将其设置为 WC，所设置的刀具涂层厚度为 5μm，其涂层材料为 TiAlN。图 5.5 显示 DEFORM-3D 软件中为刀具基体材料添加涂层的效果。

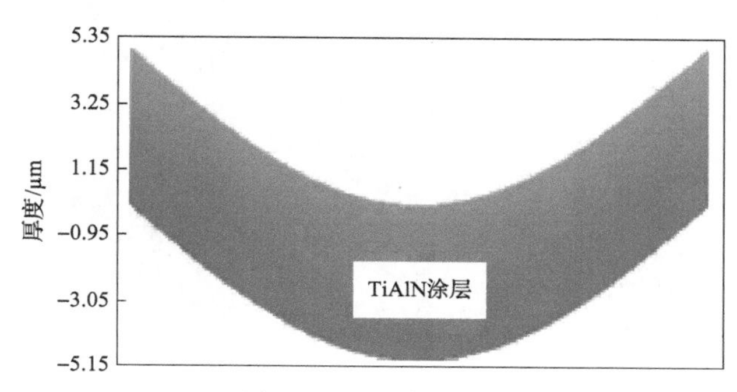

图 5.5　刀具涂层效果

刀具网格划分时采用相对网格划分技术，想要精确控制网格划分的全过程，需要对网格的总数量、尺寸、细化比例等相关参数进行设置。在有限元仿真过程中，其设置的网格越密、越多，则仿真的准确性越高。为了提高本次仿真的计算效率和准确性，先将刀具网格划分的总数量设置为 14000，并且以 0.01 的比例对刀尖处做细化处理，如图 5.6(a)所示。再将工件的网格总数量设置为 40000，并且对被切削的区域做细化处理，如图 5.6(b)所示。

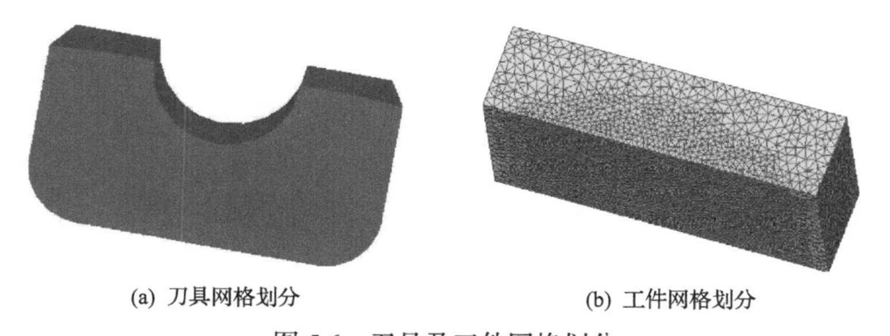

(a) 刀具网格划分　　(b) 工件网格划分

图 5.6　刀具及工件网格划分

5.1.2　切削过程的仿真分析

1. 切削温度的变化趋势

图 5.7 为在切削参数 n=2000r/min、f_z=0.3mm/r、a_e=3mm 的条件下，单个刀片在三次切削过程中刀尖处 P_1、P_2、P_3 三个点的温度变化规律。可见，所选

的 P_3 点在仿真过程中并未参与切削。由其余两点的变化规律可知，在切削过程中，随着切削的进行，切削温度呈现上升趋势，当经历过波峰之后切削温度开始下降。

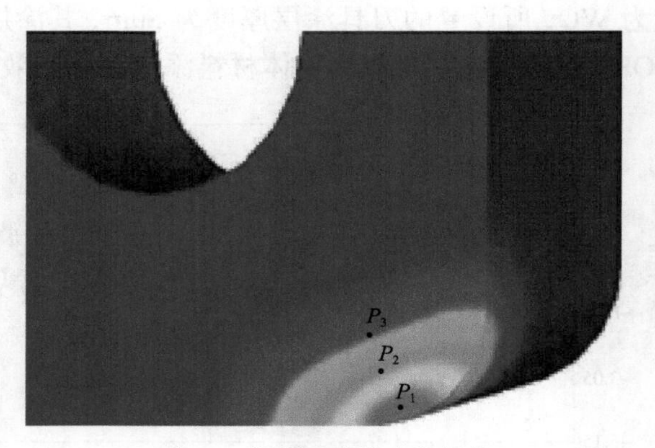

图 5.7　切削温度的变化规律

图 5.8 给出了 P_1 点切削温度变化曲线。可以看出，温度下降过程包含两个阶段，*AB* 段是即将切出工件时，*BD* 段是完全切出工件时，与刀尖接触部分的切屑面积减小且切屑的卷曲变形增大，使得刀尖 P_1 点处与空气接触面积增大，改善了刀尖部分的散热条件；*BD* 段曲线中存在拐点，原因是所监测的刀片在切出工件后，后面刀片还没有进入切削区域，此阶段刀具运动相对较快，当到达 *C* 点后，后面的刀片切入工件，所监测的刀具运动变缓，其温度变化规律属于正常散热，并无其他原因。

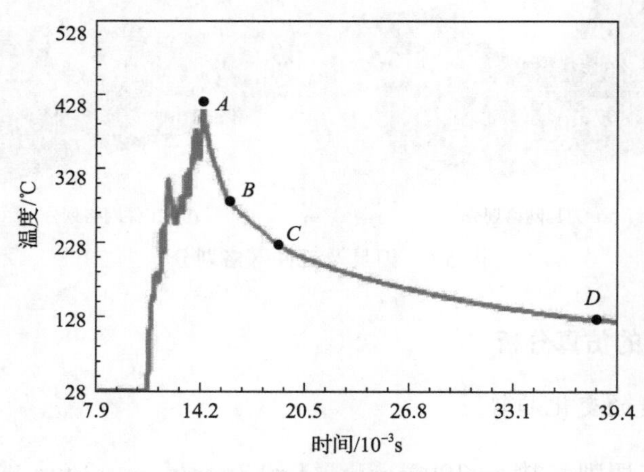

图 5.8　P_1 点切削温度变化曲线

2. *刀具前/后刀面磨损分布情况*

图 5.9 为在切削参数 n=2000r/min、f_z=0.3mm/r、a_e=3mm 的条件下，单个刀片在经过三次切削后刀具前刀面的磨损形貌。该形貌属于典型的前刀面月牙洼磨损，切屑以高速从前刀面流过，在切屑与刀具接触的前刀面产生高温、高压区域，该区域在多种磨损形式的共同作用下，被逐渐磨出凹坑。随着切削的进行，凹坑不断扩散直到最终破坏切削刃。

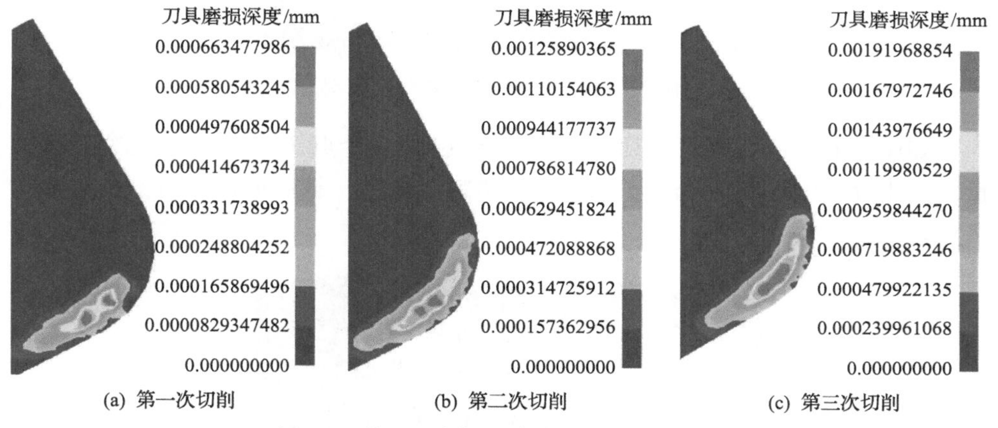

(a) 第一次切削　(b) 第二次切削　(c) 第三次切削

图 5.9　前刀面磨损形貌随切削进程的变化

在月牙洼区域选取了 5 个点 P_1、P_2、P_3、P_4、P_5 进行磨损量的追踪，其位置关系如图 5.10 所示。可见，5 个点的磨损量与该点到切削刃的距离密切相关，且在月牙洼中心区域所选的 P_3 点磨损量最大。

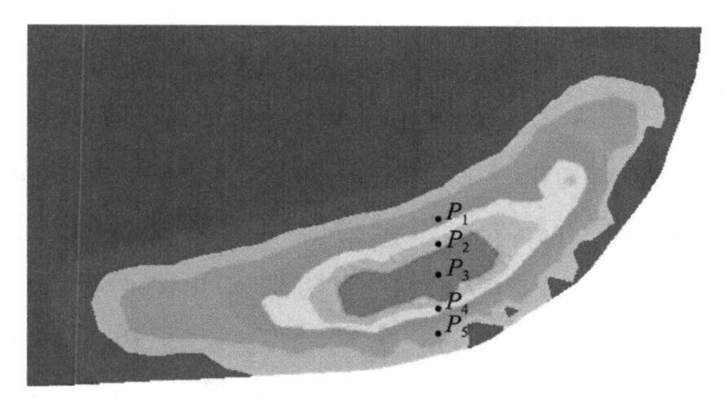

图 5.10　前刀面磨损的分布

图 5.11 为在切削参数 n=2000r/min、f_z=0.3mm/r、a_e=3mm 的条件下，单个刀片在三次切削后刀具后刀面的磨损变化情况。后刀面的磨损可作为刀具磨钝标准的重要参考。当后刀面磨损时刀具变钝，切削力上升，振动增大，切削温

度急剧升高，严重时可对工件表面产生烧伤，另外刀具的破损还可能导致伤人伤物事件的发生。

图 5.11 后刀面仿真磨损变化情况

如图 5.12 所示，在后刀面磨损区域内选取 3 个点 P_1、P_2、P_3 观察其磨损量，其中 P_1 点距切削刃最近，P_3 点距切削刃最远，越靠近切削刃刀具磨损越严重。

图 5.12 后刀面磨损的分布

5.1.3 切削参数对切削过程的影响

1. 切削参数对切削力的影响

切削加工过程中切削力的来源主要有两个方面：一是切屑形成过程中弹性变形及塑性变形产生的变形抗力；二是刀具与切屑及工件表面间的摩擦力，这两方面的力构成了切削力。以下所分析的切削力变化趋势，以及切削参数对切削力的影响是去除仿真过程中产生的个别畸变点之后的具体情况。

图 5.13 为 n=2000r/min、a_e=0.3mm，刀具进给量 f_z 分别为 0.15mm/r、0.3mm/r、0.6mm/r 条件下 X、Y、Z 三个方向的受力情况。

选取切削过程中最后一刀的最大切削力绘成折线图进行分析，得出当转速和切削宽度一定时，进给量增大后，X、Y 方向受力增幅减小，Z 方向受力略有增加，如图 5.14 所示。

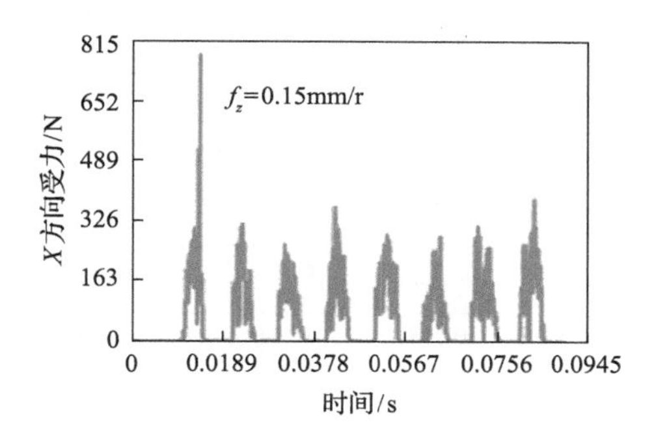

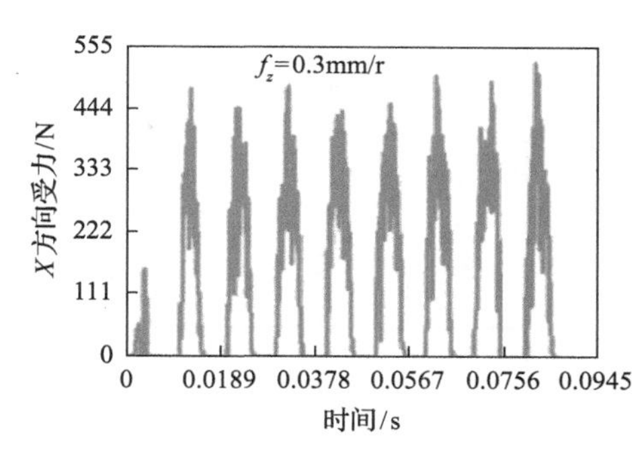

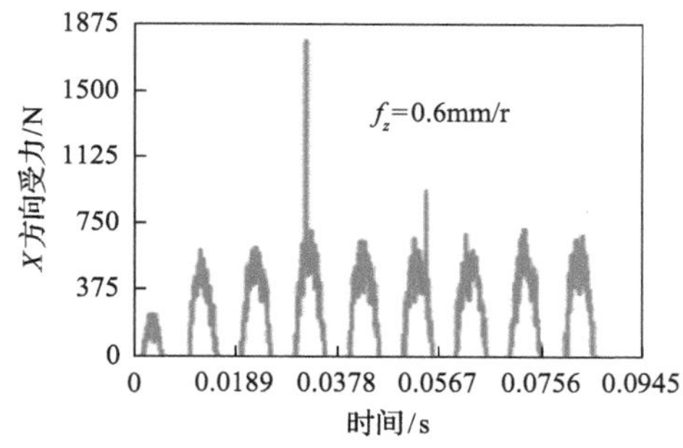

(a) X方向受力

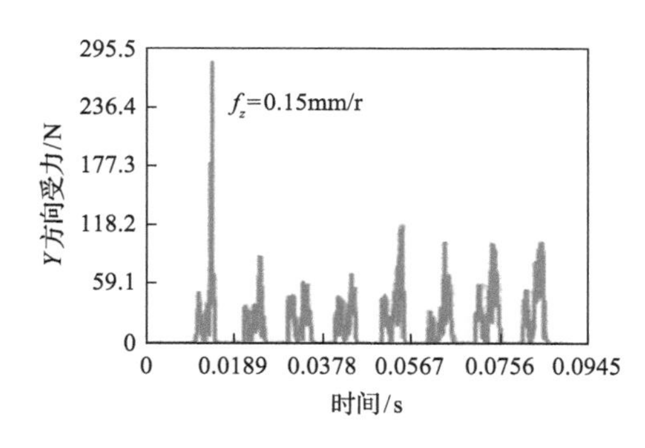

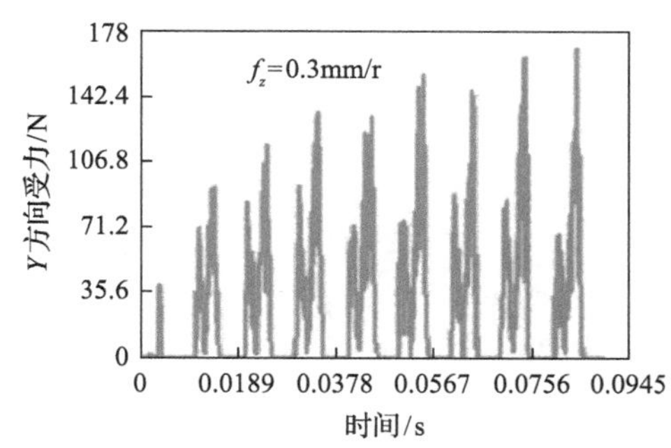

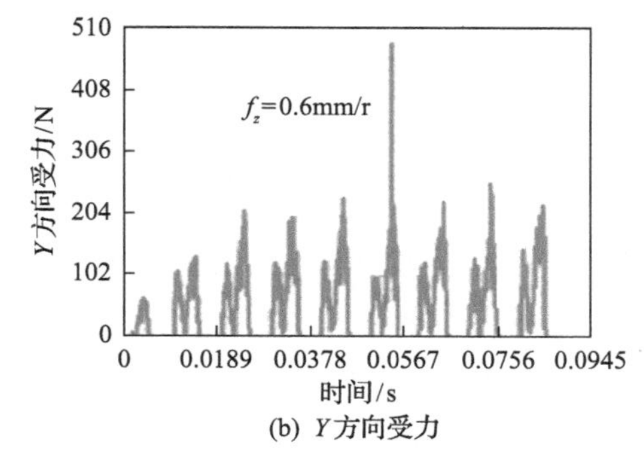

(b) Y方向受力

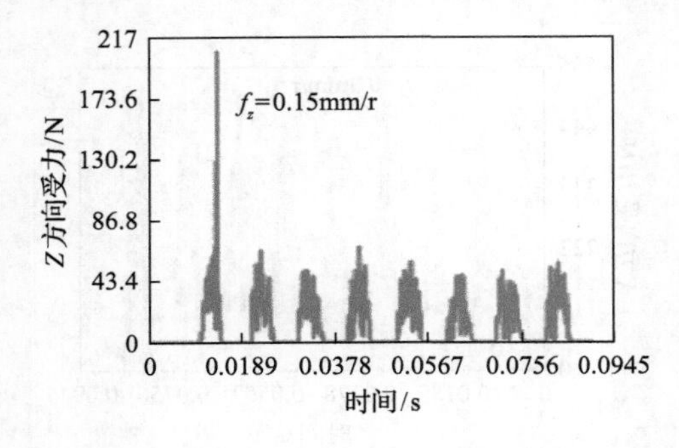

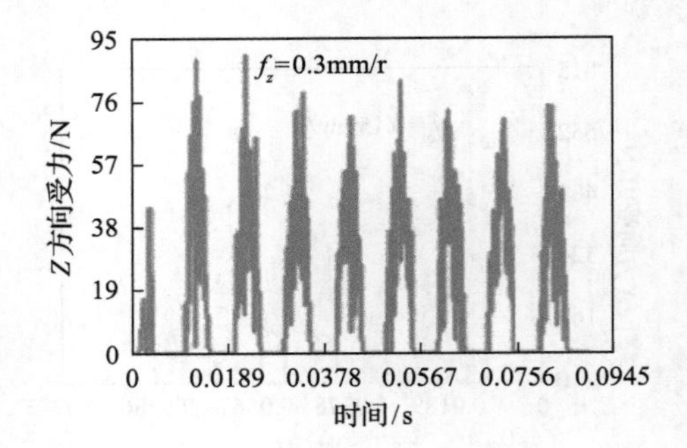

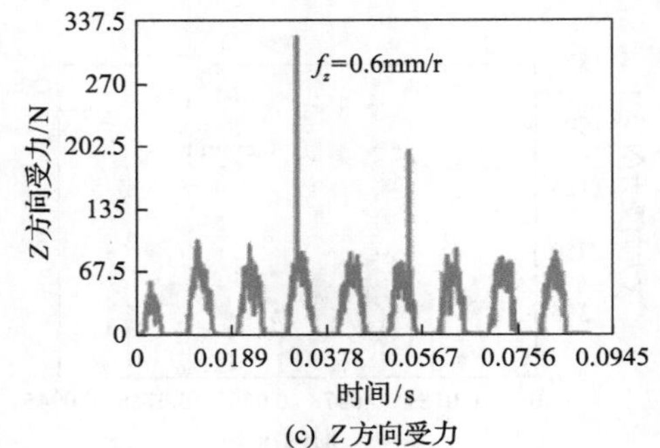

(c) Z方向受力

图 5.13　进给量对切削力的影响

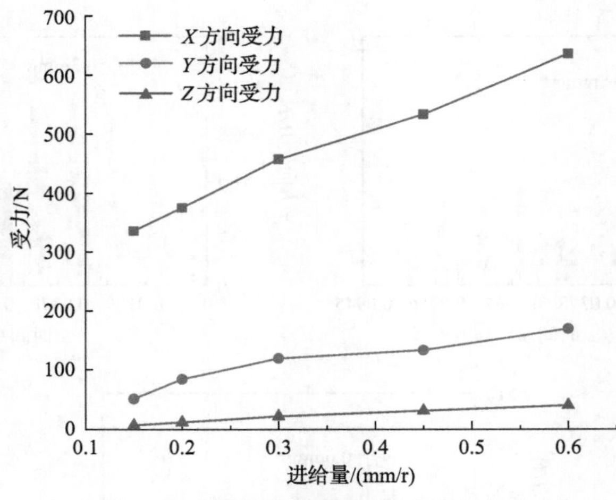

图 5.14　进给量不同时切削力变化趋势

图 5.15 为 n=2000r/min、f_z=0.3mm/r，切削宽度 a_e 分别为 1mm、2mm、3mm 条件下 X、Y、Z 三个方向的受力情况。

选取切削过程中最后一刀的最大切削力绘成折线图进行分析，得出当转速和进给量一定时，切削宽度增大后，X 方向受力增幅较大，其次为 Y 方向受力，

增幅最小的为 Z 方向，如图 5.16 所示。

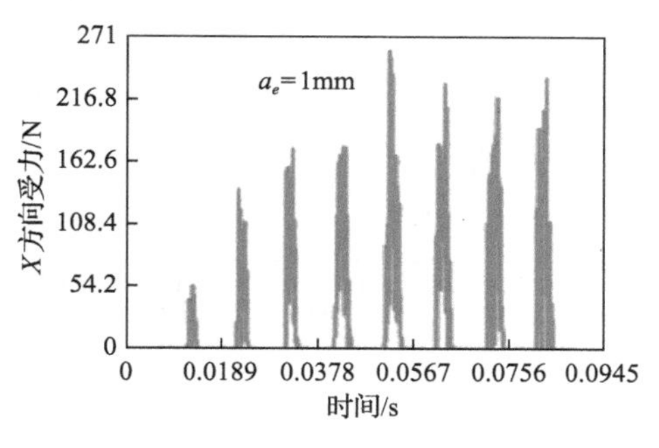

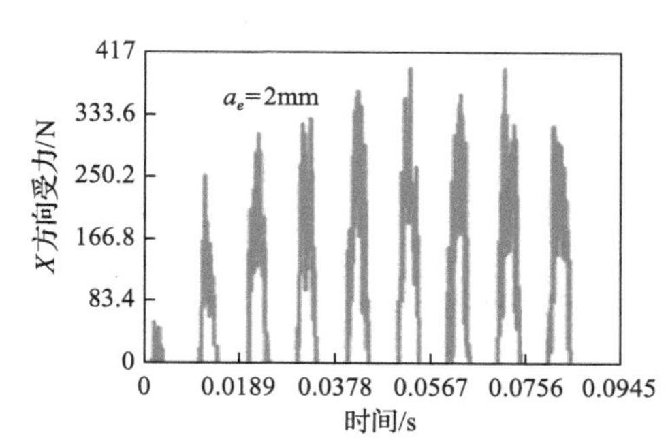

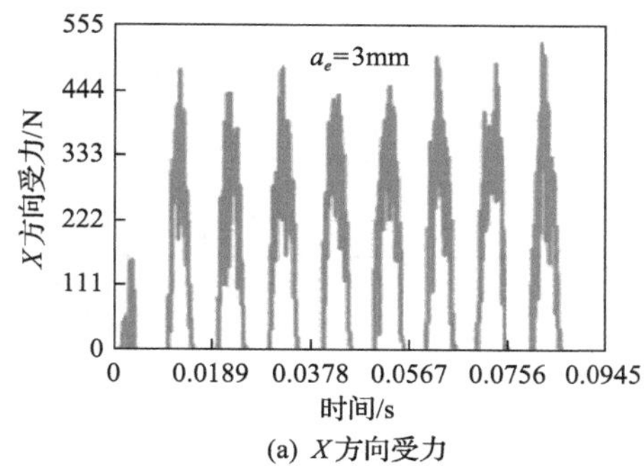

(a) X方向受力

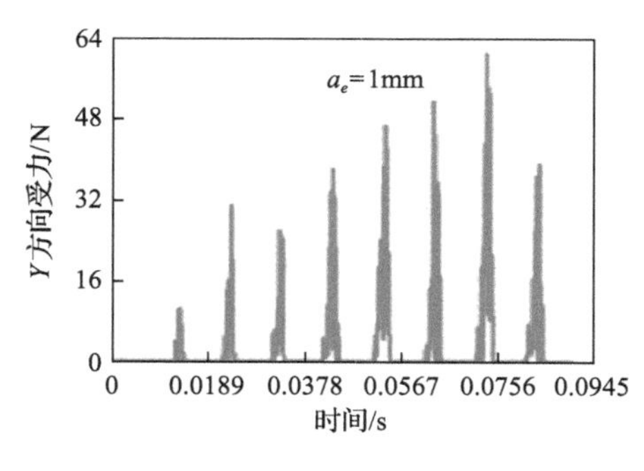

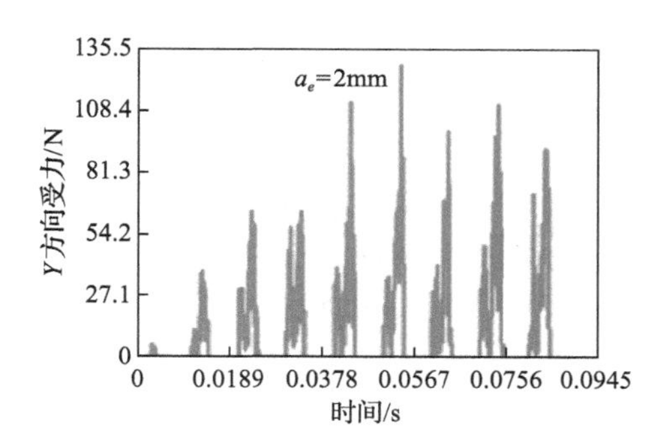

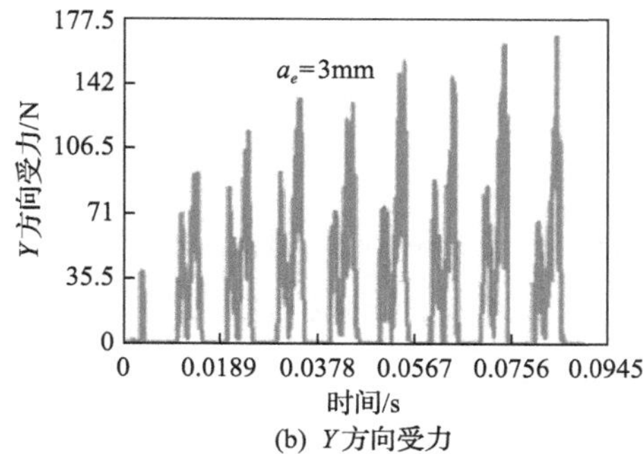

(b) Y方向受力

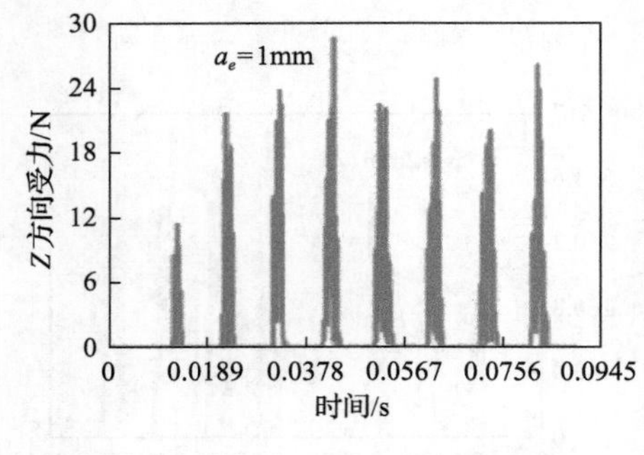

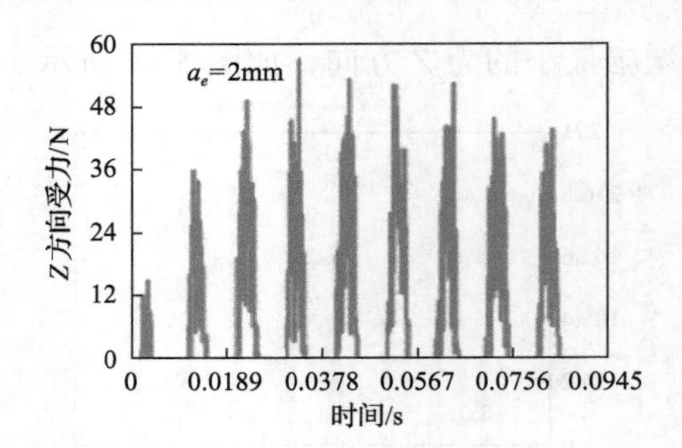

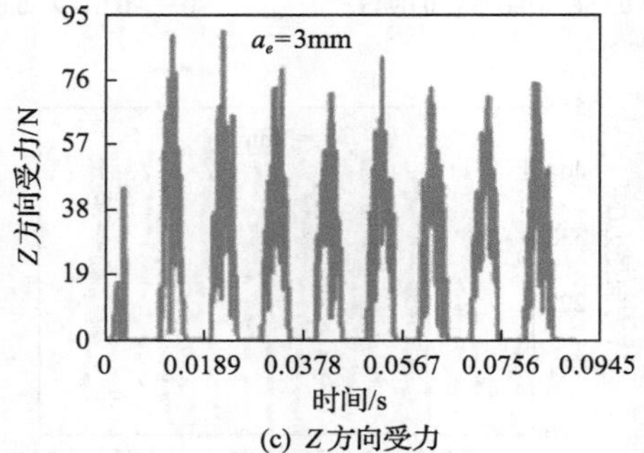

(c) Z方向受力

图 5.15　切削宽度对切削力的影响

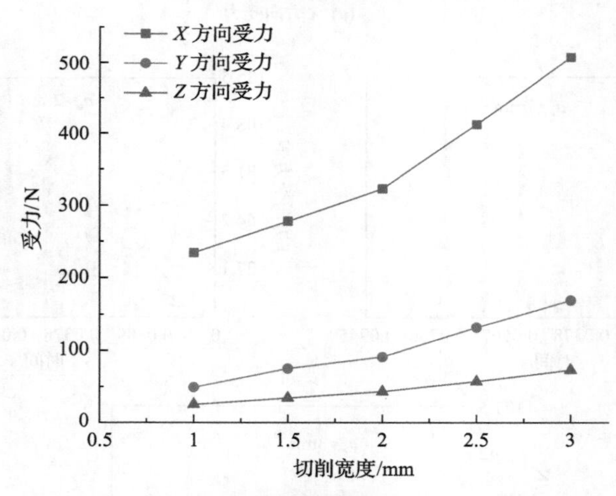

图 5.16　切削宽度不同时切削力变化趋势

图 5.17 为 a_e=0.3mm、f_z=0.3mm/r，转速 n 分别为 1000r/min、1500r/min、2000r/min 条件下 X、Y、Z 三个方向的受力情况。

选取切削过程中最后一刀的最大切削力绘成折线图进行分析，得出转速对插铣加工过程中切削力的影响不大，如图 5.18 所示。

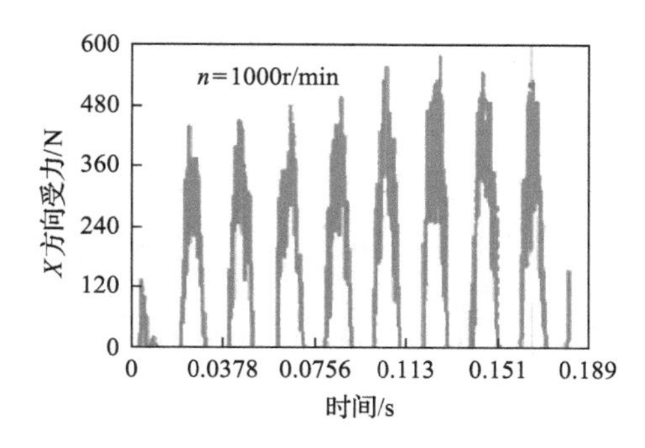

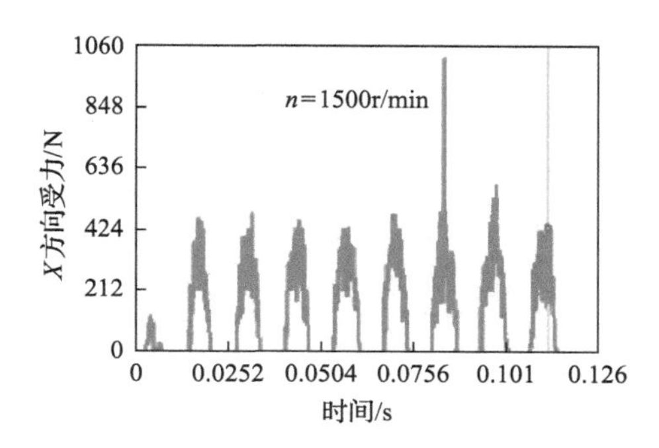

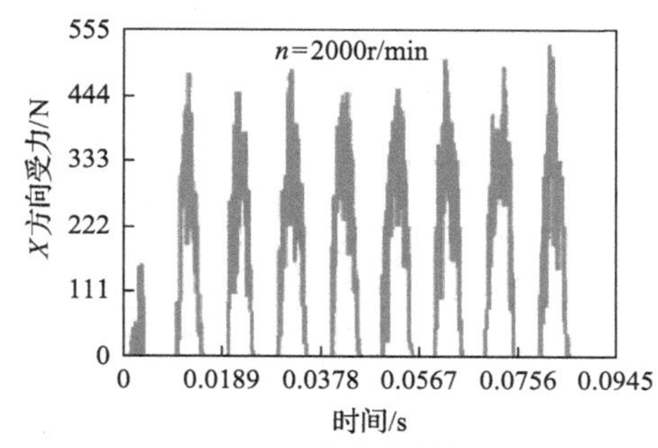

(a) X方向受力情况

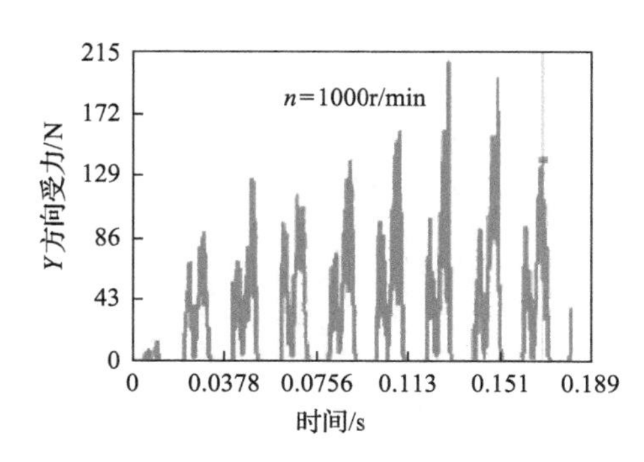

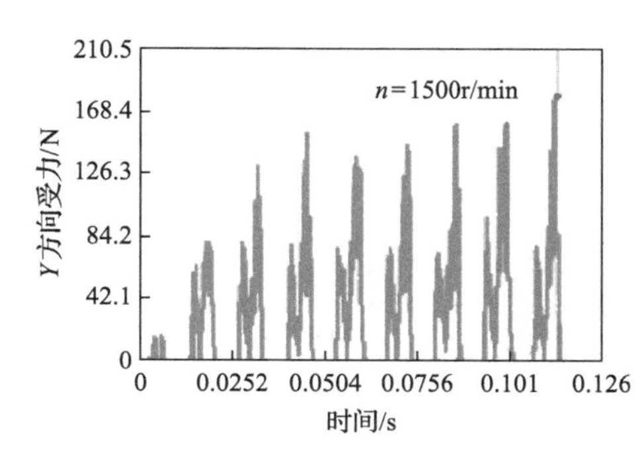

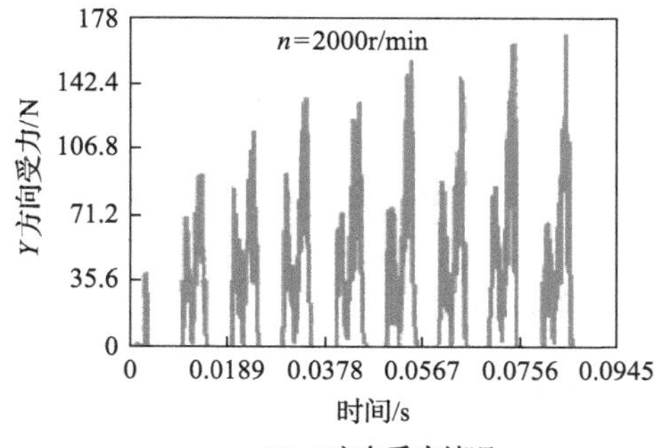

(b) Y方向受力情况

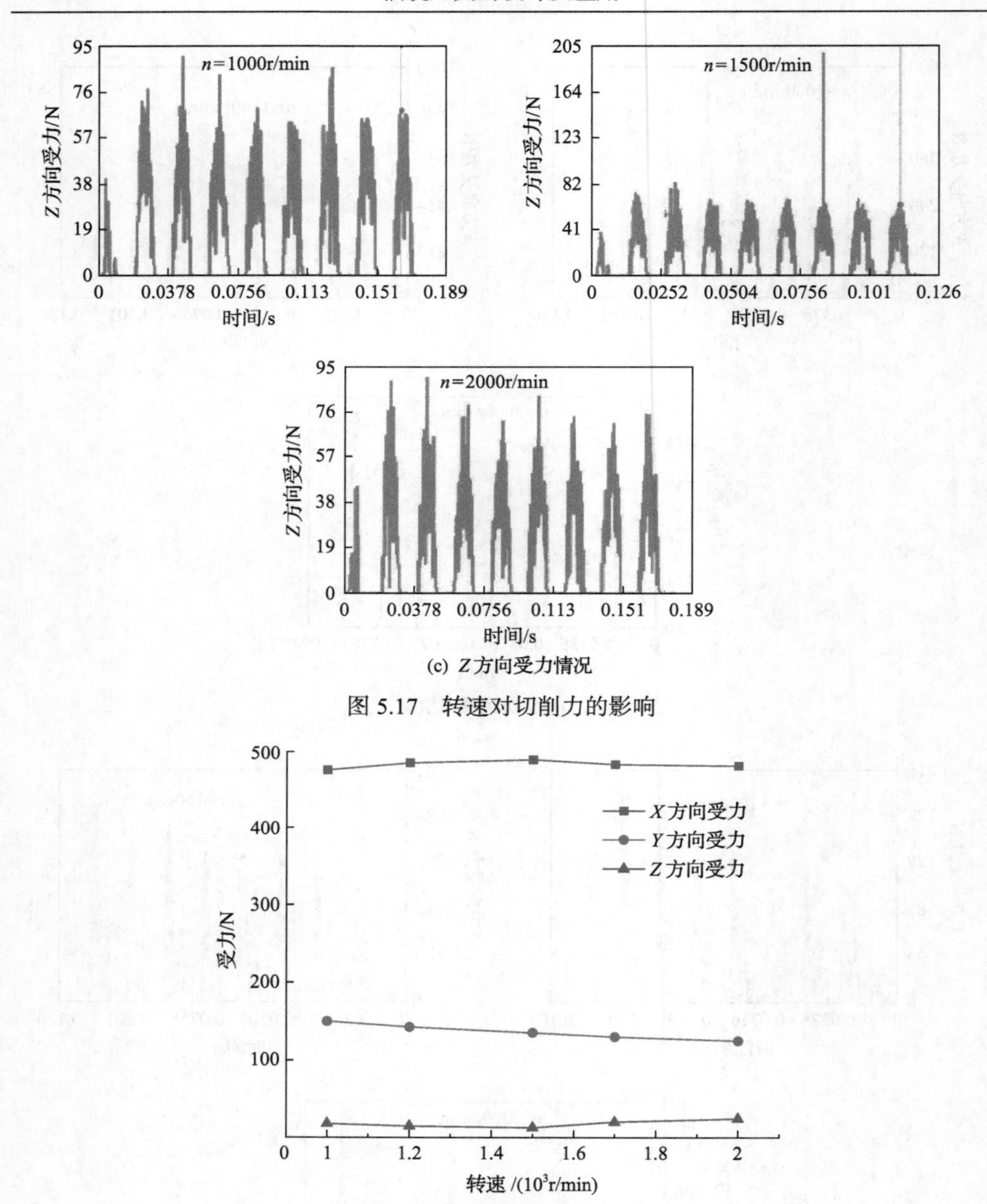

(c) Z方向受力情况

图 5.17 转速对切削力的影响

图 5.18 转速不同时切削力变化趋势

2. 切削参数对切削温度的影响

在工件和刀具相互作用的过程中，机床提供相互作用的功，此时工件材料发生弹塑性变形消耗功而转换成热，这是切削热的一个重要来源。在切削过程中刀具与工件接触域内摩擦在消耗功的同时产生大量的切削热，切削热无法及时散出则导致切削温度上升，温度上升对切削过程有着不可忽略的影响。因此，对切削温度的研究具有重要意义。图 5.19 给出了插铣仿真过程中不同切削参数下的温度变化情况。

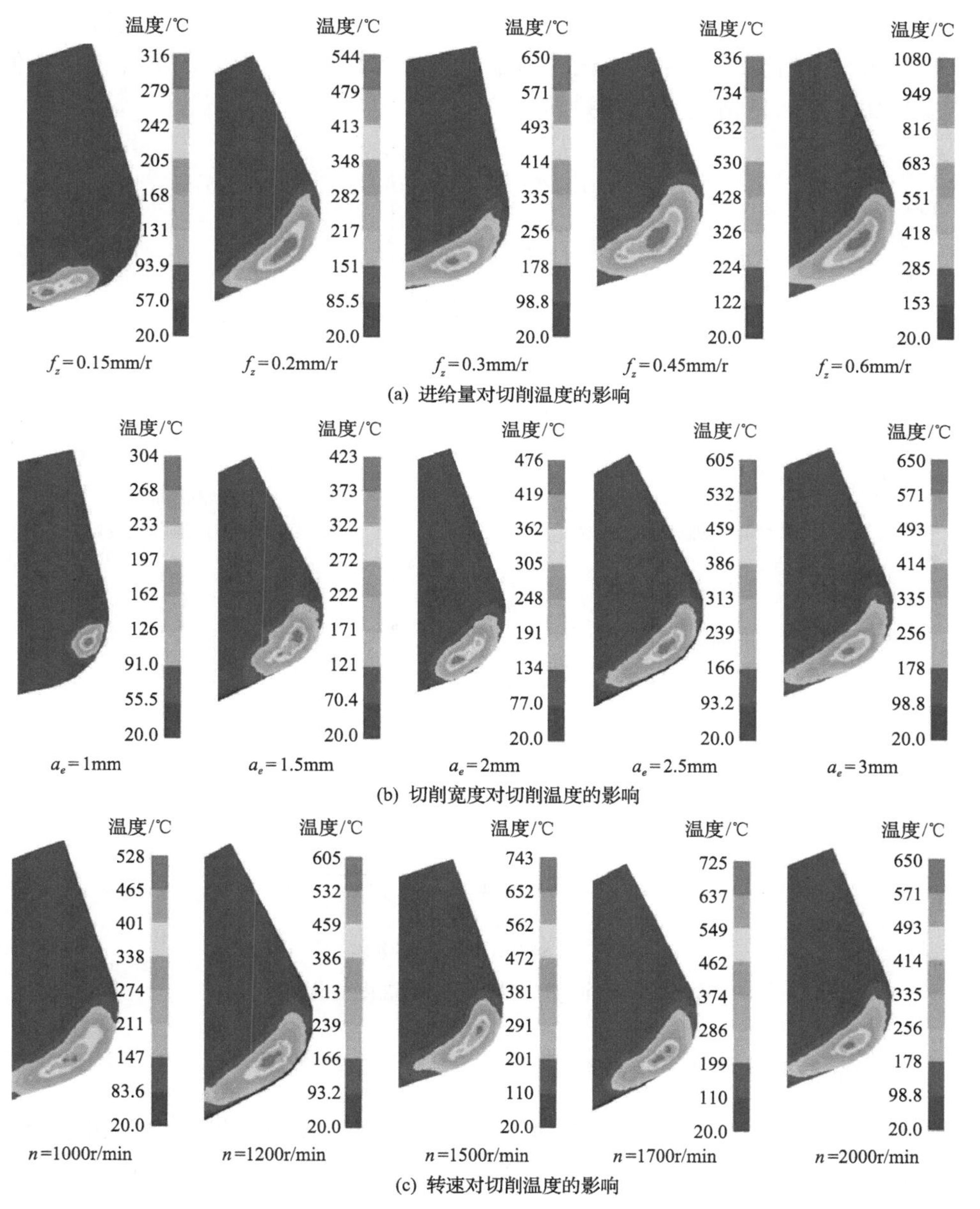

(a) 进给量对切削温度的影响

(b) 切削宽度对切削温度的影响

(c) 转速对切削温度的影响

图 5.19　切削参数对切削温度的影响

提取插铣仿真过程中最高的切削温度数据绘制折线图，得到不同切削参数下的切削温度变化规律如图 5.20 所示。从图中可以看出，在转速和切削宽度一定时，切削温度随进给量的增大而升高；在转速和进给量一定时，切削温度随切削宽度的增大而升高；在进给量和切削宽度一定时，切削温度随转速增大先升高，当转速为 1500r/min 时达到峰值，之后切削温度随转速增大而降低。经分析可知，切削温度随转速变化的趋势，主要是由于转速导致的散热条件在低转速和高转速两种情况下存在差异。

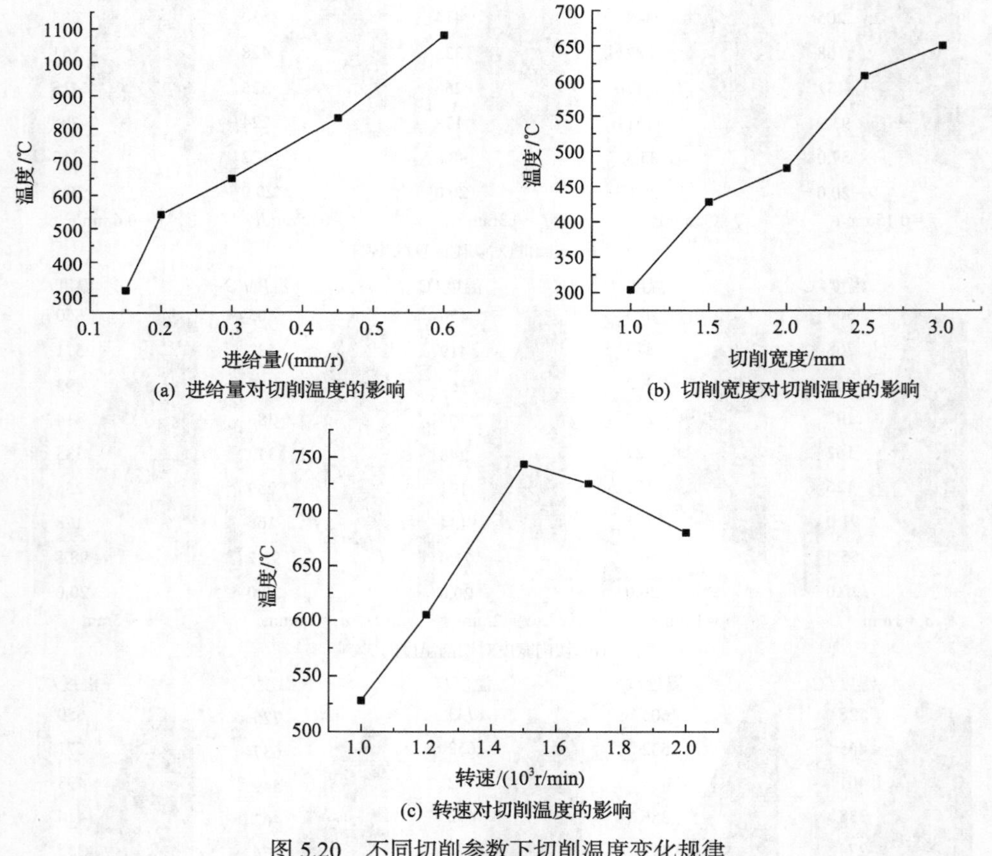

(a) 进给量对切削温度的影响

(b) 切削宽度对切削温度的影响

(c) 转速对切削温度的影响

图 5.20　不同切削参数下切削温度变化规律

3. 切削参数对刀具磨损的影响

刀具的磨损主要是由于刀具和工件的接触区域在切削过程中存在复杂的物理和化学关系，如高温、高压、元素之间的相互扩散、元素之间的化学反应等。在本节有限元仿真分析中，每个刀片共进行三次切削。图 5.21 为在不同切削参数下每个刀片切削三次后的磨损情况。

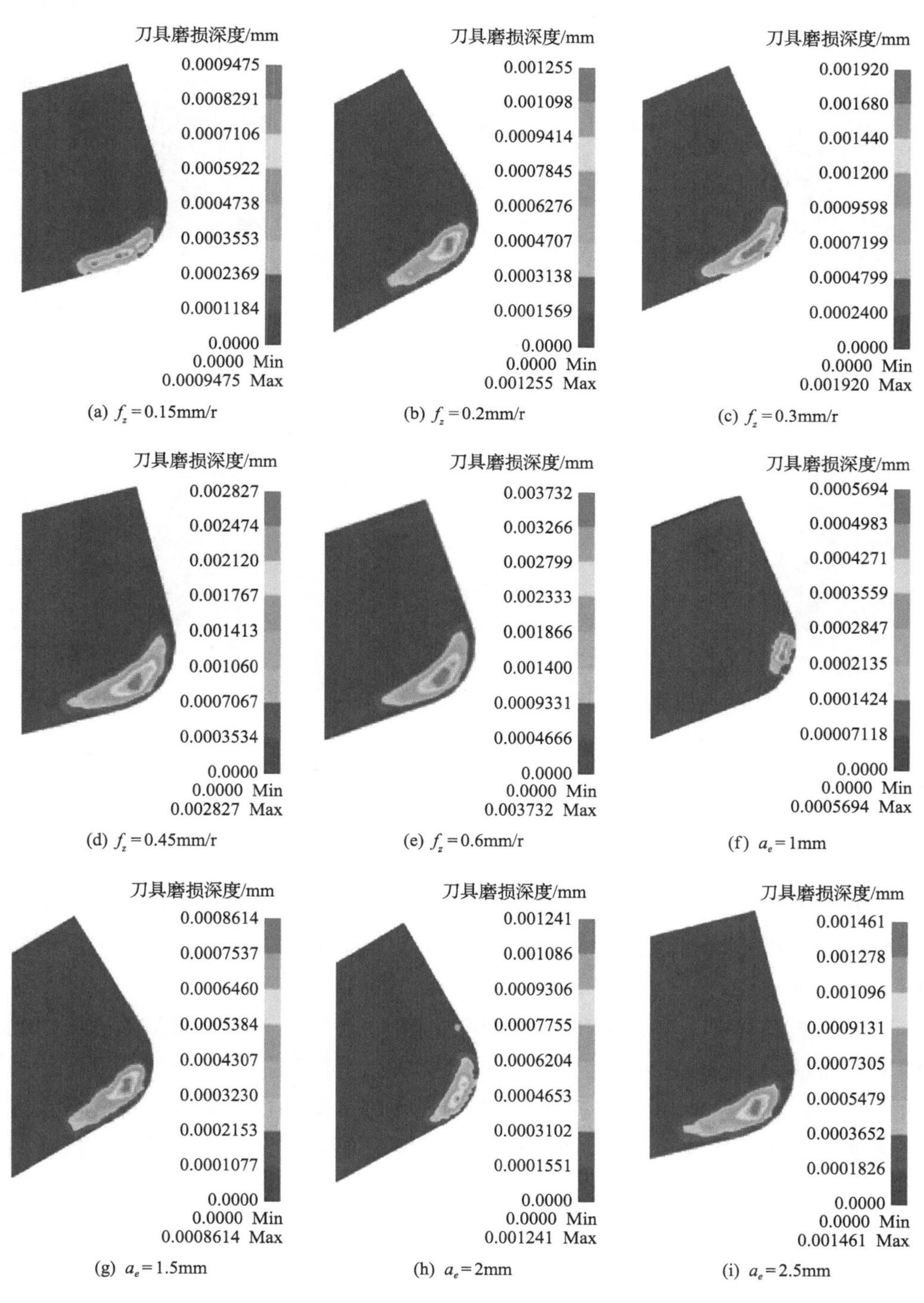

(a) f_z=0.15mm/r　(b) f_z=0.2mm/r　(c) f_z=0.3mm/r

(d) f_z=0.45mm/r　(e) f_z=0.6mm/r　(f) a_e=1mm

(g) a_e=1.5mm　(h) a_e=2mm　(i) a_e=2.5mm

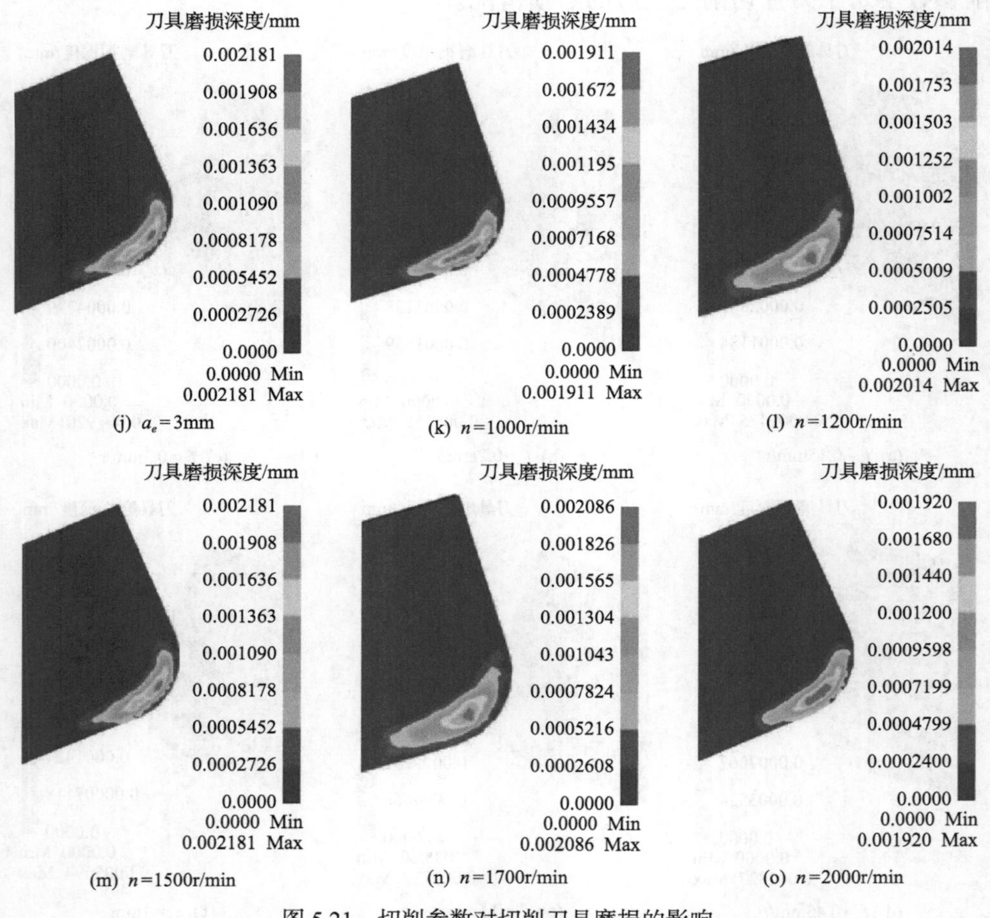

图 5.21　切削参数对切削刀具磨损的影响

为了更为直观地观察不同切削参数对刀具磨损的影响规律，提取图5.21 中所得到的数据进行折线图绘制，得到不同切削参数下的刀具磨损变化规律如图 5.22 所示。

由图 5.22 可知，当转速和切削宽度一定时，插铣刀具的磨损量随着进给量的增大而增大；当转速和进给量一定时，插铣刀具的磨损量随着切削宽度的增大而增大；当进给量和切削宽度一定时，插铣刀具的磨损量随着转速的增大先快速增大，然后快速减小，在转速 n=1500r/min 时达到最大值，原因是低速插铣时刀尖处散热条件差，切削温度高，刀具磨损加快；高速插铣时刀尖处散热条件好转，产生的热量及时散出，切削温度相对降低，刀具磨损减轻。

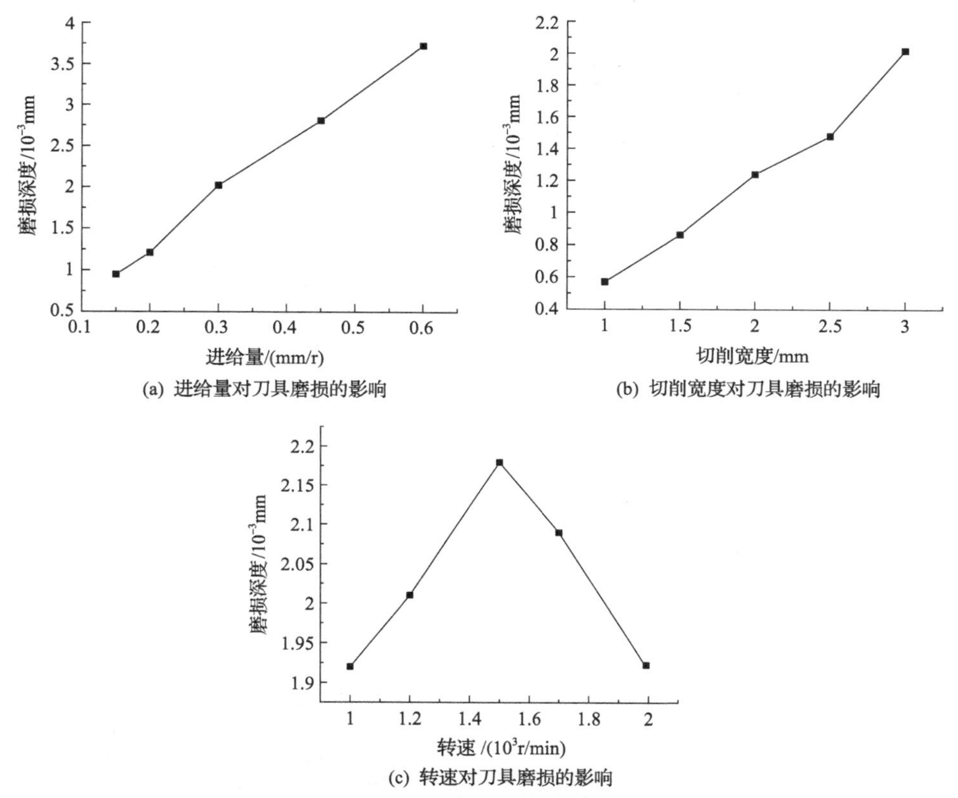

(a) 进给量对刀具磨损的影响

(b) 切削宽度对刀具磨损的影响

(c) 转速对刀具磨损的影响

图 5.22　不同切削参数下的刀具磨损变化规律

5.2　插铣加工试验分析

1. 刀具磨损试验一

刀具磨损试验所选用的插铣刀具为山特维克可乐满公司生产的硬质合金刀片，其型号为 R217.79-1020.RE-09-2AN，刀具前角为 6°，刀具后角为 12°，刃口倒圆半径为 0.15mm，涂层材料为 TiAlN，其力学性能详见表 5.2。

表 5.2　硬质合金(WC)材料力学性能

参数	取值
密度/(kg/m^3)	14～15
硬度(HRA)	91～93
屈服强度/MPa	1500～2100

续表

参数	取值
抗压强度/MPa	3500～6000
断裂韧度/(MPa·m$^{1/2}$)	10～15
弹性模量/GPa	610～640
导热系数/(W/(m·K))	80～110
热膨胀系数/($10^{-6}K^{-1}$)	4.5～5.5
耐热温度/℃	800～900
比热容/(J/(kg·K))	0.05
应变速率强度系数	0.001
应变强化系数	0.19
温度软化系数	1.26

插铣刀采用山特维克可乐满公司生产的 C4-390B.55-40 型刀柄，刀头型号为 R210-042C4-09M，如图 5.23 所示。

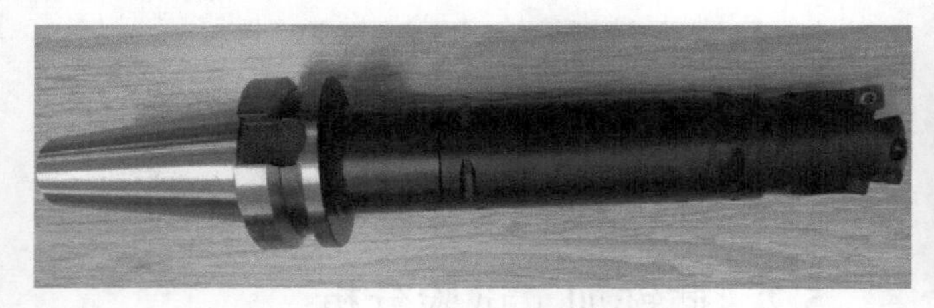

图 5.23　插铣刀实物

磨损检测设备采用超景深显微镜，如图 5.24 所示。

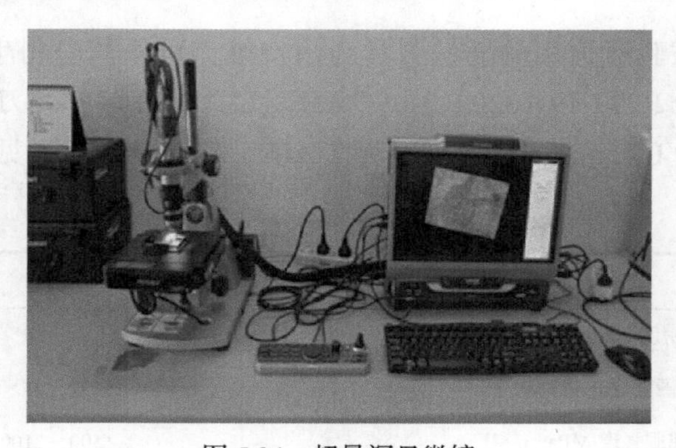

图 5.24　超景深显微镜

通过单因素试验，分析转速、进给量、切削宽度对插铣加工过程中刀具磨损的影响，试验方案如表5.3所示。

表5.3　插铣试验方案

试验编号	转速 n /(r/min)	切削宽度 a_e /mm	进给量 f_z /(mm/r)	Z 轴切削距离 /mm
1	1000	3	0.3	270
2	1200	3	0.3	270
3	1500	3	0.3	270
4	1700	3	0.3	270
5	2000	3	0.3	270
6	2000	1	0.3	270
7	2000	1.5	0.3	270
8	2000	2	0.3	270
9	2000	2.5	0.3	270
10	2000	3	0.3	270
11	2000	3	0.15	135
12	2000	3	0.2	180
13	2000	3	0.3	270
14	2000	3	0.45	405
15	2000	3	0.6	540

以哈尔滨大电机研究所给出的 Cr13Ni4Mo 不锈钢插铣加工参数为基础，进行插铣刀具寿命的试验分析，如表5.4所示。

表5.4　Cr13Ni4Mo不锈钢插铣工艺参数范围

加工工艺	转速 n /(r/min)	切削宽度 a_e /mm	进给量 f_z /(mm/r)	步距 s /mm
粗加工	1000～2000	1.5～2.5	0.15～0.25	4～6

根据表5.4所提供的插铣工艺参数，本次试验制定了插铣加工正交试验方案，所采用的加工因素和水平如表5.5所示。

根据表5.5插铣加工因素和水平，本次正交试验选用 $L_9(3^4)$ 正交表，具体信息如表5.6所示。

硬质合金插铣刀铣削 Cr13 不锈钢的试验在型号为 VDL-1000E 的大连数控机床立式加工中心上进行，如图5.25所示，工作台规格(长×宽)为1050mm×560mm，工作台最大载重可达 800kg。切削方式是直接插铣，试验所用刀具的直径为

20mm，刀片型号为R217.79-1020.RE-09-2AN。工件材料为Cr13不锈钢，工件规格(长×宽×高)为 170mm×100mm×120mm，材料的化学成分和力学性能参数分别如表5.7和表5.8所示。利用超景深显微镜、扫描电子显微镜等设备对刀具的后刀面磨损量进行观测。

表 5.5　Cr13Ni4Mo 不锈钢插铣加工因素和水平表

水平	因素			
	转速 n /(r/min)	切削宽度 a_e /mm	进给量 f_z /(mm/r)	步距 s /mm
1	1000	1.5	0.15	4
2	1500	2	0.2	5
3	2000	2.5	0.25	6

表 5.6　Cr13Ni4Mo 不锈钢插铣加工正交试验表

试验编号	转速 n /(r/min)	切削宽度 a_e /mm	进给量 f_z /(mm/r)	步距 s /mm
1	1000	1.5	0.15	4
2	1000	2	0.2	5
3	1000	2.5	0.25	6
4	1500	1.5	0.2	6
5	1500	2	0.25	4
6	1500	2.5	0.15	5
7	2000	1.5	0.25	5
8	2000	2	0.15	6
9	2000	2.5	0.2	4

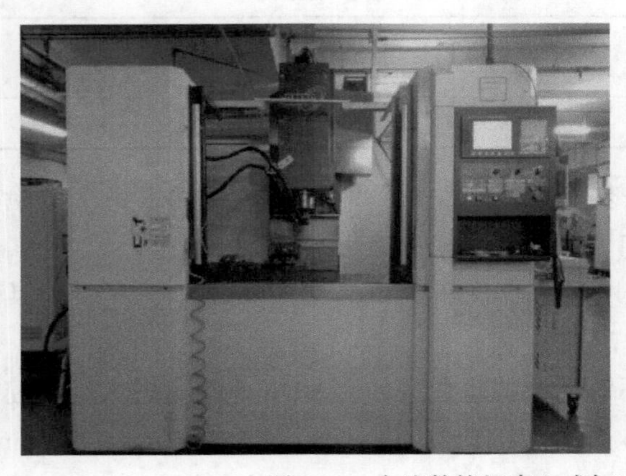

图 5.25　大连数控机床立式加工中心工作台

表 5.7 Cr13 不锈钢化学成分

化学成分	C	Mn	Si	N	Ni	Cr	其他元素
质量分数/%	0.028	0.73	0.32	0.0152	4.11	13.25	0.4

表 5.8 Cr13 力学性能参数

密度 /(g/cm³)	硬度 (HB)	抗拉强度 /MPa	伸长率 /%	相变温度 /℃	条件屈服强度 /MPa
7.75	≥220	≥760	15	800～834	0.32

在插铣加工过程中，刀具进给量和切削宽度较大，导致刀具的主要磨损发生在后刀面上，所以这里以分析后刀面磨损率为主。由于在试验过程中无法直接获得刀具磨损率的变化规律，所以为分析刀具后刀面磨损及磨损率变化规律，建立刀具失效准则，并记录刀具在达到失效准则时所用的时间。该准则基于以下两个标准：刀具后刀面最大磨损量 VB_{max}=0.3mm；刀具后刀面出现大规模的破损、崩刃等现象。试验数据如表 5.9 所示。

表 5.9 插铣试验数据

试验编号	转速 n/(r/min)	切削宽度 a_e/mm	进给量 f_z/(mm/r)	时间 t/min
1	500	1	0.045	40.2
2	500	1.5	0.09	25.3
3	500	2	0.135	19.8
4	500	2.5	0.180	13.8
5	1000	1.5	0.045	13.3
6	1000	1	0.09	12.2
7	1000	2.5	0.135	8.4
8	1000	2	0.180	8.1
9	1500	2	0.045	7.3
10	1500	2.5	0.09	5.6
11	1500	1.5	0.135	6.9
12	1500	1	0.180	7.1
13	2000	2.5	0.045	5.3
14	2000	2	0.09	4.9
15	2000	1.5	0.135	5.1
16	2000	1	0.180	4.6

加工区域最高温度的平均值如表 5.10 所示。

表 5.10 试验过程中加工区域最高温度的平均值 （单位：℃）

试验编号	1	2	3	4	5	6	7	8
温度	237.1	264.4	331.5	357.4	321.9	317.4	407.2	413.5
试验编号	9	10	11	12	13	14	15	16
温度	443.5	417.2	453.1	479.3	522.9	539.7	542.3	577.1

利用超景深显微镜(图5.24)对试验中的插铣刀后刀面进行磨损观测。图 5.26 给出了切削仿真过程中刀具磨损情况与在超景深显微镜观测下试验用刀具磨损情况的对比。由图可以看出，在插铣加工过程中，由于刀具进给量和切削宽度较大，主要磨损发生在后刀面，这与切削仿真结果中的磨损形式十分相似。表 5.11 给出了刀具达到失效准则时所用的时间。

图 5.26 切削仿真刀具磨损与试验用刀具磨损对比

表 5.11 刀具达到失效准则时所用的时间 （单位：min）

试验编号	1	2	3	4	5	6	7	8
切削时间	40.2	25.3	19.8	13.8	13.3	12.2	8.4	8.1
试验编号	9	10	11	12	13	14	15	16
切削时间	7.3	5.6	6.9	7.1	5.3	4.9	5.1	4.6

为进一步对刀具后刀面磨损机理进行分析，通过扫描电子显微镜观测刀面磨损情况，并利用能谱分析检测后刀面处元素的变化。

刀具磨损初期，硬质合金表面完整性被破坏，WC 颗粒脱落以颗粒形式存在于刀具与工件之间，并在刀具后刀面产生磨损痕迹，造成磨粒磨损。同时刀具与工件结合处，由于温度较高与压力较大，产生塑性变形，形成微焊缝，即发生黏结磨损，如图 5.27 所示。

(a) 磨粒磨损

(b) 黏结磨损

图 5.27　刀具后刀面磨粒磨损与黏结磨损

随着切削的进行，后刀面磨损量增大，刀具与工件结合处温度升高，切削力增大，刀具进入剧烈磨损阶段。利用能谱分析检测后刀面切削刃处金属元素含量如图 5.28 所示，各金属元素质量百分比与原子量百分比如表 5.12 所示。

分析可知后刀面切削区域金属元素含量均发生变化，说明此时后刀面切削刃处发生扩散磨损与黏结磨损。同时证明，随着切削时间的增加，扩散磨损逐渐成为切削区域内的主要磨损形式。

根据现有试验设备及本节内容，仅针对硬质合金刀具磨损量进行对比分析。采用单因素分析的方法，分别对比进给量、切削宽度和转速对硬质合金刀具磨损量的影响规律。

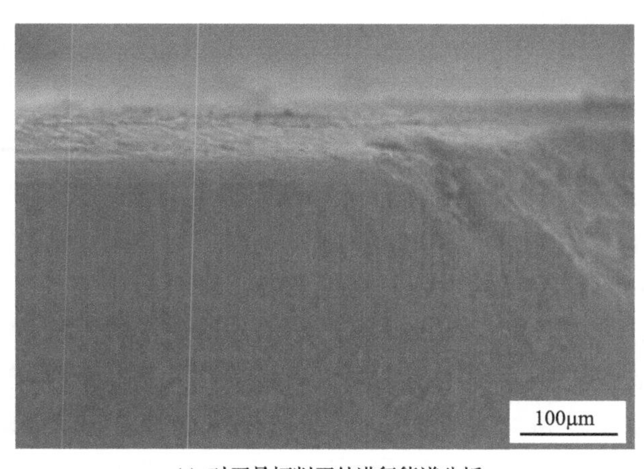

(a) 对刀具切削刃处进行能谱分析

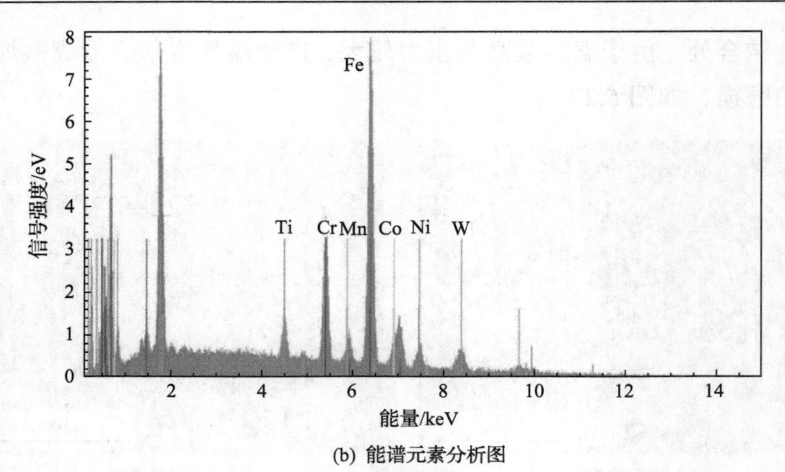

(b) 能谱元素分析图

图 5.28 后刀面切削刃能谱分析

表 5.12 各金属元素质量百分比与原子量百分比

元素	原子数	X 射线谱线	净值	质量百分比/%	归一化质量百分比/%	原子量百分比/%
Fe	26	K 线系	38197	41.09	45.94	38.79
W	74	L 线系	4184	16.87	18.86	4.84
Cr	24	K 线系	15778	10.85	12.13	11.00
C	6	K 线系	3712	6.49	7.26	28.47
Ni	28	K 线系	2926	4.72	5.28	4.24
Co	27	K 线系	2940	4.03	4.51	3.61
Ti	22	K 线系	4161	2.38	2.66	2.62
O	8	K 线系	1365	1.16	1.30	3.81
Mn	25	K 线系	1166	0.99	1.11	0.95
Al	13	K 线系	1575	0.86	0.96	1.68

图 5.29 给出了不同进给量条件下切削试验与仿真中刀具磨损对比，即当转速 n=2000r/min、切削宽度 a_e=0.3mm 时，不同进给量下，硬质合金刀具在插铣加工Cr13Ni4Mo不锈钢试验中刀具磨损量与仿真分析中刀具磨损量的对比。由图可以明显看出，刀具后刀面的磨损量随着进给量的增大而增大。试验和仿真过程中发现所选择的进给量范围内磨损量的变化几乎呈线性增长，其原因主要是进给量的增加，使得切削过程中单位时间内切除的金属体积增大，切削力增大，加速了刀具的磨损；同时在断续切削过程中，切削力的增大还加剧了机床-

主轴-刀具-工件系统的振动，从而在一定程度上加速了刀具的磨损。

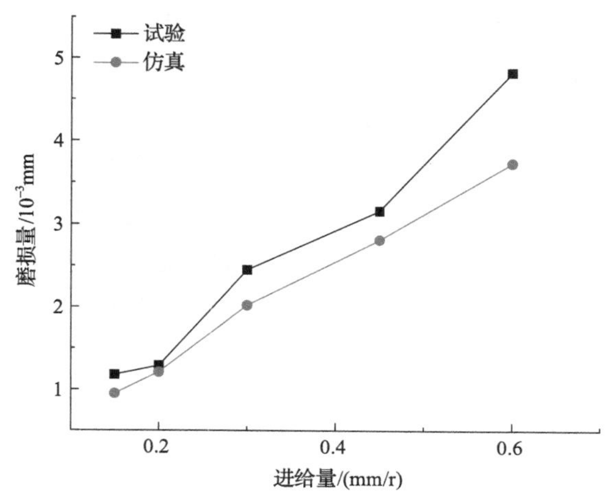

图 5.29　不同进给量条件下切削试验与仿真中刀具磨损对比

图 5.30 给出了不同切削宽度条件下切削试验与仿真中刀具磨损对比，即当转速 n=2000r/min、进给量 f_z=0.3mm/r 时，不同切削宽度下，硬质合金刀具在插铣加工 Cr13Ni4Mo 不锈钢试验中刀具磨损量与仿真分析中刀具磨损量的对比。可见当切削宽度增大时，在切屑的形成过程中产生的变形抗力增大，机床-刀具-工件系统的振动幅度增大，同时切削温度由于切削宽度的增大而增大，多种原因的综合作用加速了刀具的磨损。

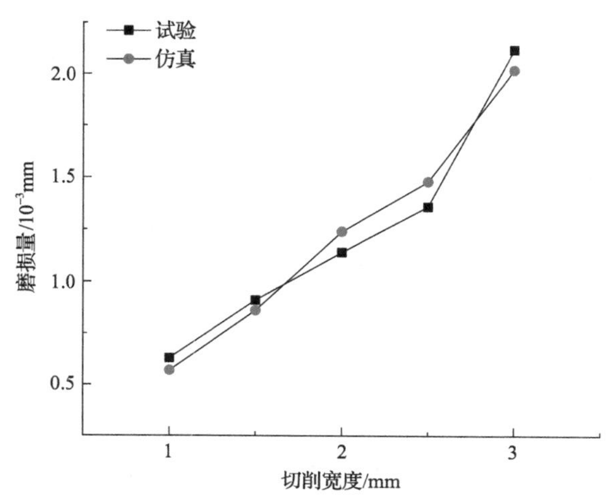

图 5.30　不同切削宽度条件下切削试验与仿真中刀具磨损对比

图 5.31 给出了不同转速条件下切削试验与仿真中刀具磨损对比，即当切削

宽度 a_e=0.3mm、进给量 f_z=0.3mm/r 时，不同转速下，硬质合金刀具在插铣加工 Cr13Ni4Mo 不锈钢试验中刀具磨损量与仿真分析中刀具磨损量的对比。由图可以看出，当转速较低(1000～1500r/min)时，刀具磨损量随着转速的增加而增大；当转速较高(1500～2000r/min)时，刀具磨损量随着转速的增大而减小。经过分析可知，其原因主要是切削温度对刀具磨损产生的影响不同。低速插铣时刀具的散热条件差，切削过程中产生的温度无法及时散出，在高温、高压条件下刀具的磨损量较大；高速插铣时刀具与外界接触频率高，散热条件好，产生的热量及时散出，此时虽然高压依然存在，但是温度相对较低，故刀具磨损量有所下降。

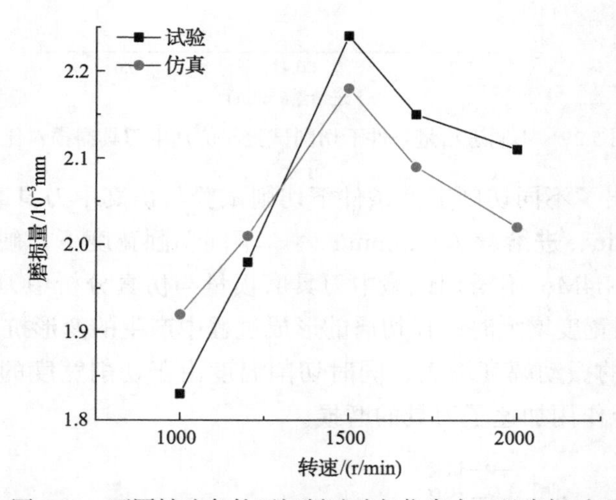

图 5.31 不同转速条件下切削试验与仿真中刀具磨损对比

在本次 Cr13Ni4Mo 不锈钢插铣加工正交试验过程中，选取第 3 组试验进行刀具磨损量观察。利用超景深显微镜观察各个时刻硬质合金插铣刀具后刀面的最大磨损量 VB_{max} 值。将测量得到的数据绘制成硬质合金插铣刀具磨损规律曲线，以便更为直观地展示硬质合金插铣刀具在整个插铣加工过程中的磨损情况。由于篇幅的限制，硬质合金插铣刀具磨损的形貌图只展示了一组。图 5.32 为正交试验第 3 组插铣加工过程中硬质合金刀具后刀面磨损形貌。

将图 5.32 所示各个时间节点硬质合金插铣刀具后刀面的磨损量制成表 5.13，并将其中数据绘制成图 5.33 所示曲线。硬质合金刀具在 Cr13Ni4Mo 不锈钢插铣加工过程中，刀具后刀面最大磨损量 VB_{max} 表现出典型的刀具磨损变化规律。

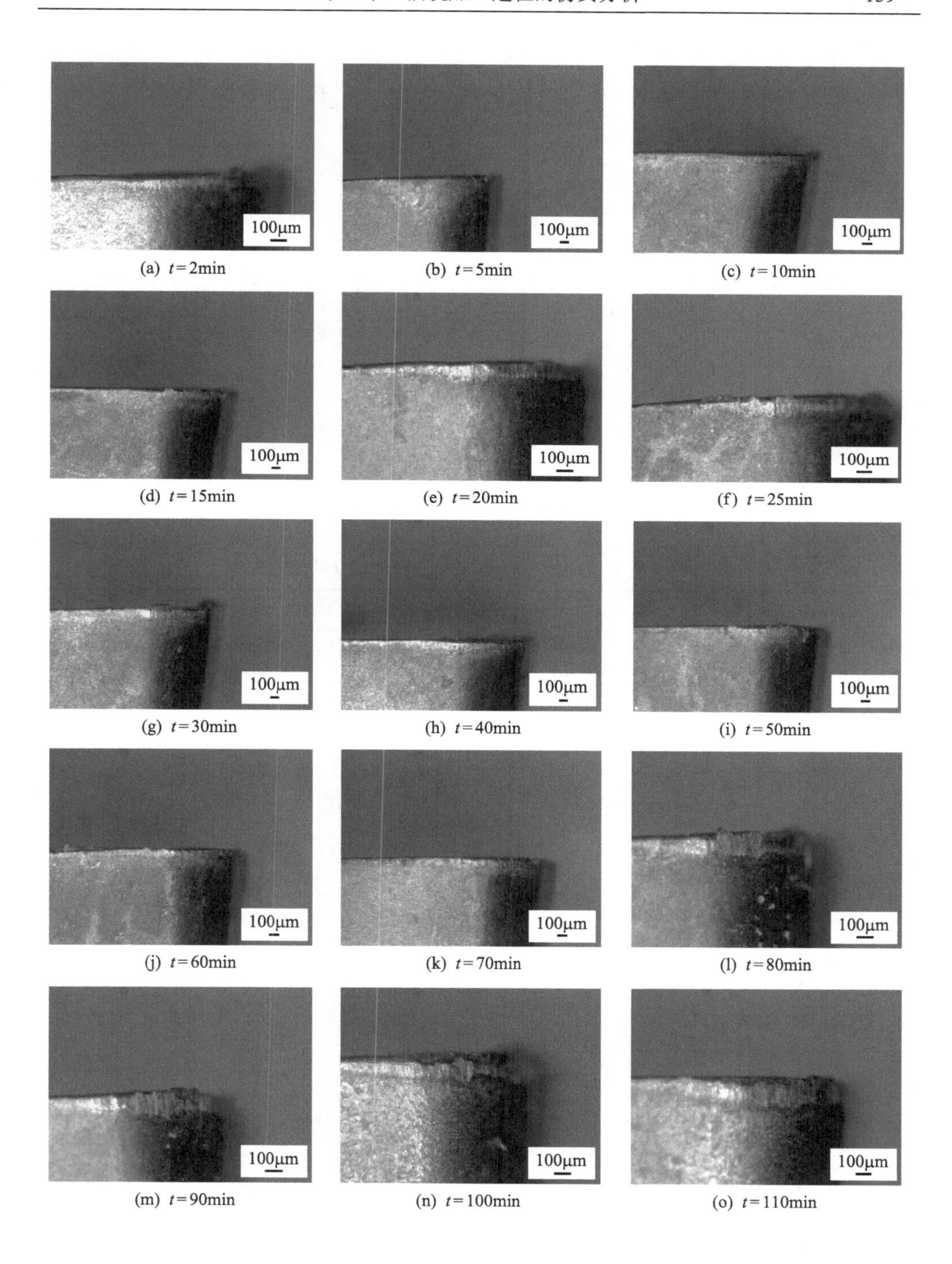

(a) $t=2$min　(b) $t=5$min　(c) $t=10$min

(d) $t=15$min　(e) $t=20$min　(f) $t=25$min

(g) $t=30$min　(h) $t=40$min　(i) $t=50$min

(j) $t=60$min　(k) $t=70$min　(l) $t=80$min

(m) $t=90$min　(n) $t=100$min　(o) $t=110$min

(p) $t=120$min　(q) $t=130$min　(r) $t=140$min

(s) $t=150$min　(t) $t=155$min　(u) $t=160$min

图 5.32　硬质合金刀具后刀面磨损形貌

表 5.13　后刀面最大磨损量 VB_{max} 随时间 t 的变化关系

序号	切削时间 t/min	后刀面最大磨损量 VB_{max}/mm
1	0	0.000
2	2	0.043
3	5	0.089
4	10	0.108
5	15	0.115
6	20	0.130
7	25	0.134
8	30	0.147
9	40	0.167
10	50	0.173
11	60	0.180
12	70	0.187
13	80	0.192
14	90	0.193
15	100	0.205
16	110	0.207
17	120	0.227
18	130	0.235
19	140	0.257
20	150	0.292
21	155	0.362
22	160	0.467

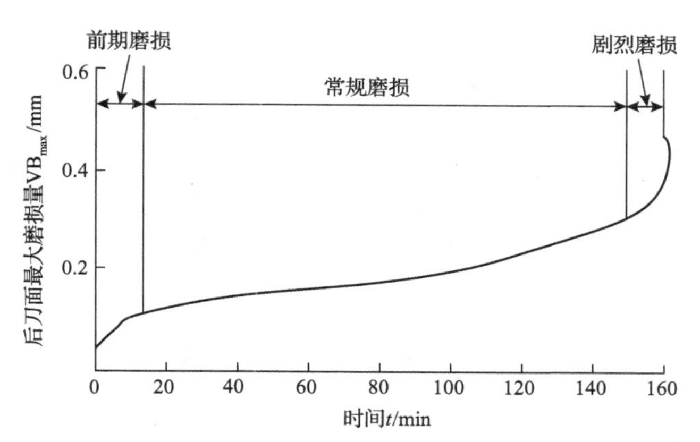

图 5.33　后刀面最大磨损量 VB_{max} 随时间变化曲线

在前期磨损阶段(0～15min)，刀具单位时间的磨损较快。其主要原因是新刀具后刀面相对比较粗糙，有亚微裂纹、氧化或脱碳层等缺陷，而且此时的切削刃极其锋利，后刀面与已加工表面接触面积小、压力大，所以此阶段磨损较快。

在常规磨损阶段(15～150min)，刀具经过前期磨损后，刀具表面被磨削光滑，此时刀具磨损变得缓慢且相对均匀，随着切削时间的延长近似呈线性增加。此阶段在刀具的正常使用过程中所占时间是最长的。

在剧烈磨损阶段(>150min)，刀具磨损剧烈。随着刀具的不断磨损，已加工表面质量变差，切削力与切削温度快速上升，加快了刀具的磨损，最终导致刀具失效。

2. *刀具磨损试验二*

通过试验分析相同硬质合金刀具在同一切削参数下连续切削，刀具磨损对加工过程中切削力的影响规律。图 5.34 为刀具在切削参数为 n=1500r/min、a_e=1.5mm、f_z=0.135mm/r 时刀具磨损变化情况。

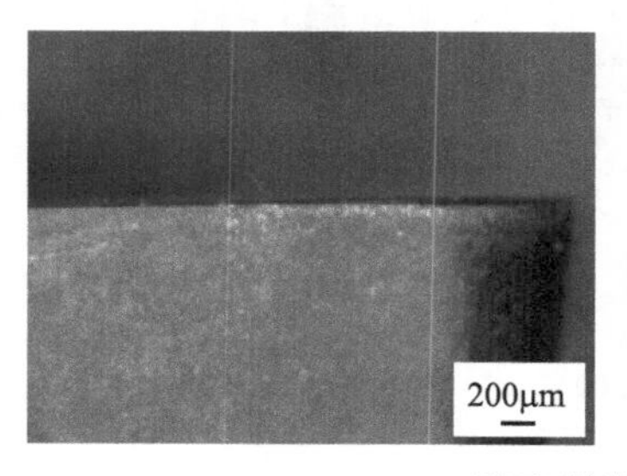

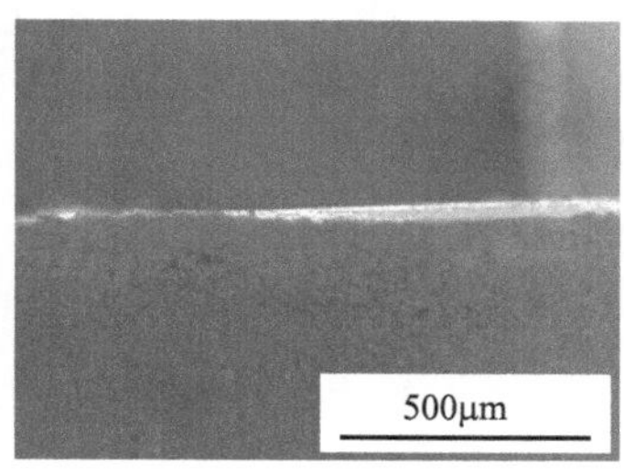

(a) 后刀面磨损量VB＝0.1mm

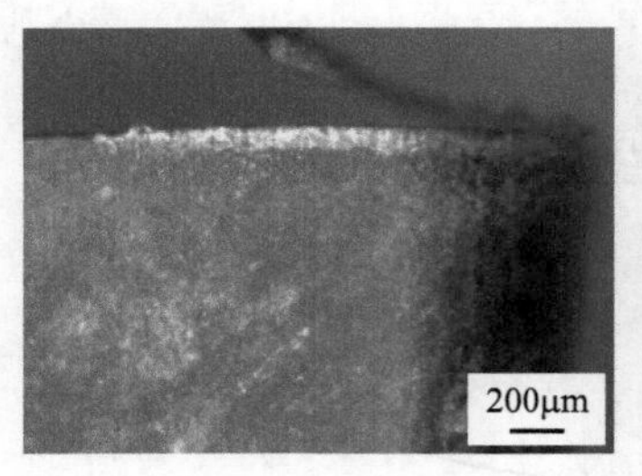

(b) 后刀面磨损量VB = 0.2mm

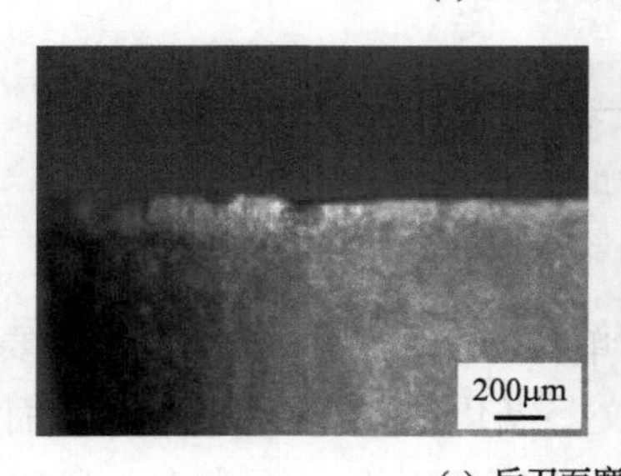

(c) 后刀面磨损量VB = 0.3mm

图 5.34 相同刀具的不同磨损情况

如图 5.35 所示，对比分析试验过程中因磨损导致切削力发生变化的趋势，可以看出，当硬质合金插铣刀铣削 Cr13 不锈钢时，刀片的前后刀面发生不同程度的磨损，导致在切削过程中三个方向的切削力发生改变，其中 X 方向与 Y 方向的切削力因刀具磨损变化较大，而 Z 方向的切削力也因刀具磨损发生改变，但相对变化不大。出现此现象的原因在于，刀具发生磨损后，刀具前刀面出现月牙洼，降低了刀尖的强度，同时处于连续切削的刀具因月牙洼的不断扩大出

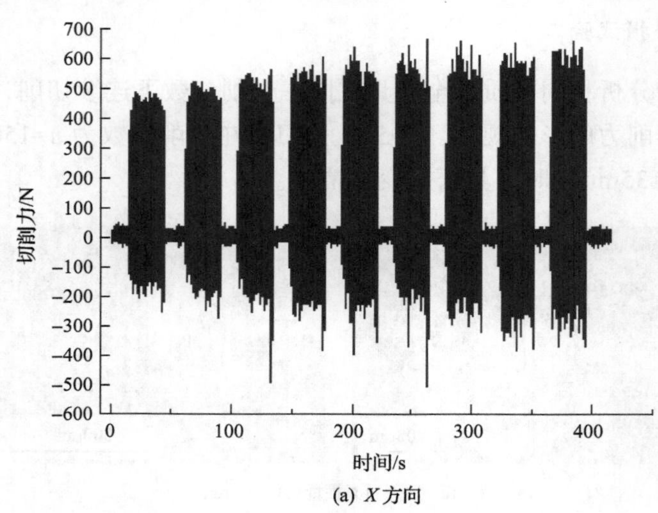

(a) X 方向

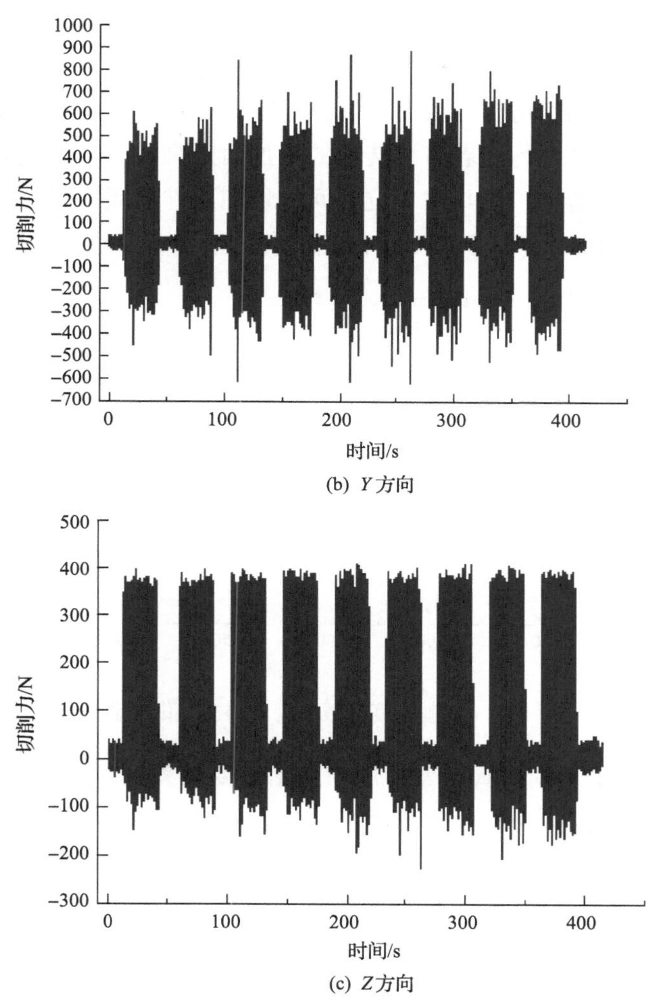

(b) Y方向

(c) Z方向

图 5.35　刀具磨损导致三个方向切削力的变化

现破损等现象，造成刀具受力不均匀，使切削力发生了改变；而后刀面由于磨损，出现了宽度为 VB 的小棱面，增加了刀具与工件的接触面积，以及后刀面表面的法向应力与摩擦力，即切削力变大。

为防止在切削加工过程中刀具因过度磨损而给工作人员、工件及机床带来不良影响，在使用硬质合金插铣刀铣削 Cr13 不锈钢时，要时刻注意刀具的磨损状况。

将金属切削仿真过程中不同切削参数下加工区域的最高温度进行对比。为了准确地观察不同切削参数对加工区域温度的影响，在保证其他切削参数不变的前提下，分别对转速、进给量及切削宽度进行对比分析。

图 5.36 给出了切削仿真区域温度与转速变化关系。由图可以看出，不同切削参数下仿真区域的温度均随着刀具转速的增加而升高。造成温度升高的根本原因在于随着转速的增加，刀具在单位时间内切削工件的频率增加，与工件加工表面以及切屑之间的摩擦做功增加，最终转化为热量，导致加工区域温度升高。

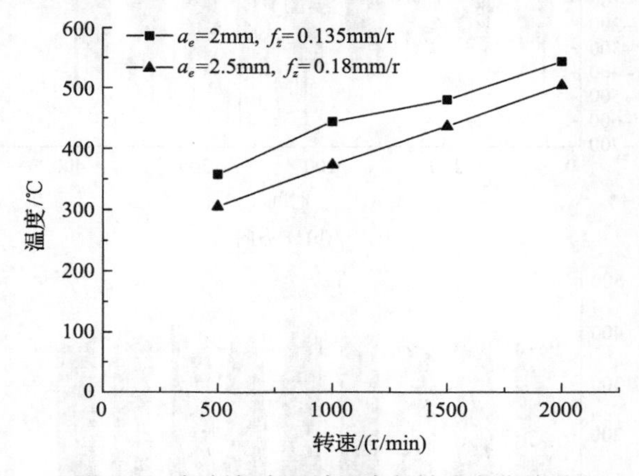

图 5.36　切削仿真区域温度与转速变化关系

图 5.37 给出了切削仿真区域温度与进给量变化关系。由图可以看出，随着进给量增加，切削温度升高。主要原因在于随着进给量的增加，插铣刀刀刃处在单位时间内切除的材料增加，切削力增大，刀具与工件加工表面以及切屑之间的摩擦做功增加，导致加工区域温度升高。

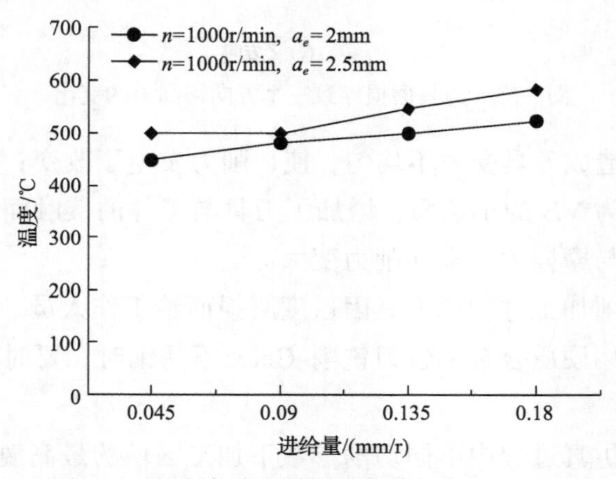

图 5.37　切削仿真区域温度与进给量变化关系

图 5.38 给出了切削仿真区域温度与切削宽度变化关系。由图可以看出，切削温度随着切削宽度的增加而升高。在插铣加工中，由于切削宽度的增加，刀具径向材料切除量变大，径向切削力增大，刀具与待加工工件之间的摩擦做功增加，导致加工区域温度升高。

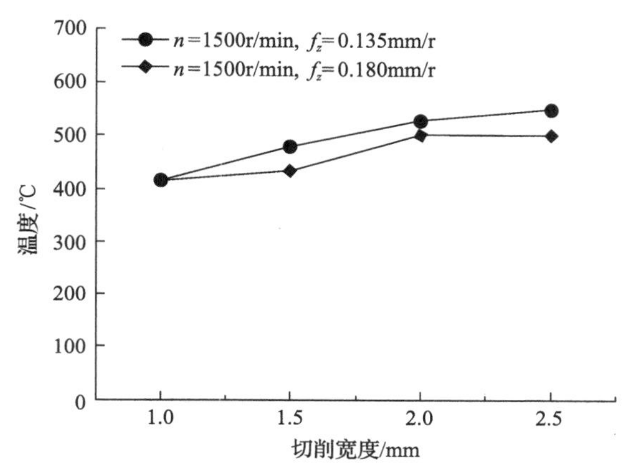

图 5.38　切削仿真区域温度与切削宽度变化关系

3. 插铣刀具磨损分析

将切削仿真所用刀具达到失效准则(后刀面最大磨损量 VB_{max}=0.3mm 或后刀面上出现大规模的破损、崩刃等)时所用时间进行记录对比。同时，分析转速、进给量和切削宽度对刀具磨损及磨损率的影响。

图 5.39 给出了切削时间与转速变化关系。由图可以看出，硬质合金插铣刀在铣削 Cr13 不锈钢时，刀具达到失效准则时所用时间随着转速的增加而减少，即刀具后刀面磨损率随转速的增加而增大。当转速从 n=500r/min 变化至 n=2000r/min 时，刀具达到失效准则所用的时间从最初的 25.3min 降至 5.1min(试验)。其原因在于转速增加，加工环境发生变化，刀具的磨损机理发生改变，使刀具磨损加剧，磨损率升高。

图 5.40 给出了切削时间与进给量变化关系。由图可以看出，硬质合金插铣刀在铣削 Cr13 不锈钢时，刀具达到失效准则时所用时间随着进给量的增加而减少，即刀具后刀面磨损率随进给量的增加而增大。其原因在于进给量的增加，造成切屑的厚度增加，切削力增大，并且在刀具切入时瞬时冲击力变大，使刀具磨损加剧，磨损率升高。

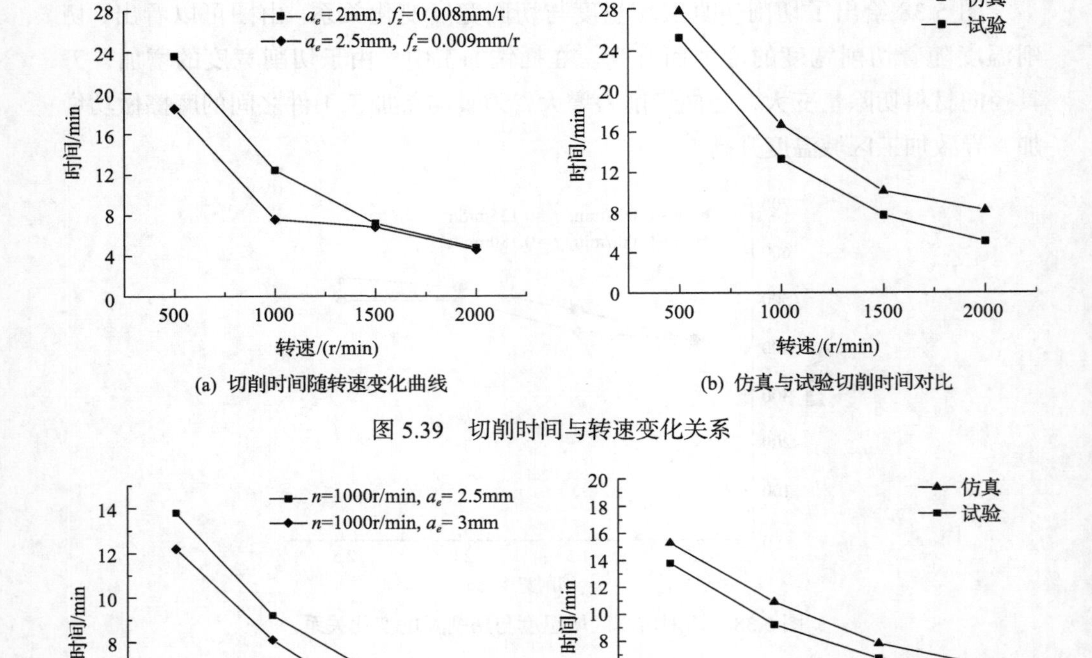

(a) 切削时间随转速变化曲线　　(b) 仿真与试验切削时间对比

图 5.39　切削时间与转速变化关系

(a) 切削时间随进给量变化曲线　　(b) 仿真与试验切削时间对比

图 5.40　切削时间与进给量变化关系

图 5.41 给出了切削时间与切削宽度变化关系。由图可以看出，硬质合金插铣刀在铣削 Cr13 不锈钢时，刀具达到失效准则时所用时间随着切削宽度的增加而减少，即刀具后刀面磨损率随切削宽度的增加而增大。其原因在于切削宽度增加，刀具参与切削工件的工作面增大，切削力增大，使刀具磨损加剧，磨损率升高。

图 5.42 给出了刀具后刀面磨损情况与刀具达到失效准则时的切削时间变化关系。由图可以看出，硬质合金插铣刀在铣削 Cr13 不锈钢时，切削加工整体过程中出现了前期磨损、常规磨损与剧烈磨损。刀具刚刚接触到工件至 1min 左右时，由于是新的切削刃，刃口相对锋利且单位面积内所受压强较大，导致切削刃处磨损剧烈，磨损率增大，此时的磨损形式以磨粒磨损与黏结磨损为主。

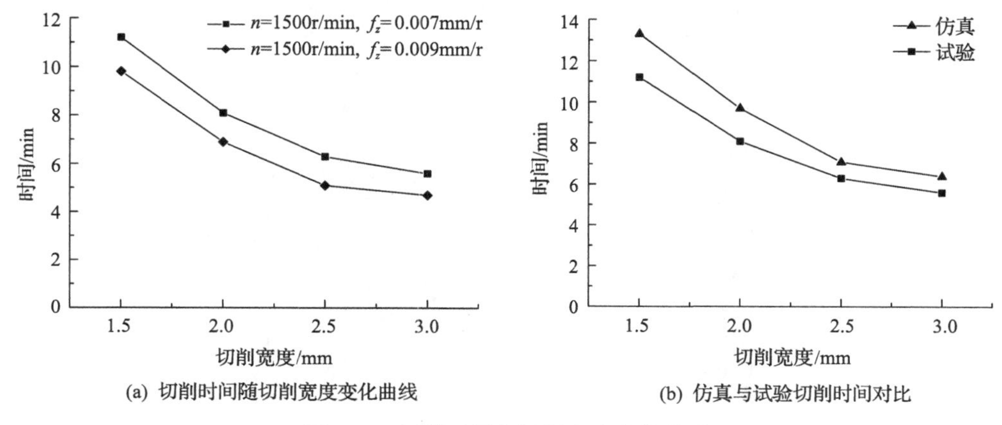

(a) 切削时间随切削宽度变化曲线　　(b) 仿真与试验切削时间对比

图 5.41　切削时间与切削宽度变化关系

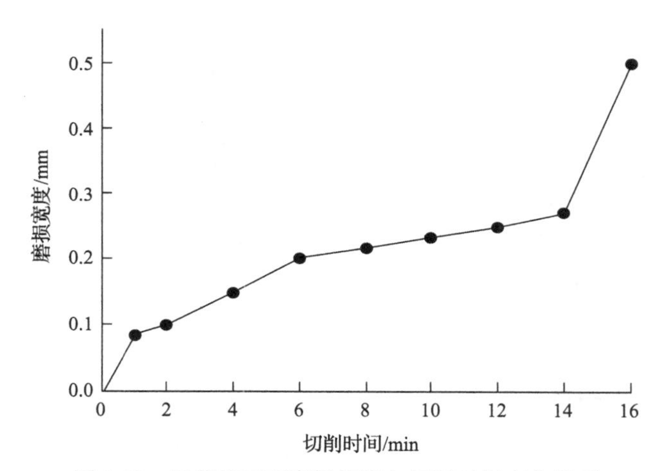

图 5.42　刀具后刀面磨损情况与切削时间变化关系

刀具切削刃经过前期磨损，单位面积内所受压强降低，刀具后刀面磨损率与前期相比有所降低。刀具进入常规磨损阶段，此阶段为 1～14min。处于常规磨损阶段的刀具后刀面磨损量随着时间的增加而增大，此时刀具后刀面的主要磨损形式仍是磨粒磨损与黏结磨损。

当切削时间达到 14min 时，刀具后刀面磨损量 VB=0.3mm，即达到失效准则，刀具进入剧烈磨损阶段，逐渐开始出现崩刃等现象，如图 5.43 所示。由于刀具磨损加剧，刀具与工件之间的摩擦力变大，加工区域的温度升高，致使刀具磨损情况更加剧烈，刀具磨损率越来越大。此时，加工区域内的刀具磨损形式以扩散磨损为主，加工区域边缘的磨损形式以氧化磨损为主。

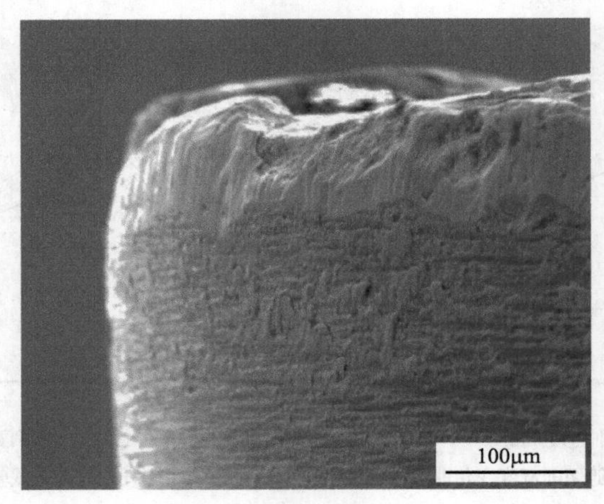

图 5.43　切削刃崩刃

5.3　插铣刀具刃口结构优选

刀具刃口结构的研究对刀具切削效率、工件表面加工质量等有着重要的影响，这些都直接关系着实际生产加工效率与成本。因此，在实际加工过程中根据切削条件选择合理刃口结构的刀具变得十分重要。本节在仿真模型的基础上着重对不同刃口结构参数(刀具的前角、后角、主偏角、刃倾角等)进行详细分析。

5.3.1　刀具切削刃结构分析

在金属加工过程中，切削刃的刃口结构对刀具的工作状态以及工件的表面形貌等都有着重要影响。刀具切削刃刃口在切削加工时最先接触到工件，刀具参与切削部分主要集中在刃口及其相邻区域内，因此刃口结构的分析十分重要。合理的刃口结构不仅能够有效降低刀具在单位时间内的磨损量，同时还可以提高刀具的工作效率，改善加工工件的表面形貌等，并且切削刃刃口结构的不同会影响刀具切削加工性能。

在满足刀具总体设计要求的前提下选择最佳的刃口结构，可以提高刀具的切削性能。目前已经广泛应用于金属切削加工领域的刀具刃口结构有锐刃或锋刃、倒棱刃、消振刃、白刃与倒圆刃，如图 5.44 所示。

(1)倒棱又称负倒棱，它的主要作用是提高切削刃处的强度，从而提高刀具的使用寿命。在常规的使用中，硬质合金刀具在加工高强度材料、高温合金、脆性材料、复合材料和难加工材料时，切削刃需要进行倒棱处理。倒棱的宽度和被吃刀量的大小关系决定了切削过程中前刀面是否参与切削，当被吃刀量小于倒棱宽度时主要切削任务由倒棱部分承担，且温度场中的高温区多集中在倒棱上；当被吃刀量大于倒棱宽度时前刀面参与切削，高温区从倒棱转移到前刀面，如图 5.45 所示。

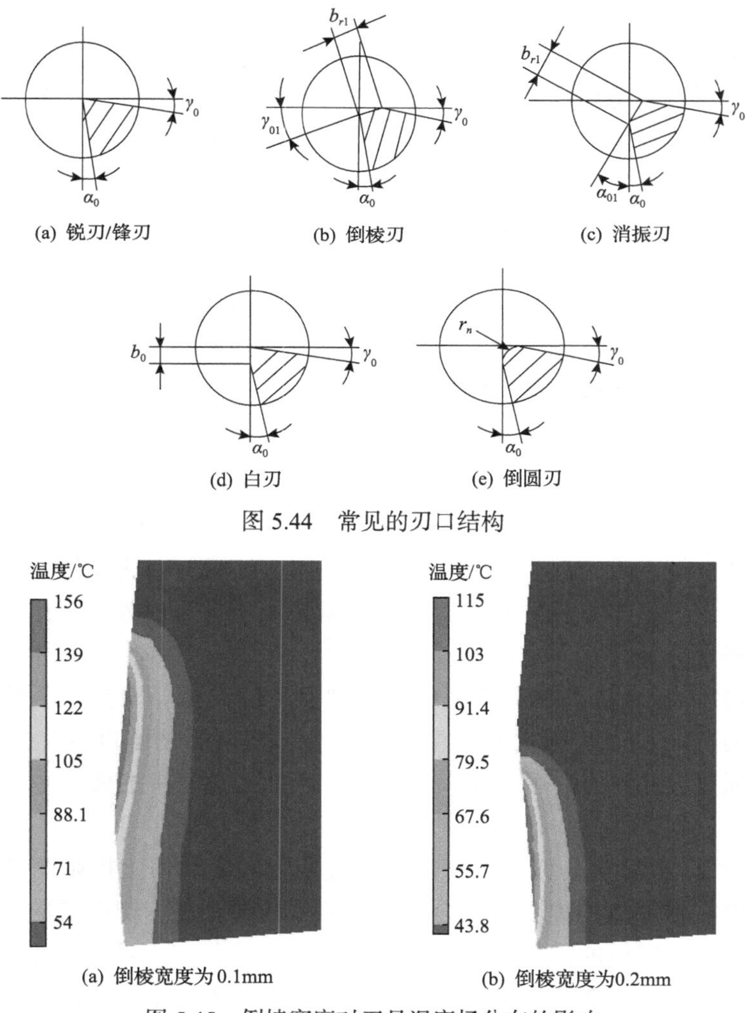

(a) 锐刃/锋刃　(b) 倒棱刃　(c) 消振刃

(d) 白刃　(e) 倒圆刃

图 5.44　常见的刃口结构

(a) 倒棱宽度为 0.1mm　(b) 倒棱宽度为0.2mm

图 5.45　倒棱宽度对刀具温度场分布的影响

倒棱刃是在刀具的切削刃处通过磨出负前角形成较窄的棱面而获得的切削刃。由于倒棱的角度与倒棱的宽度都会影响实际生产过程中加工区域内切削力的变化，所以合理地选择倒棱刃刃口结构参数，可以有效地减少切削过程中刀具磨损情况的发生，提高刀具使用寿命。特别是用插铣法加工过程中的硬质合金刀具，磨出倒棱刃可以使刀具的使用寿命得到显著提高。

(2) 刀尖圆角通常是在刀具前刀面上测量的，而刀具刃口倒圆则是在刀具的法剖平面中测量的。与倒棱的作用相似，倒圆的作用也是为了增强刀具切削刃的强度，从而提高刀具的耐用度。大量的分析表明，刀具倒圆半径的增大对刀具的耐冲击性有正的相关作用，且影响相对较大。同时倒圆半径的增大使其耐磨性相对降低，所以在设计刀具时应根据具体使用情况选择合理的倒圆半径。

倒圆刃是通过将切削刃进行研磨，获得比锐刃/锋刃的刃口钝圆半径更大的一种切削刃。拥有此类刃口结构的切削刃在进行常规金属切削加工过程中，可以降低刀具的磨损率，提高刀具的使用寿命，同时可以提高已加工材料的表面质量，也可以有效降低经济成本。

不同刃口结构的切削刃对切削加工的影响各不相同，倒圆刃与倒棱刃对降低刀具磨损率、提高刀具使用寿命都有着显著的影响。

构造刀具的几何形状中刀具角度是一个重要的参数，在机械加工时，选择合理的刀具角度，能够降低刀具能耗，提高劳动生产率。因此，在分析刀具性能或设计刀具时，要对刀具角度进行全面的分析和总结。刀具角度主要包括以下参数：

(1) 刀具的前角是刀具的前刀面与基面的夹角。刀具前角的大小会对加工材料表面的塑性变形情况、切削刃的强度和加工区域的散热条件等有着直接的影响，同时还会影响刀具的磨损程度、切屑的产生与排出等。因此，刀具前角的合理选择十分重要。

(2) 刀具的后角是刀具的后刀面与切削平面的夹角。刀具后角的大小会影响刀具后刀面与加工表面之间的摩擦力大小、切削刃的强度等，并且加工工件的表面质量、刀具的使用寿命以及实际生产加工过程中的效率也会受到相应的影响。

(3) 刀具的主偏角是刀具主切削刃与进给方向在基面上投影的夹角。刀具主偏角能够在较大范围内变动，会对加工残留面积高度、切削层的形状、切削刃的强度、加工区域的散热情况、切削力的分布情况、切屑的排出方向产生影响，但主偏角过大会造成加工过程中刀柄的颤振，严重影响工件的已加工表面质量、刀具使用寿命等。

(4) 刀具的刃倾角是刀具主切削刃与基面的夹角。刀具刃倾角的大小会影响切屑的排出情况、刀具切入切出的稳定性、加工区域的散热情况，同时加工材料的表面质量、刀具的使用寿命以及实际生产加工过程中的效率也会随之受到影响，因此合理的刃倾角的选择尤为重要。

5.3.2　刀具刃口结构对加工过程影响分析

利用 DEFORM-2D 仿真软件，以硬质合金插铣刀为对象，建立 Cr13 插铣加工二维切削仿真模型，对比分析刃口钝圆半径、倒棱角度及倒棱宽度等刀具结构参数对加工过程中切削区域切削温度与刀具磨损的影响，为优化刀具结构设计提供理论基础。

利用 DEFORM-2D 仿真软件对不同刃口结构的刀具建立切削仿真模型的过程与在 DEFORM-3D 中的建模过程相似，但与之相比刀具和加工材料几何参数的设定较为方便。图 5.46 为 DEFORM-2D 仿真软件前处理过程中刀具和加工材料几何参数的设定。

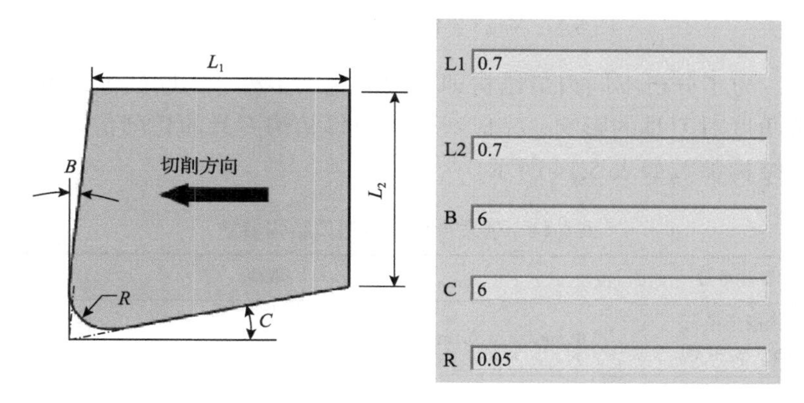

(a) 刀具参数

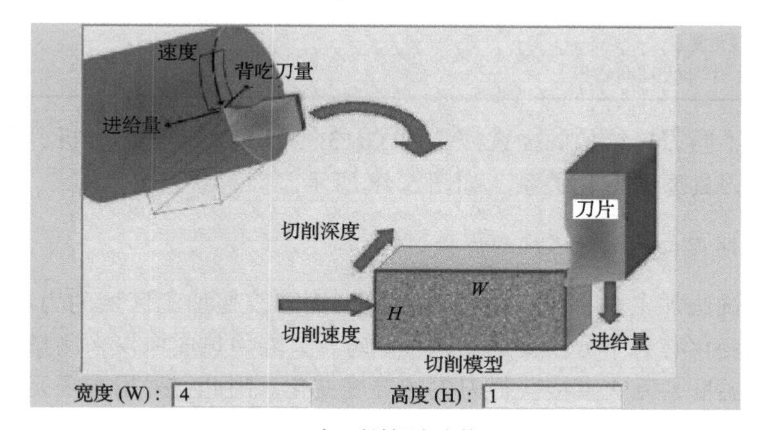

(b) 加工材料几何参数

图 5.46　刀具和加工材料几何参数设定

由于插铣法是以刀具沿 Z 轴做往复圆周运动的方式进行切削加工的，为了方便分析不同刃口结构的刀具在切削过程中对加工区域的温度以及刀具磨损率的影响，将圆周运动设定为直线运动。因此，加工材料的宽度为 4mm，高度为 1mm，并且对加工区域的刀具和工件材料进行网格结构细化，如图 5.47 所示。

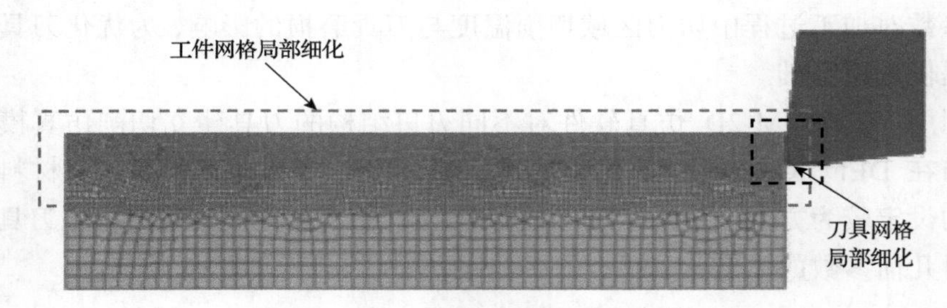

图 5.47 Cr13 不锈钢二维切削仿真模型

同时，为了分析不同刃口结构即不同的钝圆半径、不同的倒棱宽度以及不同的倒棱角度对刀具的影响，完成对不同刃口结构刀具的切削仿真试验，设置刀具刃口结构参数如表 5.14 所示。

表 5.14 硬质合金刀具刃口结构参数

刃口结构参数	取值				
刃口钝圆半径 r_n（γ_0=6°，α_0=12°）	0.05mm	0.1mm	0.15mm	0.2mm	0.25mm
倒棱宽度 b（γ_0=6°，α_0=12°，φ=10°）	0.1mm	0.15mm	0.2mm	0.25mm	0.3mm
倒棱角度 φ（γ_0=6°，α_0=12°，b=0.2mm）	5°	10°	15°	20°	25°

基于不同刃口结构的插铣刀铣削 Cr13 不锈钢二维仿真分析，得到切削区域温度与刀具磨损变化关系，如图 5.48 所示。

1. 不同刃口结构对温度的影响

在插铣法加工过程中，不同的刃口结构会改变加工区域的力-热特性，对刀尖温度变化有着十分重要的影响。同时，只能用热成像仪来测量实际生产加工区域的温度，无法直接获得刀尖的温度变化。因此，采用有限元仿真分析代替切削加工试验，不仅可以有效提高对不同刃口结构刀具加工区域温度变化规律的分析速度，还能降低试验成本。

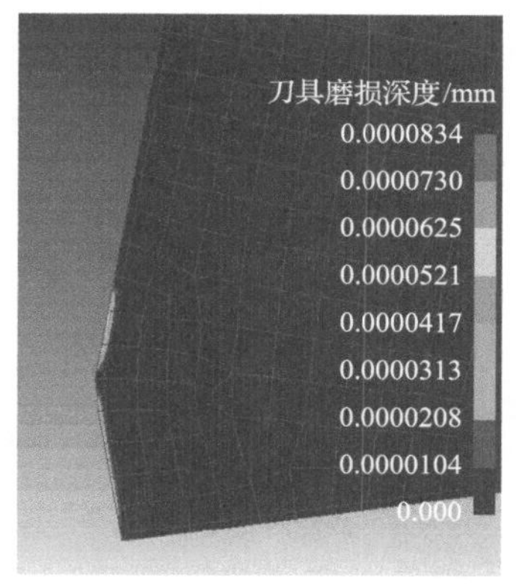

(a) 刀具磨损情况

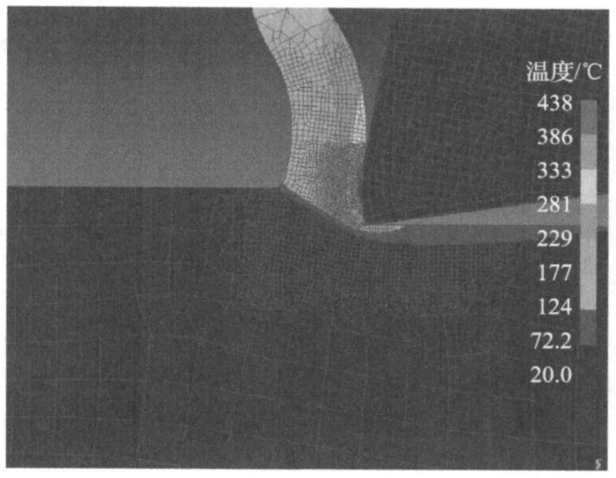

(b) 加工区域温度

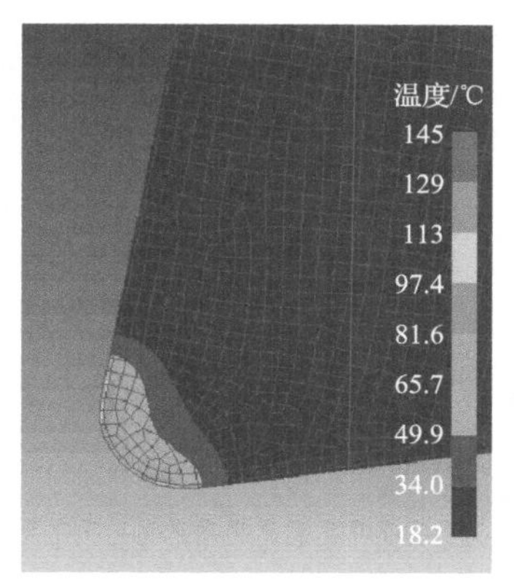

(c) 刀尖区域温度分布

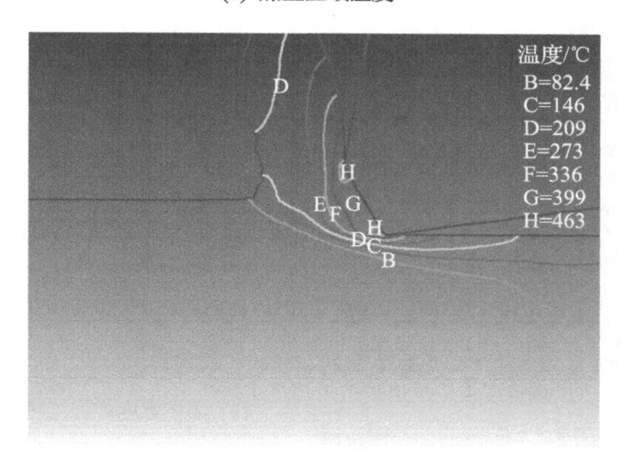

(d) 加工材料温度分布

图 5.48　切削区域温度与刀具磨损变化关系

下面以切削仿真数据为基础，通过修改刀具的刃口结构分析加工区域温度的变化规律。图 5.49 为不同刃口结构对切削区域温度的影响。对结果进行分析发现，刃口钝圆半径增大(图5.49(a))，刀具前刀面与切屑的接触面积以及后刀面与加工材料表面的接触面积增加，摩擦力增大，刀尖处由于无法及时散热，加工区域的整体温度逐渐升高。

不同倒棱结构切削刃加工区域温度变化如图 5.49(b)和(c)所示，在一定的切削参数下，当规定倒棱宽度不变时，加工区域的温度随倒棱角度的增加而升高；当倒棱角度为固定值时，加工区域的温度随着倒棱宽度的增加在一定范围内先降低后升高，而且当倒棱宽度超过一定的数值时，加工区域的温度会显著升高。

2. 不同刃口结构对磨损的影响

为了分析不同刃口结构对刀具磨损的影响规律，在相同时间内进行切削加

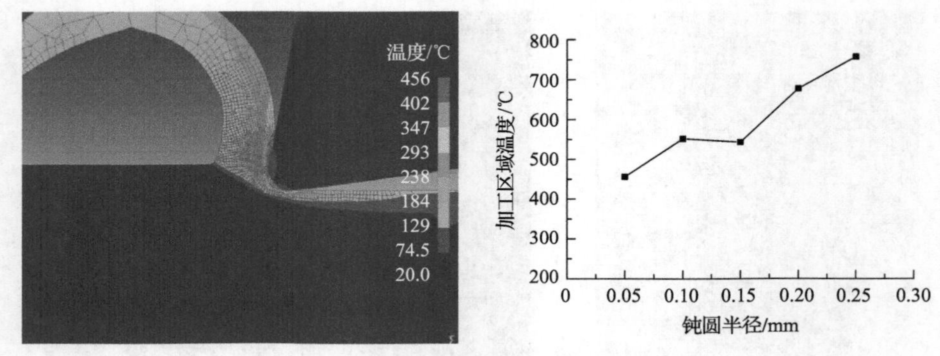

(a) 刃口钝圆半径与加工区域温度变化关系

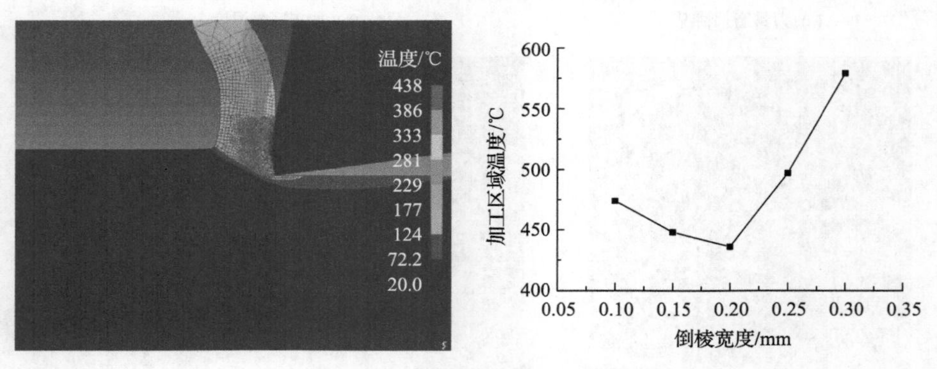

(b) 倒棱宽度与加工区域温度变化关系

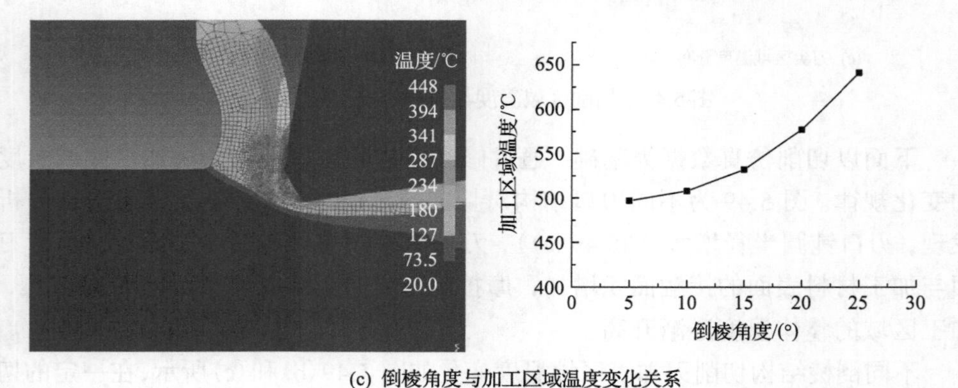

(c) 倒棱角度与加工区域温度变化关系

图 5.49　不同刃口结构对切削区域温度的影响

工试验并观察刀具磨损量变化规律。图 5.50 为改变刀具刃口钝圆半径以及倒棱刃的倒棱角度与倒棱宽度对刀具磨损的影响情况。

由图 5.50(a)可以看出，当刀具刃口钝圆半径小于一定的数值时，在单位时间内刀具磨损情况较为剧烈，引发此现象的原因在于刃口钝圆半径过小、刀

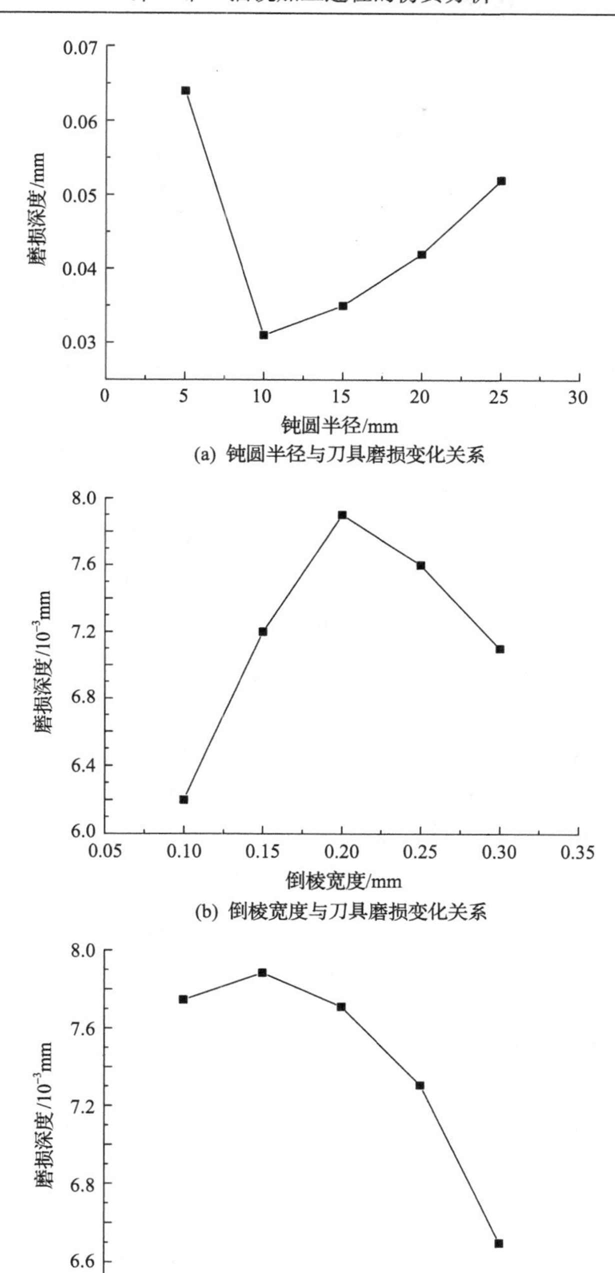

(a) 钝圆半径与刀具磨损变化关系

(b) 倒棱宽度与刀具磨损变化关系

(c) 倒棱角度与刀具磨损变化关系

图 5.50　不同刃口结构对刀具磨损的影响

尖强度不足，在切削过程中因磨粒磨损或微崩刃等现象的出现，进一步降低了刀尖强度导致刀具磨损剧烈。刀尖强度随着刃口钝圆半径的增大而增强，使刀具在单位时间内的磨损量有所降低。然而，当刃口钝圆半径大于一定数值时，加工区因散热不足，刀尖区域温度过高，刀具磨损机理发生变化，使刀具磨损量增加，提前失效。因此，刃口钝圆半径的合理选择至关重要。

图 5.50(b)为倒棱角度为固定值时，倒棱宽度与刀具磨损的变化关系。经对比分析发现，当倒棱宽度为 0.1mm 时，倒棱相对较窄，刀尖处可以近似地看成锐刃，同时又由于倒棱的存在，提高了刀尖强度，使刀具磨损量相对较低；当倒棱宽度增加至 0.2mm 时，由于倒棱的宽度大于进给量，严重影响了切屑的排向，甚至部分切屑会残留在待加工表面，使刀具在切削过程中对残余切屑进行了二次加工，引发刀具过度磨损，而此时大部分前刀面与切屑并没有发生摩擦或摩擦相对较少，使此阶段加工区域温度较低；当倒棱宽度继续增大时，刀尖处可视为只拥有负前角的刀具，倒棱已失去其存在的意义，虽然此阶段刀具磨损量降低，但由此改变的加工环境带来的连锁反应，会加剧刀具的磨损。

当倒棱宽度为固定值时，分析倒棱角度与刀具磨损的变化关系如图 5.50(c)所示。随着倒棱角度的增加，刀具整体磨损趋势逐渐降低。但由于倒棱角度过度增大，刀尖区域所承受的应力增加，摩擦力增大，同时产生的热能增加，加工区域的温度升高，刀具磨损机理发生改变，使刀具磨损加剧。

在切削过程中，刀具磨损不仅受到切削参数的影响，还会因刃口结构的差异而受到不同的影响，同时刃口结构还会影响加工材料的表面质量，因此刃口结构的合理选择十分重要。这里使用山高公司的 SCET120612T-M14 刀具，以延缓刀具磨损、提高刀具使用寿命为目的，对倒圆刃与倒棱刃两种刃口结构的刀具进行了切削仿真。

根据仿真结果对倒圆刃与倒棱刃两种切削刃结构参数进行优选，主要以倒圆刃的刃口钝圆半径以及倒棱刃的倒棱宽度与倒棱角度对刀具磨损的影响为依据，并结合加工区域的温度变化，获得较为适合的结构参数。对倒圆刃的优选结果：刃口钝圆半径 r_n=0.15mm。对倒棱刃的优选结果：倒棱角度 φ=15°，倒棱宽度 b=0.15mm。

刀具作为具有既定功能的金属切削工具，其性能除了取决于刀具材料和涂层，还取决于刀具自身的几何参数。刀具的几何参数决定了刀具的几何形状，同时关系着切屑、刀具与切屑、刀具与已加工表面三者之间的变形和相互作用，因而影响着切削力、切削温度以及刀具磨损，同时还影响着工件的表面质量、形状等。因此，了解并合理地设计和使用刀具会让金属切削过程变得非常顺利。

第 6 章　水斗设计及转轮数控加工

近年来，国家对电力装备提出新的要求，特别是对水电机组的容量提出更高的要求，因此给水电机组设备的加工带来了巨大的机遇与挑战。结构强度是水斗设计的重要环节，它是保证机组安全稳定运行的前提。本章从水斗水力效率、结构强度及可加工性、材料选用等方面介绍冲击式水轮机水斗的结构设计及水斗插铣加工工艺规划。

6.1　冲击式水轮机水斗内部设计

6.1.1　水斗内部流动理论分析

冲击式水轮机转轮由沿着圆周方向紧密排列的水斗构成，而水斗表面由数量繁多的自由曲面组成，这导致水斗结构非常复杂、开放性很差，因而给水斗的数控加工带来较大的困难。如果水斗正面和背面过渡曲面的曲率较大，那么用于加工该曲面的数控铣刀直径就要减小，从而增大铣刀的长径比。铣刀长径比的增加，将会引起刀具挠曲变形以及刀柄振动等问题，这将严重降低水斗表面的加工精度和加工质量，甚至造成刀具损坏。数控加工水斗正面时铣刀长径比将达到 15∶1，甚至更高。以往水斗结构设计中考虑更多的是水力特性和强度特性，对工艺性的考虑不足，这不仅加大了水斗数控加工的难度，有时甚至根本无法实现加工，只能用铲磨成型，而铲磨成型无法满足设计的型线要求，也就失去了设计的实际意义。良好的结构设计只有通过选择合适的材料和精准的加工制造，才能变成优秀的产品[33]。

图 6.1 为冲击式水轮机水斗结构示意图。图中左侧线框中的区域对水力效率影响显著，是水力设计人员的关注重点；而右侧线框中的区域对水斗强度影响显著，是强度设计人员的关注重点。可见，强度影响区和水力效率影响区是彼此分开的，因此水斗的强度设计和水力设计并不矛盾。由于水斗结构复杂、开放性差，在强度设计和水力设计过程中都要考虑水斗可加工性的要求。

冲击式水轮机中，水斗与射流相互作用的数学模型可以基于动量定理进行推导，通过理论推导可以获得各个设计参数对水轮机水力效率的影响。

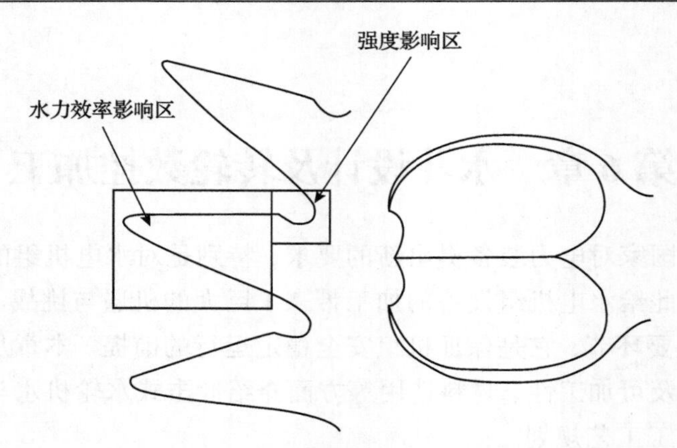

图 6.1　冲击式水轮机水斗结构示意图

沿水斗运动方向，对射流段运用动量定理：

$$F_u \cdot \Delta t = m\left(W_{1u} - W_{2u}\right) \tag{6.1}$$

式中，Δt 为时间段；W_{1u} 为进口相对速度方向的分量；W_{2u} 为出口相对速度方向的分量；F_u 为水斗对射流的作用力在相对速度方向上的分量；m 为流体质量。

Δt 时段内受力流体的质量为

$$m = \frac{Qr}{g}\Delta t \tag{6.2}$$

式中，Q 为流量；r 为重度；g 为重力加速度。

那么，有

$$F_u = \frac{Qr}{g}\left(W_{1u} - W_{2u}\right) \tag{6.3}$$

定义水斗运动速度 v 与射流速度 v_1 之比为速度比，即

$$\psi = \frac{v}{v_1}$$

由此可得

$$W_1 = v_1\sqrt{1 + \psi^2 - 2\psi\cos\alpha_1} \tag{6.4}$$

$$W_2 = W_1$$

$$W_{1u} = v_1\sqrt{1+\psi^2 - 2\psi\cos\alpha_1}\cos\beta_1 \tag{6.5}$$

$$W_{2u} = v_1\sqrt{1+\psi^2 - 2\psi\cos\alpha_1}\cos\beta_2 \tag{6.6}$$

式中，W_1 为进口相对速度；W_2 为出口相对速度；α_1 为射流速度 v_1 与水斗运动速度 v 的夹角；β_1 为进口相对速度 W_1 与水斗运动速度 v 的夹角；β_2 为出口相对速度 W_2 与水斗运动速度 v 的夹角。那么有

$$F_u = \frac{Qr}{g}v_1\sqrt{1+\psi^2 - 2\psi\cos\alpha_1}\left(\cos\beta_1 - \cos\beta_2\right) \tag{6.7}$$

按牛顿第三定律，射流对水斗施加的功率为

$$N = F_u v = \frac{Qr}{g}\psi v_1^2\sqrt{1+\psi^2 - 2\psi\cos\alpha_1}\left(\cos\beta_1 - \cos\beta_2\right) \tag{6.8}$$

水轮机投入的功率为

$$N_w = HQr \tag{6.9}$$

式中，H 为水头。

射流线速度为

$$v_1 = \phi\sqrt{2gH} \tag{6.10}$$

$$v_1^2 = \phi^2 \cdot 2gH \tag{6.11}$$

式中，ϕ^2 为喷嘴效率。

最后得到冲击式水轮机原理模型的基本方程为

$$\eta = 2\psi\phi^2\sqrt{1+\psi^2 - 2\psi\cos\alpha_1}\left(\cos\beta_1 - \cos\beta_2\right) \tag{6.12}$$

式中，η 为效率。

实际流体在流过水斗表面时存在水力损失，具体反映在出口相对速度的降低。令

$$W_2 = \zeta W_1 \tag{6.13}$$

式中，ζ 为射流在水斗表面上的能量损失系数。于是，基本方程(6.12)变为

$$\eta = 2\psi\phi^2\sqrt{1+\psi^2-2\psi\cos\alpha_1}\left(\cos\beta_1-\zeta\cos\beta_2\right) \tag{6.14}$$

式(6.12)、式(6.14)给出了冲击式水轮机原理模型特性与其水力参数、运动参数、结构参数之间的数量关系，可为水轮机的设计提供理论指导，从而得到能量参数更高的水轮机。

6.1.2 水斗内部流动数值分析

本节针对两种不同的斗型，采用计算流体动力学技术进行数值模拟分析，并比较两种斗型与射流相互作用的流态情况。

冲击式水轮机内部流态模拟属于两相流(气液两相)范畴，两相流建模的基本模型有均相流模型(homogeneous flow model)和非均相流模型(inhomogeneous flow model)，其中非均相流模型适用于两相混合后再分离的情况。在冲击式水轮机的模拟中，假设气液两相均为黏性不可压的，对于不同的相，各传输量(速度、压力及湍流量)相同。在此假设下采用非均相流模型虽然相比采用均相流模型能够得到稍好一点的结果，但它会耗费较多的计算时间，综合考虑本节采用均相流模型。

对于一定的传输过程，均相流模型假设对所有相的所有传输量(除体积分数外)均相同，即

$$\varphi_\alpha = \varphi,\quad 1 \leqslant \alpha \leqslant N_p$$

式中，N_p 表示各传输量(速度、压力、密度、体积分数等)。

由于各传输量在均相流模型中共享，只需求解公共场的传输方程，而不需针对不同相分别进行求解。公共场的传输方程可由各相的传输方程推导出统一形式：

$$\frac{\partial}{\partial t}(\rho\phi) + \nabla\cdot(\rho U\phi - \Gamma\nabla\phi) = S \tag{6.15}$$

式中，∇ 为梯度；

$$\rho = \sum_{\alpha=1}^{N_p} r_\alpha\rho_\alpha,\ U = \frac{1}{\rho}\sum_{\alpha=1}^{N_p} r_\alpha\rho_\alpha U_\alpha,\ \Gamma = \sum_{\alpha=1}^{N_p} r_\alpha\Gamma_\alpha \tag{6.16}$$

对于均相流模型，假设动量传输中 $U_\alpha = U$ ，则动量方程可以简化为

$$\frac{\partial}{\partial t}(\rho U) + \nabla\cdot\left[\rho U\otimes U - \mu\left(\nabla U + U^{\mathrm{T}}\right)\right] = B - \nabla p \tag{6.17}$$

式中，B 为表面张力；

$$\rho = \sum_{\alpha=1}^{N_p} r_\alpha \rho_\alpha, \quad \mu = \sum_{\alpha=1}^{N_p} r_\alpha \mu_\alpha \tag{6.18}$$

另外，本节采用基于流体积分(volume of fluid, VOF)方法的连续表面张力模型，将表面张力以体积力的形式作用在自由表面：

$$B = \sigma\kappa\nabla r + rg \tag{6.19}$$

式中，κ 为界面曲率，$\kappa = -\left(\nabla \cdot \frac{n_0}{|n_0|}\right)$，$n_0$ 为法向矢量；σ 为表面张力系数；r 即 $r(x,y,z,t)$，称为体积分数，是用 VOF 方法定义的流体体积标量函数。

根据质量守恒定律，$r(x,y,z,t)$ 的运动方程为

$$\frac{\partial r}{\partial t} + (U \cdot \nabla) r = 0 \tag{6.20}$$

当 $r(x,y,z,t)=0$ 时，单元网格充满气相；当 $r(x,y,z,t)=1$ 时，单元网格充满液相；当 $0 < r(x,y,z,t) < 1$ 时，单元网格包含两种流体，为气液交界面。

为了得到高精度的边界层信息及充分发展的湍流流动信息，本节采用 k-ω SST(shear stress transport, 剪切应力传输)和 k-ε SST 两方程模型进行湍流模拟。它是一种在工程上得到广泛应用的混合模型，在近壁区应用 k-ω 模型，在远离壁面的区域应用 k-ε 模型，从而同时保证了 k-ω 模型在求解边界层方面的优势以及 k-ε 模型在求解远离壁面区充分发展的湍流流动的优势。

6.1.3　冲击式水轮机水斗高应力区结构设计

冲击式水轮机水斗在工作中承受剧烈的交变冲击载荷，极易发生裂纹和断斗事故。针对这一强度问题，本节以水力设计获得的冲击式水轮机水斗结构为基础，对水斗根部高应力区展开结构优化设计。对水斗应力水平影响显著的因素包括水斗根部曲率均匀度、水斗根部深度和水斗根部厚度，因此本节重点分析这三个主要因素对水斗应力水平的影响，并对水斗高应力区进行结构优化以及强度分析。

运用 UG NX 软件对冲击式水轮机水斗进行三维实体建模，并将模型文件导入 ANSYS 软件。这里分析的冲击式水轮机包含 21 个水斗和 6 个喷嘴，考虑

到水斗结构和载荷的特殊性，切取包含 5 个水斗的分析模型，并采用三维实体单元对模型进行网格划分，如图 6.2 所示。因为水斗根部结构复杂、曲率变化大而且应力最高，所以为了保证水斗应力水平的计算精度，在水斗根部进行了网格加密处理。

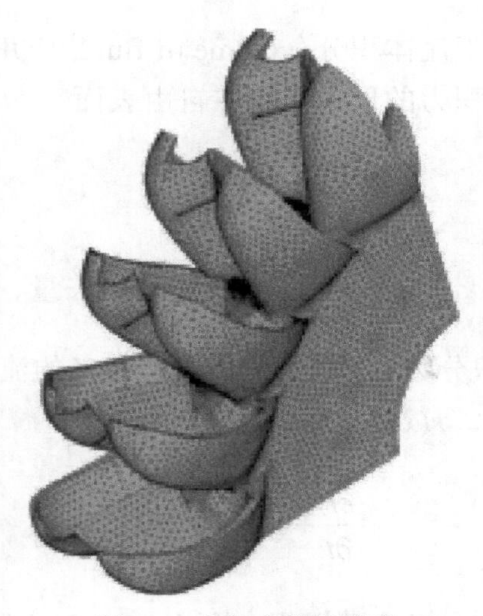

图 6.2 水斗有限元模型

冲击式水轮机水斗工作时承受着喷管射流的交变冲击载荷，且射流冲击在水斗内表面上形成变化的压力场，可见水斗受力复杂、不易模拟。通常可以近似地认为来自喷管的射流力主要作用在三个相邻的水斗上，其中中间的水斗承受 1/2 的射流力，两侧的水斗分别承受 1/4 的射流力。

根据水轮机额定功率、额定转速、节圆直径以及喷管数，可以计算出单个喷管产生的射流力，计算公式为

$$F = \frac{60N_r \times 10^6}{\pi n_r Z_0 D_1} \tag{6.21}$$

式中，F 为单个喷管产生的射流力；N_r 为额定功率；n_r 为额定转速；Z_0 为喷管数；D_1 为节圆直径。

以本节水斗结构和参数为基础，利用式(6.21)可得到冲击式水轮机转轮承受的单个喷管射流力，将该射流力等效为面压力施加在水斗射流直径范围内，即

$$p = 4F / (\pi D_0^2) \tag{6.22}$$

式中，p 为单个喷管射流力等效压力；D_0 为射流直径。

水斗应力水平有限元分析的边界条件和载荷如图 6.3 所示。为了模拟近似周期循环的水斗结构，在第 1 个和第 5 个水斗的外侧面施加周期循环对称边界条件，如图 6.3(a)所示；为防止水斗模型产生刚体位移，在水轮机主轴与转轮连接螺栓处，约束相应节点的自由度，模拟水斗与旋转轴的连接方式，即法兰约束，如图 6.3(b)所示；通常可以近似地认为来自喷管的射流力主要作用在 3 个相邻的水斗上，因而在中间的 3 个水斗射流直径范围内施加等效压力载荷，如图 6.3(c)所示；为模拟转轮转速引起的离心力作用，还要在有限元模型上施加转轮转动方向的转速载荷，如图 6.3(d)所示。

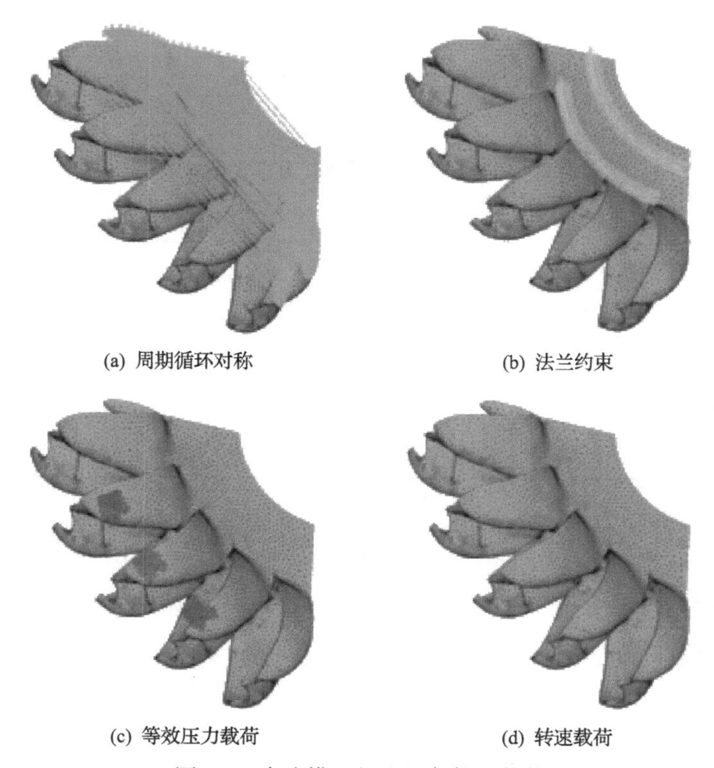

(a) 周期循环对称　(b) 法兰约束

(c) 等效压力载荷　(d) 转速载荷

图 6.3　水斗模型的边界条件和载荷

根据水斗在机组运行过程中的受力特点，这里只分析正常运行工况和纯离心力工况这两个主要工况。在正常运行工况下，水斗承受喷管产生的射流力和转轮高速转动引起的离心力作用；而在纯离心力工况下，不考虑喷管产生的射流力对水斗的作用，只考虑转速引起的离心力作用。两工况下的水斗载荷数据如表 6.1 所示。

表 6.1　不同工况下的水斗载荷数据

参数	工况	
	正常运行	纯离心力
第 2 个和第 4 个水斗水压力/MPa	3.614	0
第 3 个水斗水压力/MPa	7.228	0
转速/(r/s)	22.44	22.44

水斗材料选用 Cr13Ni4Mo 不锈钢，其力学性能如表 6.2 所示。根据国内外水轮机生产厂家的设计经验和试验数据，确定了水斗的许用应力。因为冲击式水轮机水斗主要承受来自喷管的交变射流力，而此交变射流力正是水斗裂纹甚至断斗事故产生的根源，所以在水斗的强度考核中，要重点关注水斗根部许用交变应力幅值和平均值。

表 6.2　水斗材料及其力学性能　　(单位：MPa)

参数	取值
强度极限 σ_b	750
屈服极限 σ_s	550
正常运行许用应力	$\sigma=\min\{\sigma_s/3,\sigma_b/5\}=150$
水斗根部许用交变应力幅值	$\sigma=30$
水斗根部许用交变应力平均值	$\sigma=60$

水斗根部是应力水平最高的区域，该区域的最大综合应力、平均应力和交变应力幅值都应该严格符合相应的许用标准。然而，水斗根部的局部结构形式对转轮水力参数的影响非常小，几乎可以忽略不计。在工艺性方面，水斗结构复杂而且开放性差，水斗根部是最难加工的部位。因此，针对水斗根部的工艺性，展开对水斗根部的结构优化研究是十分必要的。

1. *曲面曲率分析*

水斗根部曲面最大内切球的直径决定了数控加工可以采用的铣刀的最大直径。如果水斗正面和背面之间的过渡曲面曲率较大，即最大内切球直径较小，那么铣刀的直径就必须随之减小，如图 6.4(a)所示。由于水斗整体结构尺寸不变，那么铣刀刀柄的长度就不变，最终导致铣刀长径比增大，刀具振动以及刀具刚度弱等问题变得更加突出，给水斗数控加工带来更大的困难。

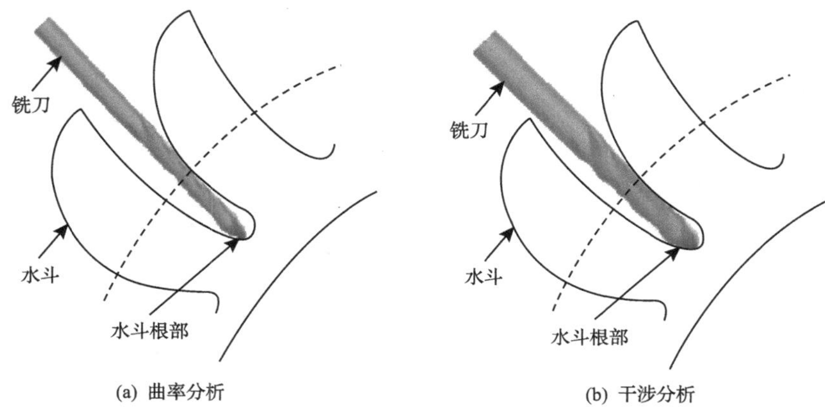

(a) 曲率分析　(b) 干涉分析

图 6.4　工艺性分析示意图

对于该问题，最直接的措施就是适当调整水斗正面和背面之间的过渡曲面，使其曲率变化均匀，避免出现曲率突变的情况。有些情况下，为了保证过渡曲面曲率变化均匀且曲率不过大，水斗根部的卸荷面深度可能会增加；尽管卸荷面深度增加会使此处应力水平稍微升高，但是考虑到水斗数控可加工性的大幅度提升，这也是非常值得的。关键要在水斗结构设计中，做到既保证强度要求，又具有很好的工艺性。

2. 刀具与曲面干涉分析

水斗紧密地排列在转轮圆周上，造成水斗根部的开放性很差、加工空间有限，这在水斗数目较多的转轮加工中表现得尤为突出。如图 6.4(b)所示，尽管水斗根部过渡曲面曲率变化均匀，且曲面最大内切球直径较大，但是分水刃与卸荷面过渡处存在刀具直线不可到达的情况。

对于此类问题，就需要尝试采用直径更小的数控铣刀来完成水斗加工。如果曲面干涉严重，甚至有可能无法通过数控机床完成水斗加工，而只能采用手工打磨的方式实现。避免此类问题最有效的措施就是在冲击式水轮机转轮设计过程中，对结构的工艺性予以周密的考虑。

因此，以某冲击式水轮机转轮结构为基础，对其水斗根部卸荷面进行基于工艺性的结构优化设计。

水斗根部卸荷面结构优化方案如图 6.5 所示。图 6.5(a)为原结构方案，由于水斗正面和背面的过渡面曲率不均匀，某位置曲率偏大，因而只能采用直径约为 32mm 的铣刀进行加工。水斗空间有限，铣刀最小长度约为 600mm，因此加工该结构的铣刀长径比要达到 18.75，这是很难实现的。图 6.5(b)～(e)为

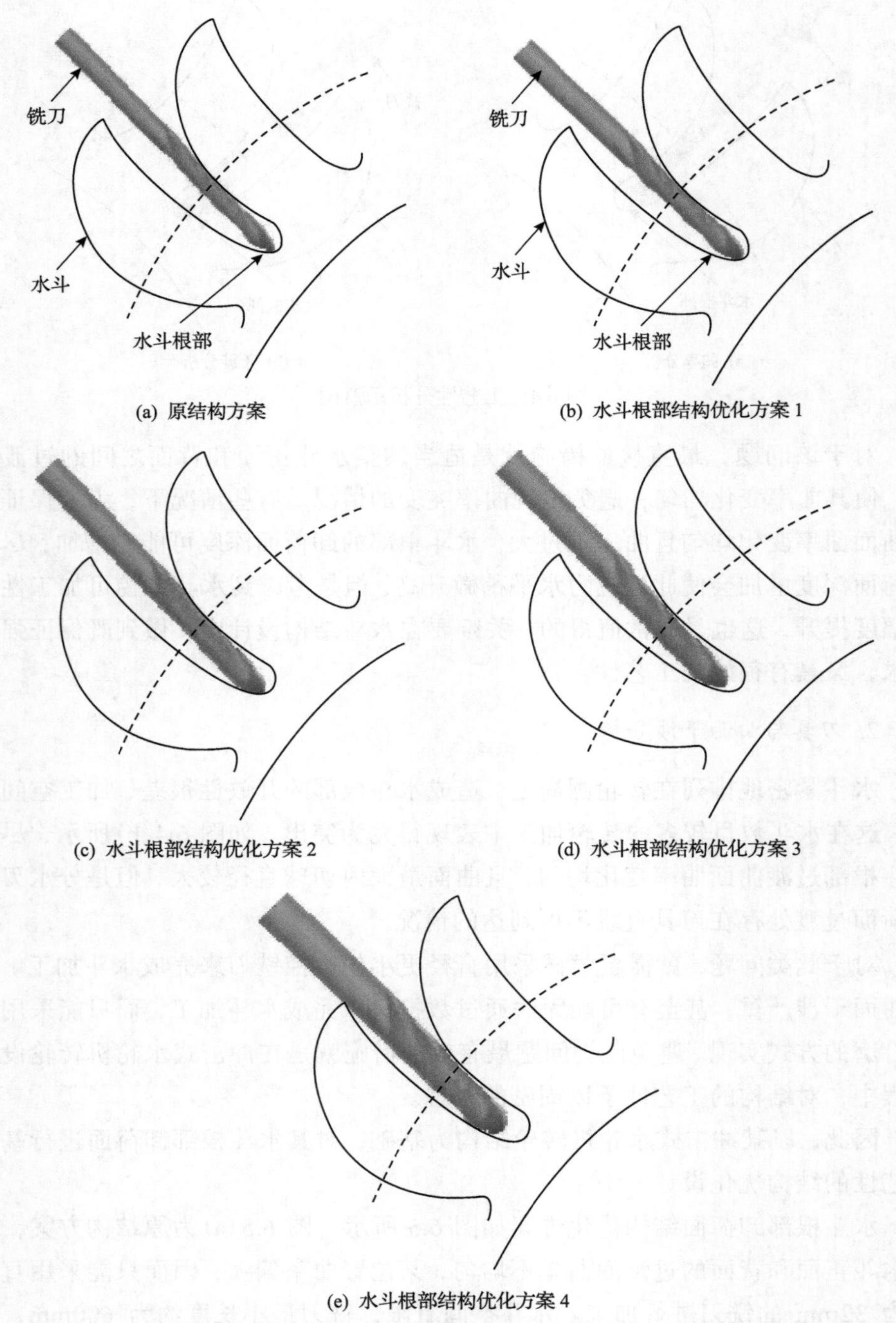

图 6.5　水斗根部卸荷面结构优化方案示意

水斗根部结构优化方案，通过调整卸荷面的过渡型线，使曲率分布更均匀，同时降低了最大曲率。各个方案可以采用的铣刀直径分别约为 40mm、50mm、60mm 和 70mm，对应的铣刀长径比分别约为 15、12、10 和 8.5。可见通过对水斗结构进行合理的调整，能够有效降低铣刀长径比，减小工艺加工难度。

3. 应力水平影响因素确定

机组运行过程中水斗根部的应力水平最高，因而水斗根部也成为最易发生破损的位置。由于水斗根部结构复杂而且曲面变化剧烈，所以水斗根部结构的微小变化都可能改变其应力分布。在当前水斗结构设计中，往往只是盲目地调整水斗根部结构，以期获得较低的应力水平，这种不科学的做法并不能带来十分满意的结果。因此，本节对水斗根部结构进行深入分析，并确定影响应力水平的几个主要因素，如图 6.6 所示，分别是水斗根部曲率均匀度、水斗根部深度和水斗根部厚度。

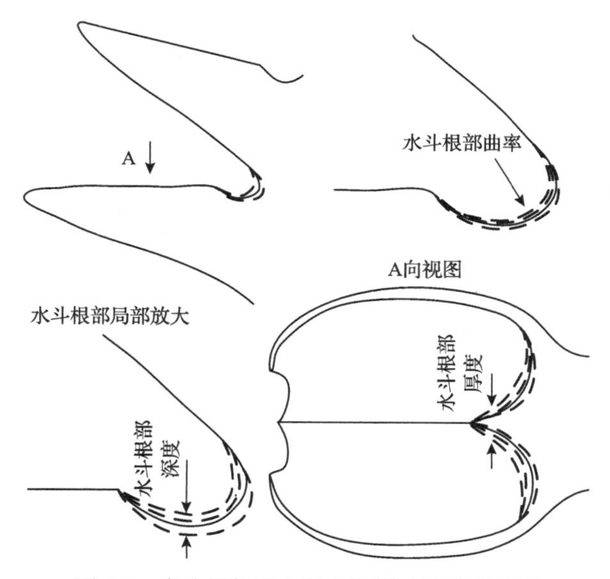

图 6.6　水斗根部应力的主要影响因素示意图

(1) 水斗根部曲率均匀度可以看成水斗根部不同位置的深度均匀度，其示意图如图 6.7 所示，图中显示的是应力缺口曲面不同曲率的变化情况，由下至上分别为方案 A1～A6。分别建立各个结构方案的有限元模型，并施加相应的边界条件和载荷，最终得到各个结构方案的应力结果，如表 6.3 所示。由表中数据对比可以看出，随着水斗根部根曲率均匀度的调整(调整是为了使水斗内部曲面光顺，小曲面拼接处通过几何连续和参数连续方式来调整），水斗根部应力水平逐渐降低。其中，方案 A6 的应力水平最低，是水斗根部曲率均匀度最终优化方案，优化以后综合应力降低 8.9%，交变应力幅值降低 7.2%，交变应力平均值降低 5.7%。

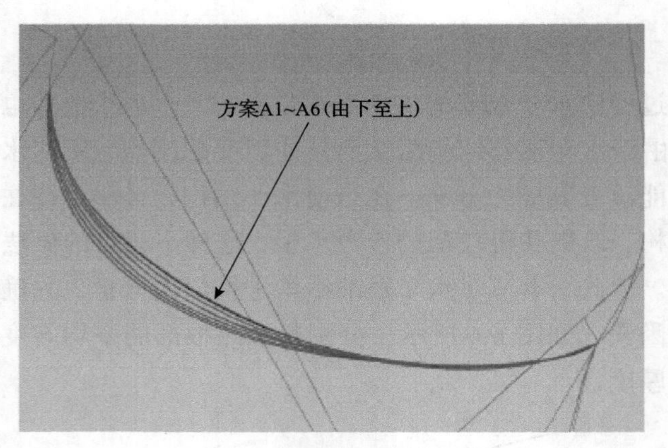

图 6.7　水斗根部曲率均匀度示意图

表 6.3　水斗根部曲率均匀度对应力水平的影响

水斗根部曲率均匀度方案编号	综合应力/MPa	交变应力/MPa	
		幅值	平均值
A1	48.87	15.45	29.65
A2	48.06	15.25	29.15
A3	46.86	15.22	29.10
A4	45.30	14.73	27.81
A5	44.81	14.61	27.51
A6	44.53	14.33	27.95
优化后应力变化百分比	–8.9%	–7.2%	–5.7%

(2) 水斗根部深度是指水斗根部（水斗与旋转轴或轮盘连接部分）的几何尺寸。水斗根部深度如图 6.8 所示，图中显示的是应力缺口不同深度的情况，由下至上分别为方案 B1～B5，其中方案 B3 就是水斗根部曲率均匀度优化方案 A6。同样分别建立各个结构方案的有限元模型，并施加相应的边界条件和载荷，最终得到各个结构方案的应力结果，如表 6.4 所示。由表中数据对比可以看出，随着水斗根部深度的减小，水斗根部应力水平逐渐降低。其中方案 B5 的应力水平最低，是水斗根部深度最终优化方案，优化以后综合应力比方案 B3 降低

4.1%，交变应力幅值降低 4.5%，交变应力平均值降低 5.7%。

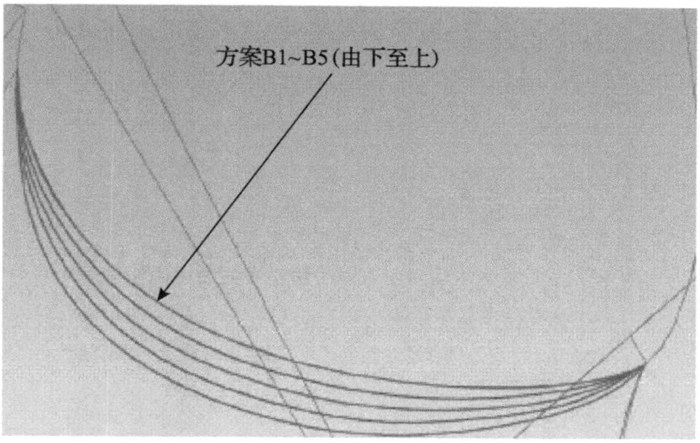

图 6.8　水斗根部深度示意图

表 6.4　水斗根部深度对应力水平的影响

水斗根部深度方案编号	综合应力	交变应力	
		幅值	平均值
B1	46.68MPa	14.71MPa	28.06MPa
B2	45.43MPa	14.46MPa	28.01MPa
B3(A6)	44.53MPa	14.33MPa	27.95MPa
B4	43.29MPa	13.98MPa	26.59MPa
B5	42.70MPa	13.69MPa	26.37MPa
优化后应力变化百分比	–4.1%	–4.5%	–5.7%

(3)水斗根部厚度是水斗与转轮轮盘连接的根部区域的厚度，如图 6.9 所示，图中显示的是应力缺口不同厚度的情况，由内至外分别为方案 C1～C5，其中方案 C3 就是水斗根部深度优化方案 B5。同样分别建立各个结构方案的有限元模型，并施加相应的边界条件和载荷，最终得到各个结构方案的应力结果，如表 6.5 所示。由表中数据对比可以看出，随着水斗根部厚度的增加，水斗根部应力水平逐渐降低。其中方案 C5 的应力水平最低，是水斗根部厚度最终优化方案，优化以后综合应力比方案 C3 降低 3.8%，交变应力幅值降低 2.2%，交变应力平均值降低 5.0%。

根据水斗根部曲率均匀度、水斗根部深度和水斗根部厚度对水斗应力水平影响的研究，最终得到了该水斗根部的优化结构，即方案 C5。

图 6.10 显示了结构优化前后水斗正常运行工况下的综合应力分布，可见结

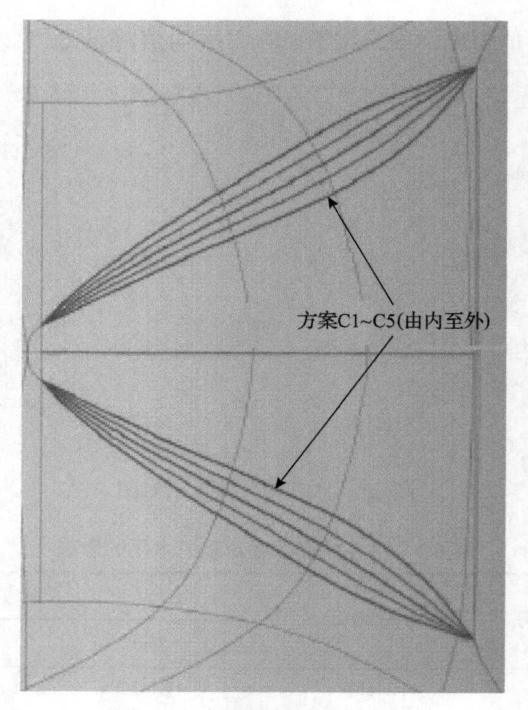

图 6.9　水斗根部厚度示意图

表 6.5　水斗根部厚度对应力水平的影响

水斗根部厚度方案编号	综合应力	交变应力	
		幅值	平均值
C1	43.85MPa	14.65MPa	27.37MPa
C2	42.92MPa	14.08MPa	26.31MPa
C3 (B5)	42.70MPa	13.69MPa	26.37MPa
C4	41.34MPa	13.72MPa	25.55MPa
C5	41.06MPa	13.39MPa	25.05MPa
优化后应力变化百分比	−3.8%	−2.2%	−5.0%

构优化后，水斗高应力区域受力更加均匀，而且应力水平大幅降低，最大综合应力从 48.87MPa 下降到 41.06MPa，小于 60MPa，满足设计要求。图 6.11 显示了结构优化前后水斗的交变应力幅值分布，可见结构优化后，水斗高应力区域交变应力分布更均匀，最大交变应力幅值从 15.45MPa 下降到 13.39MPa，小于 30MPa，满足设计要求。

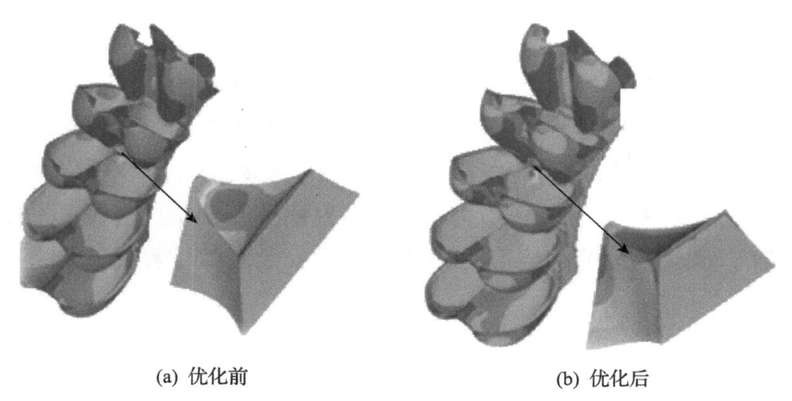

(a) 优化前　(b) 优化后

图 6.10　水斗综合应力分布

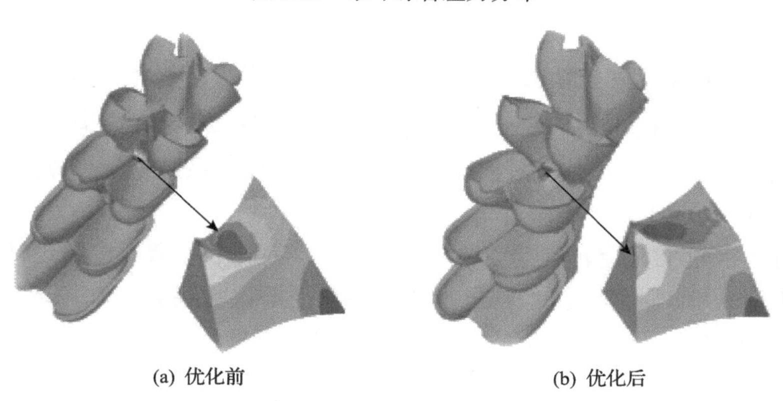

(a) 优化前　(b) 优化后

图 6.11　水斗交变应力幅值分布

表 6.6 是水斗根部结构优化效果的汇总，可见通过对水斗根部曲率均匀度、水斗根部深度和水斗根部厚度的结构优化，最终综合应力降低 16.8%，交变应力幅值降低 13.9%，交变应力平均值降低 16.4%。

表 6.6　水斗根部结构优化效果汇总　（单位：%）

优化步骤	优化后应力变化百分比		
	综合应力	交变应力幅值	交变应力平均值
水斗根部曲率均匀度优化	−8.9	−7.2	−5.7
水斗根部深度优化	−4.1	−4.5	−5.7
水斗根部厚度优化	−3.8	−2.2	−5.0
综合优化	−16.8	−13.9	−16.4

通过优化方案对比可见，水斗根部曲率均匀度对应力水平的影响最显著，

其次是水斗根部深度的影响，最后是水斗根部厚度的影响。因此，在水斗结构设计时，应该分别考虑这些因素的影响，以达到降低水斗根部应力水平的目的。

冲击式水轮机运行时，水斗承受来自喷管的交变作用力，因此疲劳破坏是其主要破坏形式。水斗在非对称循环下疲劳安全系数的计算，可以看成对称循环疲劳极限与对应的相当工作应力(后面称为疲劳相当应力)下疲劳强度安全系数的计算。水斗的疲劳相当应力和疲劳强度安全系数计算公式为

$$\sigma_f = \frac{k_\sigma \sigma_a}{\varepsilon\beta} + \psi_\sigma \sigma_m \tag{6.23}$$

$$k = \frac{\sigma_{-1}}{\sigma_f} \tag{6.24}$$

式中，k 为疲劳强度安全系数；σ_{-1} 为材料对称循环疲劳极限；σ_f 为疲劳相当应力；σ_a 为交变应力幅值；σ_m 为交变应力平均值；k_σ 为有效应力集中系数，$k_\sigma = 1$；ψ_σ 为平均应力影响系数，$\psi_\sigma = 0.1$；ε 为尺寸系数，$\varepsilon = 0.7$；β 为表面光洁度系数，$\beta = 1$。

冲击式水轮机额定转速是 214.29r/min，具有 6 个喷嘴，按照设计寿命 50 年且利用率为 0.8 计算，该水轮机水斗的应力循环次数约为 2.70×10^{10}，可得疲劳强度为 35.2MPa，疲劳强度安全系数为 1.63，可见根部结构优化的水斗满足疲劳设计要求。

6.2 冲击式水轮机水斗材料分析

冲击式水轮机水斗材料选用典型的铸造不锈钢 ZG06Cr13Ni4Mo(下称铸态 13-4 马氏体不锈钢)和不锈钢锻钢 06Cr13Ni4Mo(下称锻态 13-4 马氏体不锈钢)。对不同应变速率(0.1 和 0.001)下的锻态和铸态室温拉伸性能进行测试。对于铸态 13-4 马氏体不锈钢，屈服强度 $R_{p0.2}$ 为 660～720MPa，抗拉强度 R_m 为 855～864MPa，断面收缩率为 55%～58%，延伸率为 15%～15.5%；对于锻态 13-4 马氏体不锈钢，$R_{p0.2}$ 为 809～853MPa，R_m 为 940～1104MPa，断面收缩率为 63%～65%，延伸率为 16.5%～19.5%。随着应变速率的增加，$R_{p0.2}$ 和 R_m 呈增加的趋势，延伸率和断面收缩率呈递减的趋势，而且锻态的强度值和塑性值明显高于铸态的力学性能值。

另外，对比铸态 13-4 和锻态 13-4 马氏体不锈钢的室温冲击功值，发现锻态 13-4 马氏体不锈钢室温下冲击功平均值为 200J 左右，铸态 13-4 马氏体不锈

钢室温下冲击功平均值为 130J 左右。锻态 13-4 马氏体不锈钢的冲击韧性明显优于铸态 13-4 马氏体不锈钢材料。

图 6.12 和图 6.13 分别为室温下锻态 13-4 和铸态 13-4 马氏体不锈钢进行冲击试验的宏观和微观(100×)断口。可以看出，试样断口内部存在大量的韧窝，断裂机制属于韧性断裂，铸态 13-4 的韧窝尺度大于锻态 13-4 的韧窝尺度。

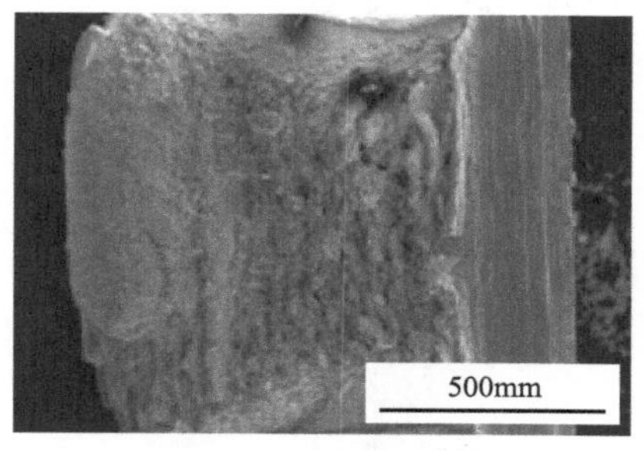

(a) 宏观断口

500μm

(b) 微观断口

图 6.12　室温下锻态 13-4 马氏体不锈钢冲击断口

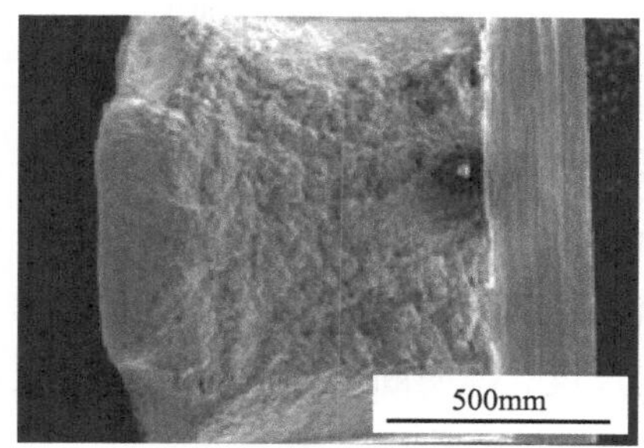

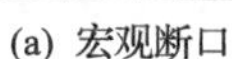
(a) 宏观断口

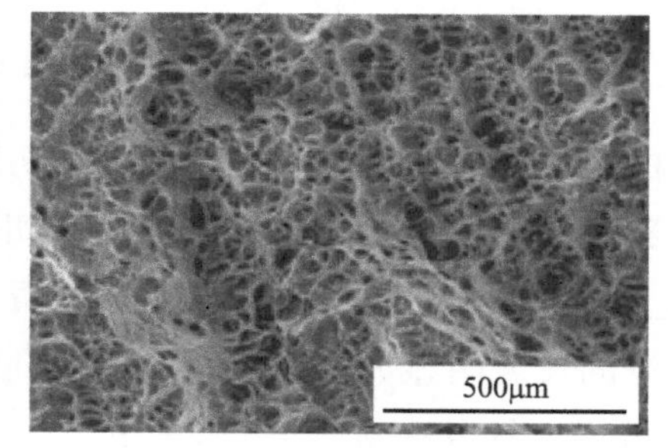

(b) 微观断口

图 6.13　室温下铸态 13-4 马氏体不锈钢冲击断口

图 6.14 为铸态 13-4 马氏体不锈钢在应变速率为 0.1、0.01 和 0.001 下进行室温拉伸试验后的宏观和微观断口。从铸态试样的断口可以看出，宏观断口由

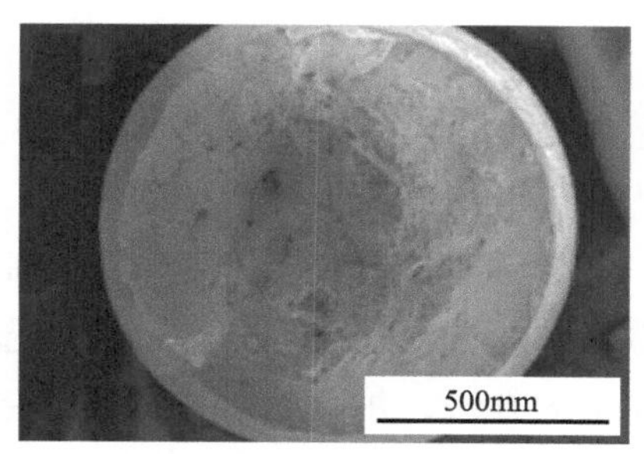

(a) 宏观断口(应变速率为0.1)

(b) 微观断口(应变速率为0.1)

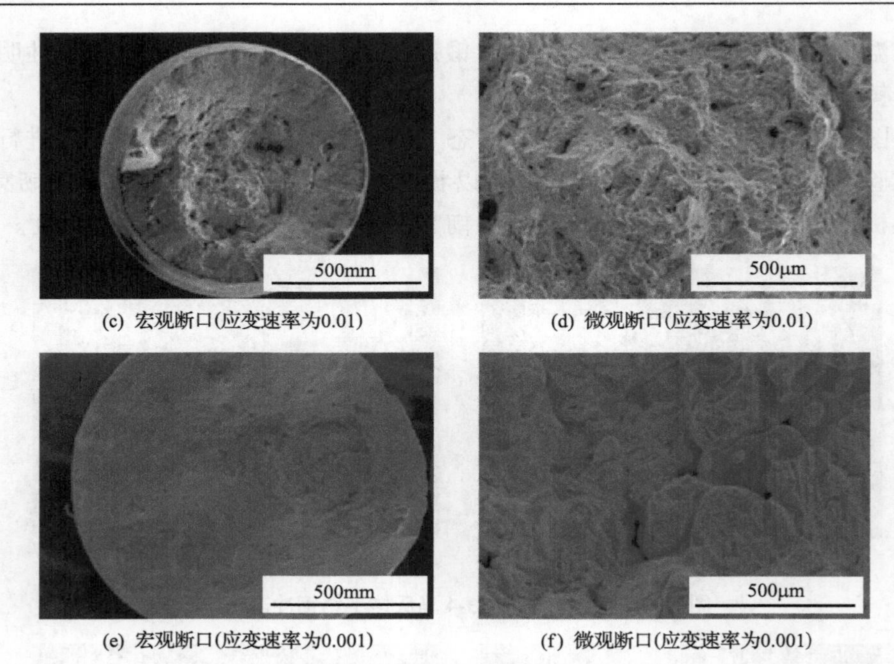

(c) 宏观断口(应变速率为0.01)　(d) 微观断口(应变速率为0.01)

(e) 宏观断口(应变速率为0.001)　(f) 微观断口(应变速率为0.001)

图 6.14　室温下铸态 13-4 马氏体不锈钢拉伸断口

周围的剪切唇和塑性断裂区组成，剪切唇凸凹不平，塑性断裂区不位于断口的中心部位，随着应变速率的降低，剪切唇逐渐减少，当应变速率为 0.001 时，基本上没有剪切唇；从微观断口可以看出，内部存在大量的微孔洞和韧窝，但微孔洞的尺度明显大于锻态材质的微孔洞尺度，说明断裂是由微孔洞的聚集长大引起的，断裂机制属于韧窝+微小孔洞，而且随着应变速率的降低，试样的内部存在大量的微裂纹。

6.3　冲击式水轮机整体转轮的数控加工

6.3.1　转轮数控加工工艺规划

针对冲击式水轮机转轮整体制造工艺规范、几何与物理因素下的加工工序划分、四轴三联动下数控加工刀具位姿优化、专用夹具设计、振动抑制、提高难加工材料的效率、降低加工成本问题，采用三轴联动数控机床替代五轴联动数控机床加工冲击式水轮机转轮，提出物理仿真与试验结合的加工参数选择方法，分析冲击式水轮机转轮整体式数控加工的方法，并通过相关试验研究加以验证，从而为整体转轮数控加工工艺优化提供参考。

整体式转轮的数控加工用三轴机床来实现。图 6.15 给出了根据整体式转轮的结构特点制订的制造方案。

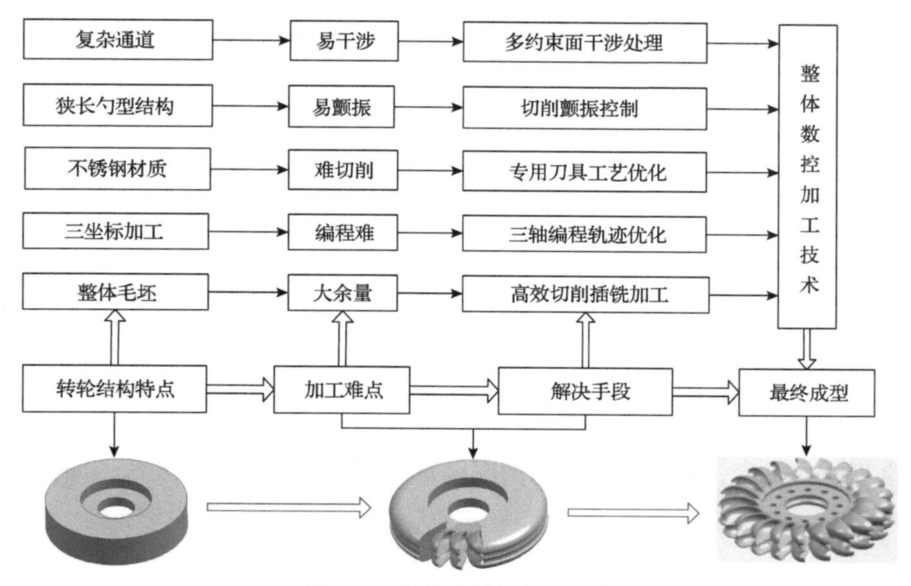

图 6.15　整体式转轮制造方案

插铣加工过程可以用“一横一纵”来描述。“纵”是指刀具沿 Z 轴上下运动。在使用插铣法对转轮进行粗加工时，插铣运动方向为所设定的加工顶端向下铣削到所设定的加工底面，如图 6.16 所示。“横”是指刀具在 Z 轴向上下切削的同时，通过刀具的横向移动完成对转轮的粗加工。图 6.17 给出了径向切削厚度示意图，由此构建瞬时工作位置的切削厚度计算公式。

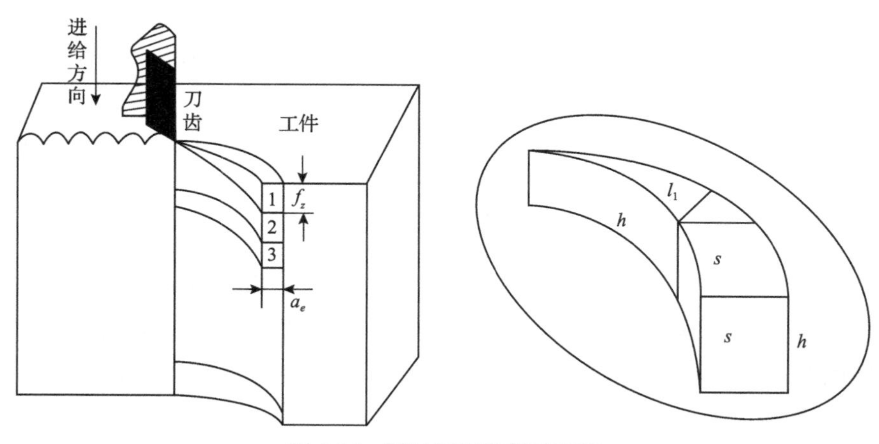

图 6.16　瞬时切削体积示意图

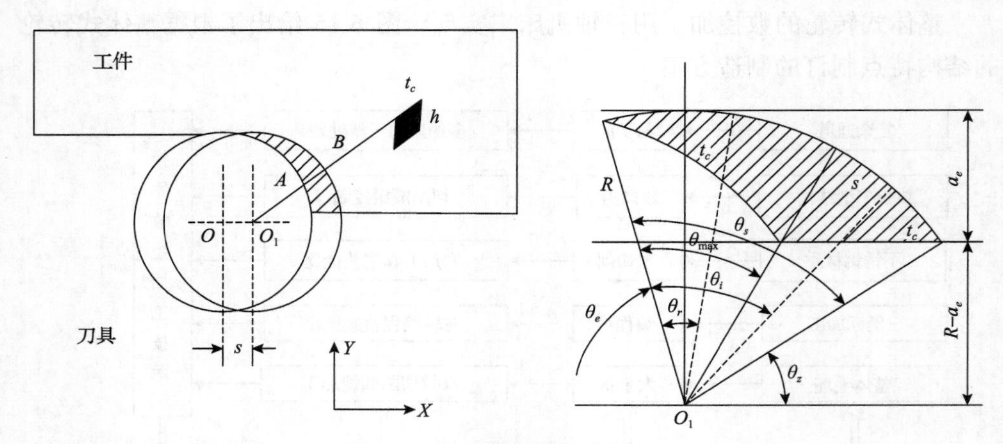

图 6.17　径向切削厚度示意图

图 6.17 中，θ_e为切入角度，θ_s为切出角度，R为刀具半径，a_e为切削宽度，s为水平方向进给，$\theta_{\max}$为瞬时切削厚度最大值对应的刀齿切入角，即

$$\theta_{\max}=\arctan\left(\frac{R\cos\theta_z-s}{R-a_e}\right)+\arcsin\frac{s}{2R} \tag{6.25}$$

式中，θ_z为刀齿处于切出位置时与X轴的夹角。

在此，为了计算切削厚度，需要将刀齿工作情况分为两种。

第一种情况：$\theta_i=[\theta_e,\theta_{\max}]$，即$\theta_i$取值介于零和$\theta_{\max}$之间，有

$$\theta_i=[\theta_e:\theta_{\max}]\Rightarrow t_c=s\times\sin\theta_i \tag{6.26}$$

式中，t_c为切削厚度。

第二种情况：$\theta_i=[\theta_{\max},\theta_s]$，即$\theta_i$取值介于最大值和零之间，有

$$\theta_i=[\theta_{\max},\theta_s]\Rightarrow t_c=R-\left(R-\frac{a_e}{\cos(\theta_i-\theta_r)}\right) \tag{6.27}$$

式中，θ_r为切入瞬时刃口与Y轴的夹角。

径向切削厚度是一个与刀具半径R、切削宽度a_e和进给s有关的函数。通过分析插铣加工过程可知，当刀具直径较小、切削宽度和进给取最大值时，就会出现两个或者多个刀齿参与切削的情况。图 6.18 为刀具切入工件时参与切削的齿数示意图。

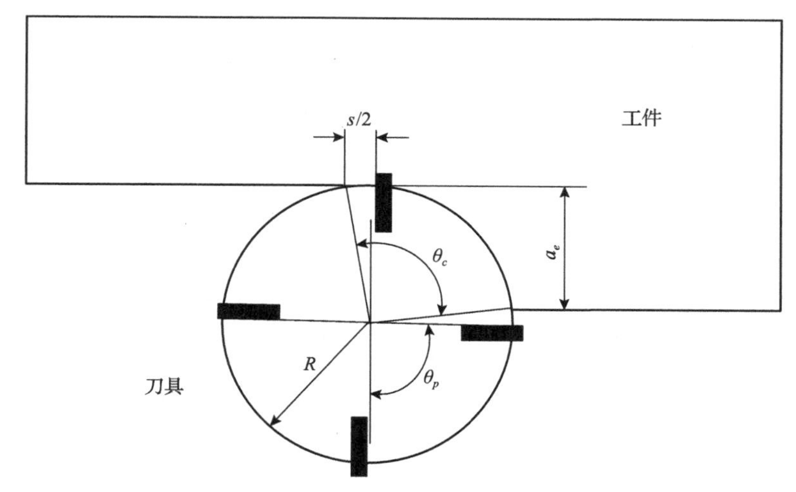

图 6.18　参与切削的齿数示意图

为分析几个刀齿同时参与切削的工作情况，首先定义两个角度，即刀具的齿间角 θ_p 和扫掠角 θ_c，其中齿间角为

$$\theta_p = \frac{2\pi}{Z} \tag{6.28}$$

式中，Z 为刀齿数量。扫掠角为

$$\theta_c = \frac{\pi}{2} + \arcsin\frac{s}{2R} - \arcsin\frac{R - a_e}{R} \tag{6.29}$$

同时参与切削的刀齿数目 Z_c 可定义为

$$Z_c = \frac{Z\theta_c}{2\pi} \tag{6.30}$$

则两个或两个以上刀齿同时参与切削的情况可表示为

$$\frac{\pi}{2} + \arcsin\frac{s}{2R} - \arcsin\frac{R - a_e}{R} \geqslant \frac{2\pi}{Z} \tag{6.31}$$

于是，可以建立径向切削厚度 h 的运算公式：

$$h = \frac{f_z\theta_p}{\theta_c} = \frac{2\pi f_z}{Z\left(\dfrac{\pi}{2} + \arcsin\dfrac{s}{2R} - \arcsin\dfrac{R - a_e}{R}\right)} \tag{6.32}$$

式中，f_z 为进给量。

图 6.19 给出了残留面积的示意图。

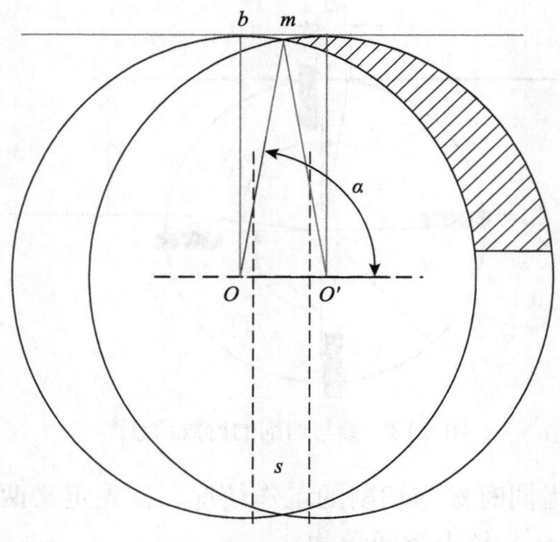

图 6.19　残留面积的示意图

残留面积的扫掠角 α 的表达式为

$$\alpha = \arccos\frac{a_e}{R} \tag{6.33}$$

最大残留高度 h_c 为

$$h_c = R - R\sin\alpha \tag{6.34}$$

设相邻两刀之间的残留面积 A_c 为

$$A_c = a_e R - a_e\sqrt{R^2 - \frac{1}{4}a_e} - R^2\left(\frac{\pi}{2} - \alpha\right) \tag{6.35}$$

切屑的横截面积是由径向切削厚度和切屑厚度乘积得出的，综上诸式可建立切屑横截面积表达式：

$$A = sh\sin\alpha \tag{6.36}$$

式中，A 为切屑横截面积。

图 6.20 给出了加工区域刀具运动策略流程(加工效率预算机制)，图 6.21 给出水斗加工路径仿真图。

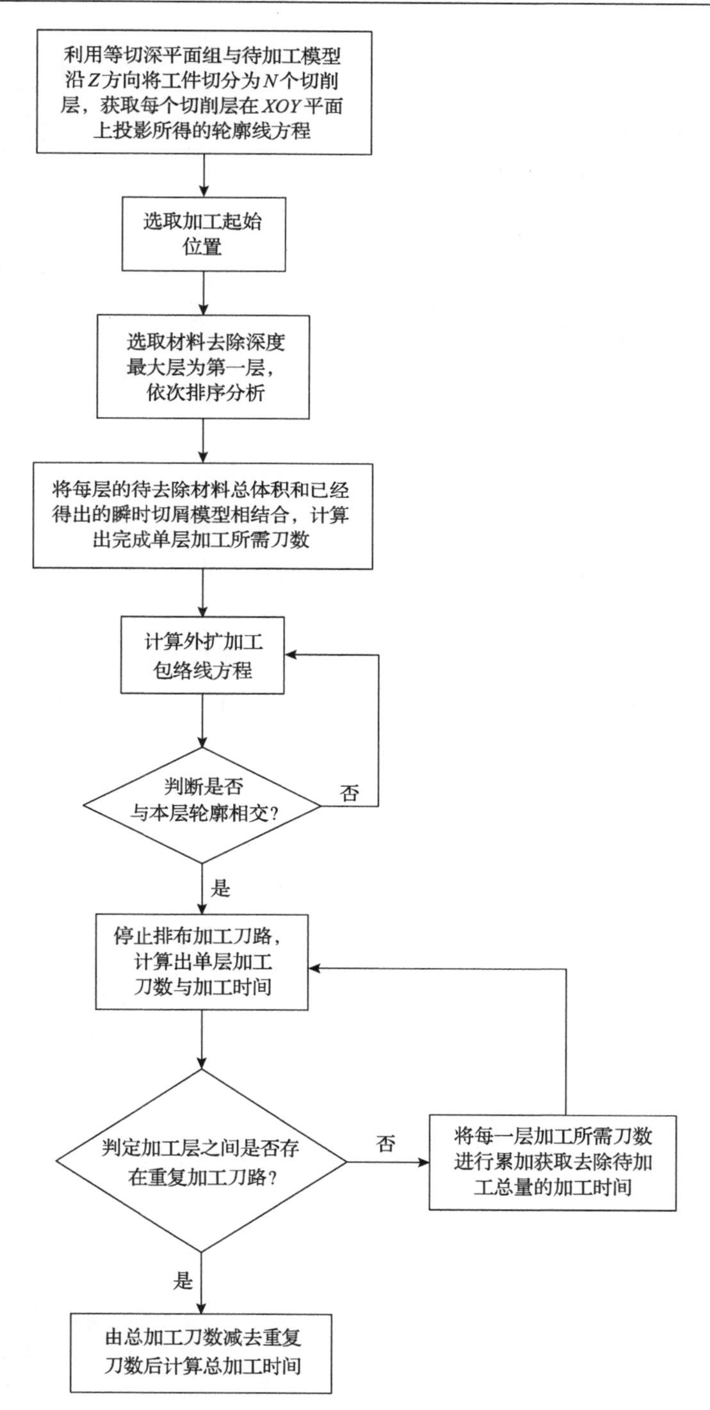

图 6.20　加工区域刀具运动策略流程

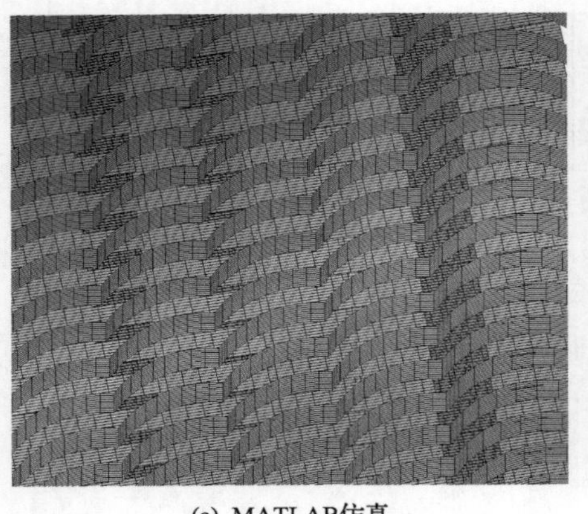
(a) MATLAB仿真

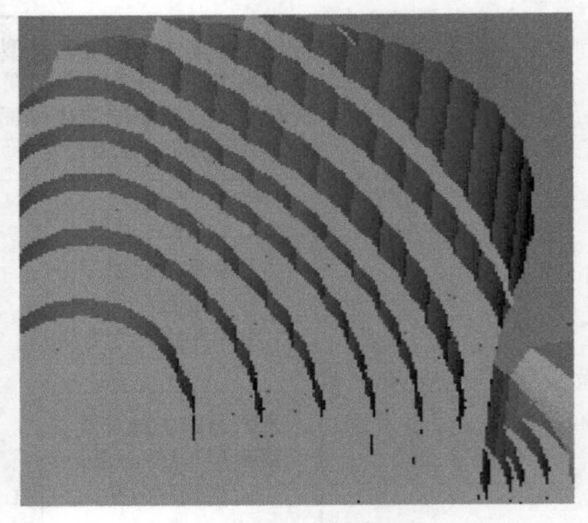
(b) Vericut仿真

图 6.21　水斗加工路径仿真图

加工转轮叶片曲面时，怎样处理多约束面的干涉，是数控编程需要解决的首要问题。图 6.22 为加工过程中的各种干涉问题。冲击式水轮机转轮结构复杂，其转轮上的水斗呈勺型紧密分布在转轮周边上，水斗与水斗之间在根部紧密相连，理论模型显示它们呈一种互相咬合的形态。编程处理时采用多区域干涉检查，同时加入刀柄和机床主轴防撞干涉检查，可有效解决这种复杂区域狭窄通道的编程问题。图 6.23(a)是通过干涉检查的加工状况，图 6.23(b)是实际加工情况。

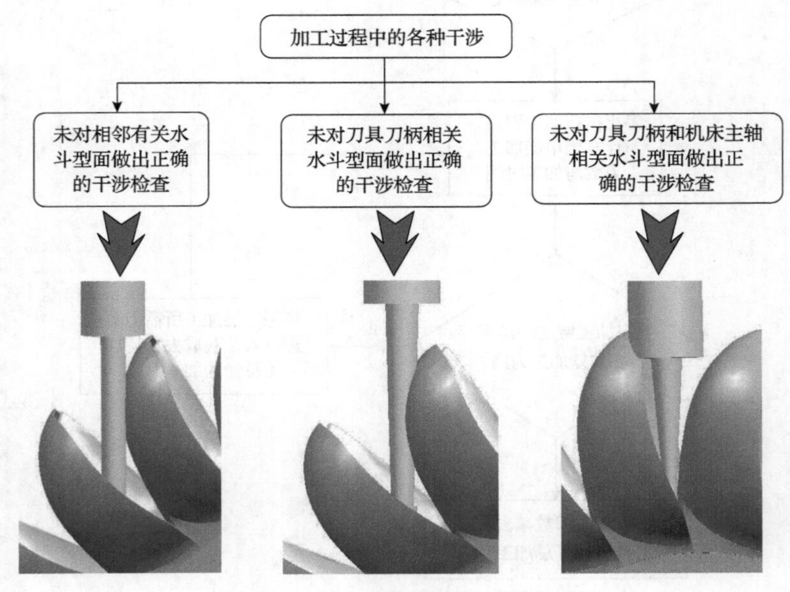

图 6.22　加工过程中各种干涉问题

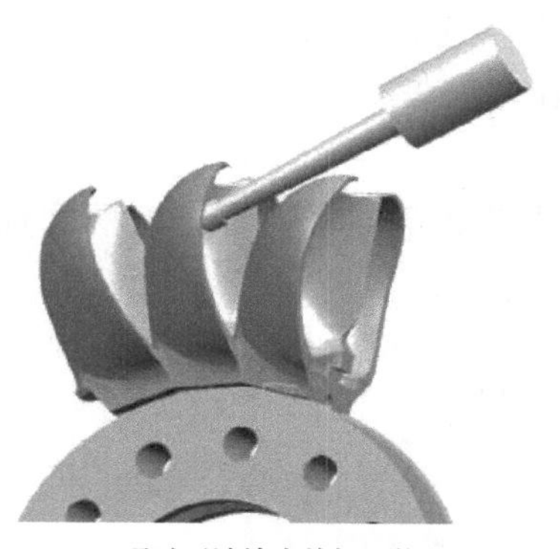

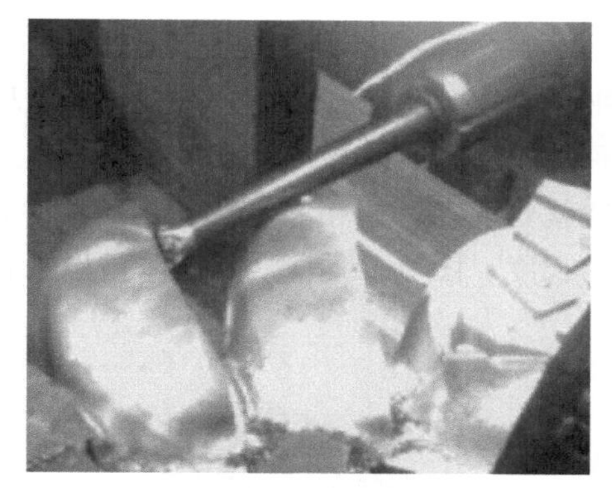

(a) 通过干涉检查的加工状况　　(b) 实际加工情况

图 6.23　计算机检查和实际加工干涉情况

6.3.2　水斗数控插铣加工刀位路径规划

UG NX 等通用 CAM 软件中的插铣模块仅可以对转轮进行三轴插铣加工编程，因此使用这类软件对整体转轮这种具有复杂曲面的零部件进行插铣加工编程时，插铣加工区域规划以及刀轴矢量变化设定是研究的重点和难点。

冲击式水轮机转轮特殊的结构和复杂的三维型面曲面，给数控编程带来很大困难。下面参照转轮三个相邻水斗的理论模型阐述编程的主要难点。

1. 水斗尾部出水口加工位置造成的编程难点

如图 6.24 所示，水斗尾部出水口区域看似空间较大，但若将相邻水斗对加工的影响考虑进去，从刀轴投影方向看，待加工区域与其相邻水斗的最大距离仅为 108.1mm，而加工所用刀具的刀柄直径为 60mm 左右，可见加工区域其实比较狭窄，同时在刀轴方向上相邻水斗距待加工区域的安全平面高达 327.9mm

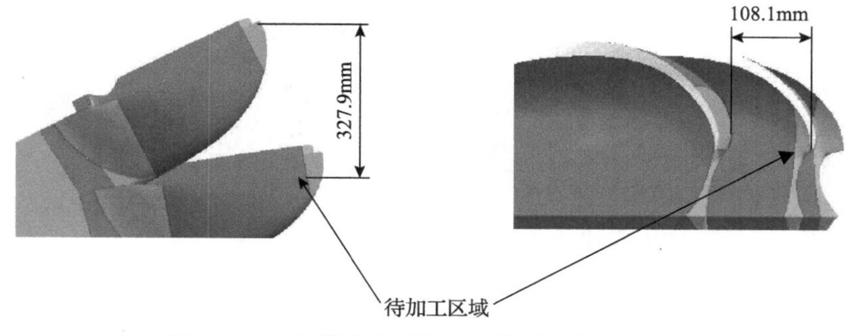

图 6.24　两相邻水斗尾部加工位置上的空间距离

左右，对刀柄的长度要求也达到 350mm 左右。这就意味着，编程处理时要控制一把长大于 300mm、直径 63mm 的铣刀在宽度仅有 40mm 左右的空间中做出各种加工动作，难度可想而知。

这就要求在计算相邻水斗安全距离时，要考虑刀具的直径、刀柄的直径和刀柄的长度。图 6.25 示意了安全的刀具加工位置。

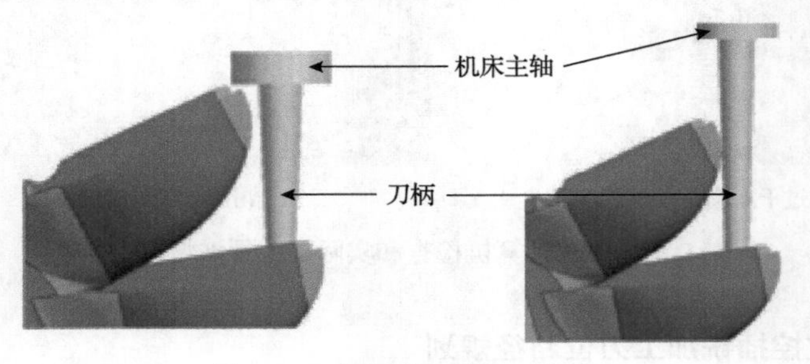

图 6.25　安全的刀具加工位置

由图 6.25 可以看出，要进行数控编程不仅要对刀柄的直径做出明确的干涉判断，同时也要对刀柄的长度做出干涉检查，以防机床主轴撞上相邻水斗。

2. 水斗根部紧密结合区域造成的编程难点

水斗根部区域是整个转轮应力过渡的重中之重，必须实现对根部区域的数控加工，但是对根部区域的编程处理更为困难。根部区域位于水斗的最深处，同时是两相邻水斗的过渡应力曲面。根部区域的空间位置和相应距离如图6.26所示。

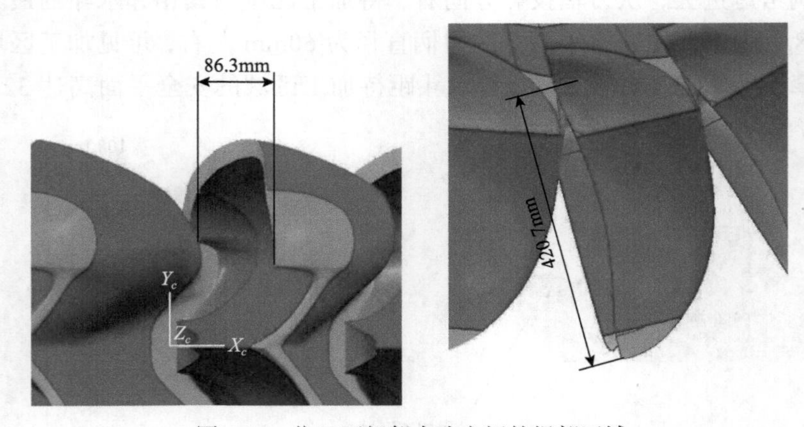

图 6.26　位于两相邻水斗之间的根部区域

由图 6.26 可以看出，待加工区域的深度达 420.7mm 左右，而自身的宽度最大不过 86.3mm，进行编程处理时要做出干涉检查的区域更多，基本包含两个完整的相邻水斗。而且在实际加工中，由于根部区域位于最深处，加工过程中机床操作者不能观察到刀具的走行情况，加上空间狭小(刀具能运行区间的最大宽度仅为十几毫米)，操作者很难进行其他手工操作，一切只能按照编程人员给出的程序走行，这就对编程的严密性做出最大要求。编程人员对刀柄参数的选择要精益求精，并能分析计算出合适的刀柄与检查干涉型面的安全距离，安全距离过大会造成过度检查，无法进行加工，过小则可能由于加工切削过程中的颤振导致刀具与工件的碰撞，给安全生产带来很大隐患。

加工根部区域安全的刀具位置如图 6.27 所示。可以看出，刀柄和刀体距离干涉检查面即水斗型面的安全距离很小，刀柄与待加工水斗尾部型面的安全距离和刀体与相邻水斗型面的安全距离相互制约，而两者又都必须同时保证。

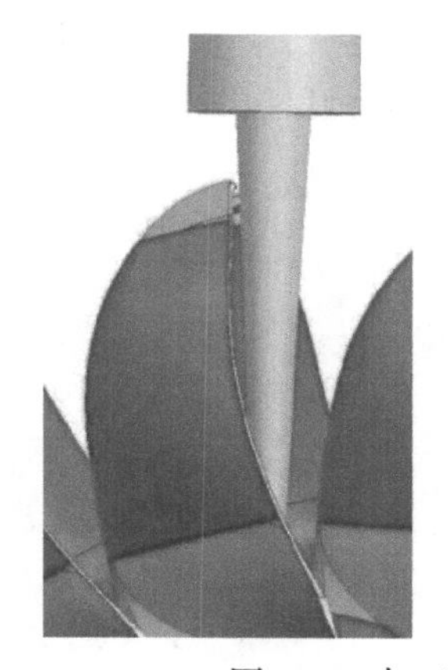
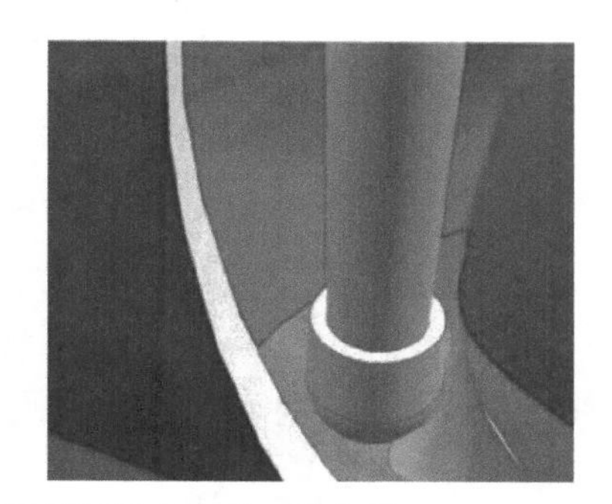

图 6.27　加工根部区域安全的刀具位置

3. 水斗内型面余量较大的区域造成的编程难点

转轮制造采用的是整体加工方式，在水斗勺型内面低点处区域余量较大，加工时要采用多层次切削的方式。这就要求首先必须分析出此处区域的余量具体分布情况，其次分析出该区域相对于容易产生加工干涉的型面的空间距离，然后根据上述参数选用合适的刀具进行编程处理。图 6.28 为水斗内型面较大余量区域。

由图 6.28 可以看出，在待加工区域靠近出水口型面的部分，加工空间相对较大，可选用稍短一些的刀具来进行加工，但由于此区域距离其相邻水斗的直线距离仅为 91.2mm，而加工的深度达 300mm 左右，需要增加刀柄长度；而对于靠近水斗根部的区域，就必须选用较长一些的刀具来进行数控加工，需要考虑刀柄与干涉体的安全距离问题，以避免长刀具加工时所产生的颤动带来的安全隐患。图 6.29 和图 6.30 示意了使用短刀和长刀进行精铣时安全的刀具位置。由图可以看出，较短刀具加工时特别需要注意的是刀具的总长度，防止机床主轴干涉的产生；较长刀具加工时则要特别注意安全距离。

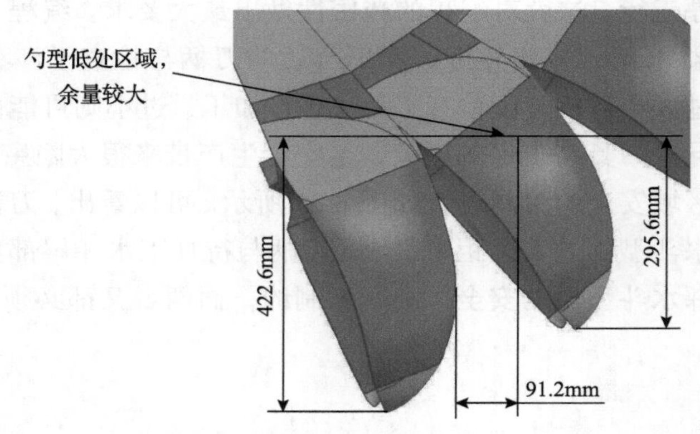

图 6.28　水斗内型面较大余量区域

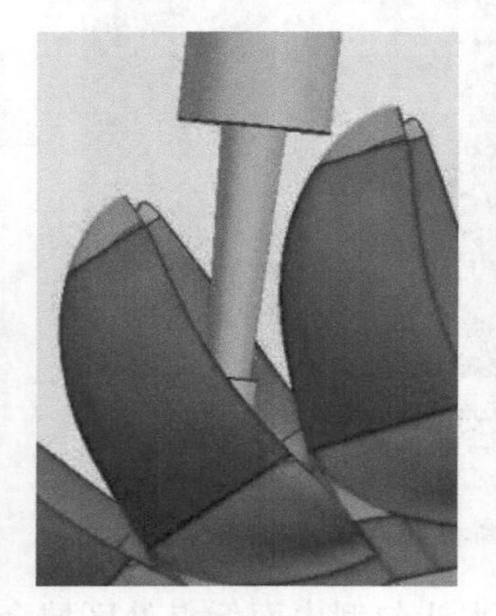

图 6.29　短刀精铣安全位置

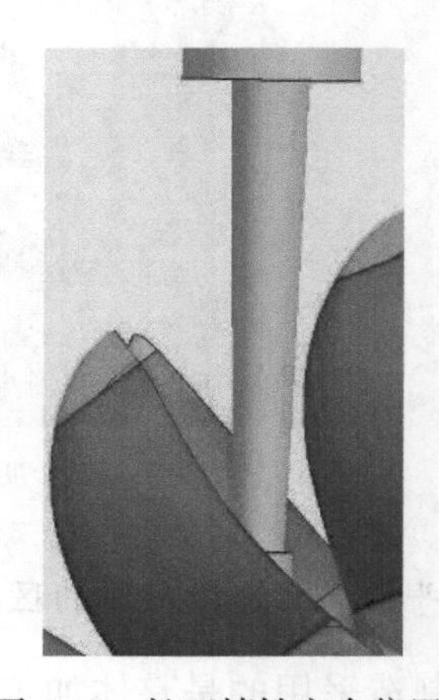

图 6.30　长刀精铣安全位置

冲击式水轮机转轮有着紧凑的斗式结构和单个水斗狭长的特点，如图 6.31 和图 6.32 所示。在整体式数控加工过程中，会存在很多工艺难点和数控编程难点，因此需要对传统的三轴铣削加工方式做出改进和优化，以便能更好、更安全地加工出整体冲击式水轮机转轮。

为更好地对开式整体水斗进行插铣粗加工，首先进行水斗的造型分析。对于非可展直纹面造型的水斗加工，在加工前需要对叶轮模型进行几何处理。针对水斗表面重新构造出一个能够符合插铣加工要求的特征直纹包络面，并且通过特征直纹包络面来确定整体转轮上水斗插铣加工的切削加工区域。

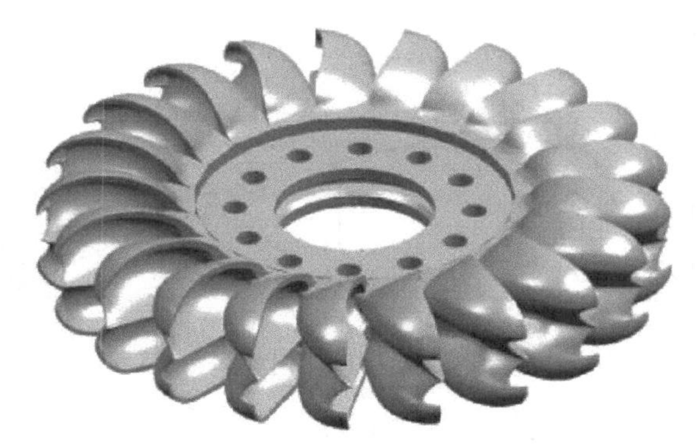

图 6.31　冲击式水轮机转轮示意图

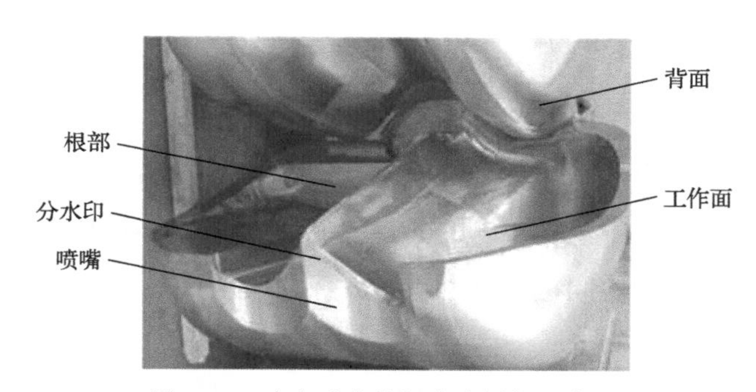

图 6.32　冲击式水轮机水斗局部示意图

由于 UG CAM 模块采用的是三轴插铣编程方式，插铣加工时刀具轴不能联动运动，需要为转轮构建一个直母线矢量方向相同的直纹包络面来规划插铣加工区域。直纹包络面的建立步骤如下：

(1)对转轮曲面及水斗表面进行偏置，偏置距离为开槽粗加工时加工余量，得到水斗偏置面与转轮偏置面的交线 S_1。

(2)后缘水斗侧曲线为 S_2，连接 S_1 顶点至水斗顶端投影曲线 S_2 顶点，设其为矢量 $\overrightarrow{M}$。将 $\overrightarrow{M}$ 向 S_1 所在平面做投影获得投影曲线 S_3。

(3)将 S_3 与 S_1 外侧曲线拟合为一条曲线，此曲线或为双峰，或为单峰，以其端点为原点，两端点连线的所在直线为 X 轴，以所求这一侧方向为 Y 轴建立直角坐标系。

(4)在该直角坐标系中，求得一条在 S_3 至 Y 方向正无穷区域内的直线 L_1 使其与 S_3 所夹面积最小。水斗侧 L_1 判别原则为：存在 $x \in [x_1, x_2]$ 使得 $y_1 = f(x) > 0$ 成立且 $f''(x) < 0$ 对任意的 $x \in [x_1, x_2]$ 成立，如图 6.33 所示。

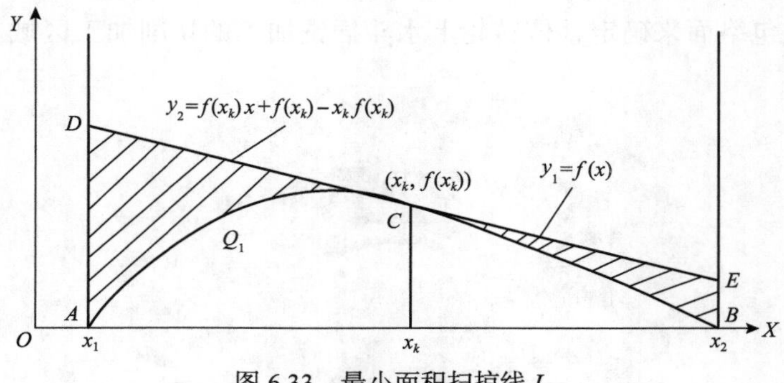

图 6.33　最小面积扫掠线 L_1

此时，需要求得一条曲线 ACB 的切线 L，切线必须保证与曲线所包围的区域即四边形 $ADEB$ 面积为最小值。设直线 L 过曲线 ACB 上一点的坐标为（x_k，$f(x_k)$），则直线 L 可表示为

$$y_2 = f(x_k)x + f(x_k) - x_k f(x_k) \tag{6.37}$$

那么，四边形 $ADEB$ 的面积为

$$S(x_k) = 0.5(x_2 - x_1)[(x_2 + x_1 - 2x_k)f'(x_k) + 2f(x_k)] \tag{6.38}$$

方程 $S(x_k)$ 的最小值问题可转化为 $S(x_k)$ 的极值问题，$S(x_k)$ 存在极值的条件为

$$S'(x_k) = 0.5(x_2 - x_1)(x_2 + x_1 - 2x_k)f''(x_k) = 0 \tag{6.39}$$

由于 $x_2 - x_1 > 0$，$f''(x_k) < 0$，则只有当 $x_k = (x_2 + x_1)/2$ 时方程 $S(x_k)$ 有极值，即过曲线 ACB 上 $((x_2 + x_1)/2, f((x_2 + x_1)/2)$ 点所作切线构成的四边形面积最小。

因此，该情况下运算求得直线 L_1 的方法为：先求得 AB 连线的中点，过该点作 AB 的垂线 AC，且与曲线 ACB 相交于一点 C，过 C 点作曲线 ACB 的切线，即所求的直线 L_1。

若为双峰曲线，则设曲线为 Q_2。直接连接两端点，获得最小面积扫掠线 L_2，示意图如图 6.34 所示。

4. 数控编程过程不规则毛坯的频繁顺序继承调用

在利用三轴联动代替五轴联动机床进行水斗数控加工时，需要用转台的转角近似形成刀具和水斗曲面的夹角。由于转台不参与加工过程的数控联动，需要多次转动转台以实现水斗曲面的加工。而每次转台的转动都会形成一个不同于理论曲面的更为复杂的曲面。通常刀位计算的基础是理论曲面，若采用传统的偏置方法进行中间毛坯加工就会形成较多空走刀现象，降低加工效率。

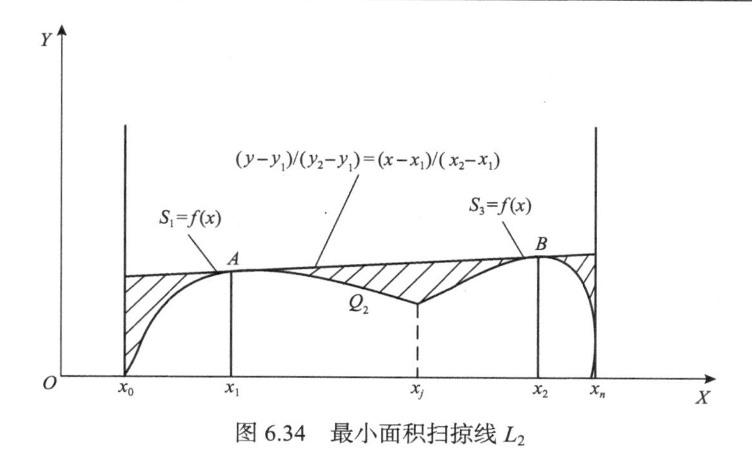

图 6.34　最小面积扫掠线 L_2

由于冲击式水轮机的转轮为整体毛坯，且形状复杂，加工余量大，加工时的空走刀时间是实际有效加工时间的十几倍。为了减少空走刀的时间，需要将每次加工后的毛坯曲面拟合为下次转台转动所需加工的理论曲面。这一过程更需要频繁调用上个转角加工形成的毛坯曲面作为下次转角后的理论加工曲面。通过实现不规则毛坯三轴数控加工的频繁顺序继承调用功能，大大减少了数控加工过程的空走刀环节，从而提高了加工效率。图 6.35 给出了数控编程过程中的频繁顺序继承调用情况。

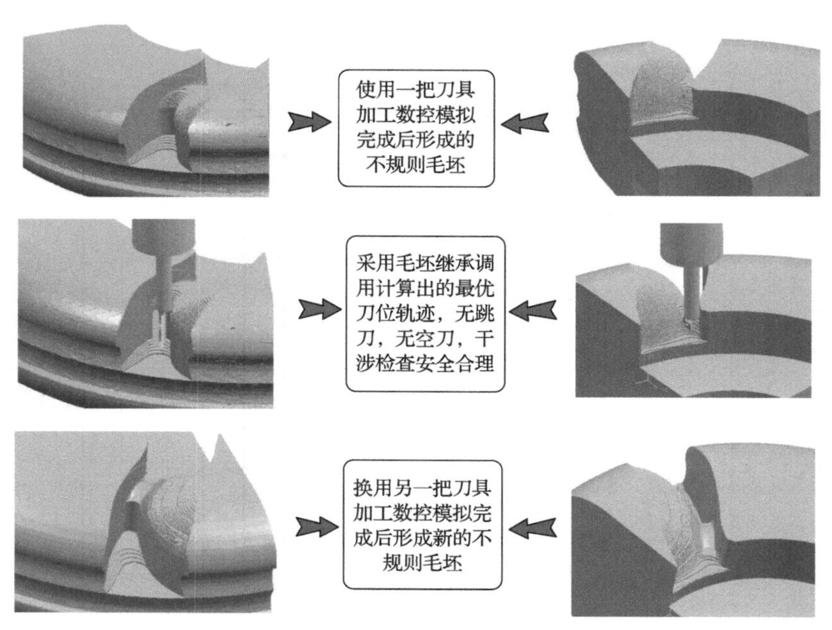

图 6.35　数控编程过程中的频繁顺序继承调用

6.3.3　螺旋线曲面加工法

通过建立近似螺旋线的走刀轨迹加工复杂曲面，使刀具轴向受力从而减少刀具加工过程的振动，可提高加工效率和加工质量。螺旋线曲面法向加工，是一种数控精铣的新工艺。在对所加工区域进行数控编程优化处理时，保证刀具的中心在与每一处加工区域的接触点上且始终位于加工区域型面的法向上；同时刀具沿轴线方向的进给体现了刀位轨迹，将正常的进刀轨迹融入加工的刀轨之中。经过优化处理后的刀位轨迹，在实际加工过程中，能使加工的稳定性显著提高，型面的粗糙度明显改善。

1)组合曲面水斗的螺旋加工原理

水斗由复杂组合的曲面形成，曲率变化大，采用曲面造型方法不能满足曲面之间的过渡要求。可将水斗正、背面分成几个小曲面面片进行造型，对水斗和轮毂进行布尔运算求和，最终得到水斗式水轮机转轮体。

图 6.36 是组合曲面水斗螺旋加工的参数计算示意图,图中的五条纵向粗实线 $S_k(k=0,1,\cdots,4)$ 为水斗各曲面的边界线，将水斗模型分成几部分，即几个曲面；斗身各曲面采用样条曲面表示法，用 $P(u,v)$ 表示。水斗截面线方向为参数域 u 方向，水斗径向为参数域 v 方向，参数 u、v 取值范围都为[0,1]，在计算过程中以曲面编号对几个曲面进行识别。水斗曲面在斗尖端面方向的边界线为

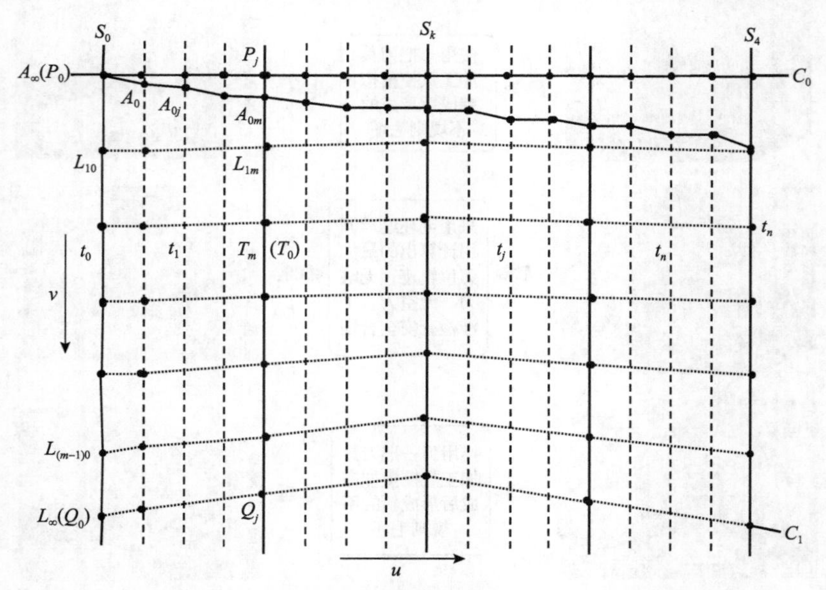

图 6.36　组合曲面水斗的螺旋加工控制线、等分点和螺旋线

C_0。将内表面沿斗身方向偏置一个安全距离，得到一个新偏置曲面，该新偏置曲面与斗身的交线为 C_1。C_0 和 C_1 均为自由曲线，可将其简化为直线。假设每个斗身曲面上提取的控制曲线数为 n（n 随曲面不同而变化），控制曲线分别表示为 t_j（$j=0,1,\cdots,n$），在图 6.36 中采用竖向虚线表示。假设螺旋加工轨迹经过 m 圈从 C_0（或 C_1）过渡到 C_1（或 C_0），则 A_{ij}（$i=0,1,\cdots,m$）为水斗曲面切触点，顺序连接点 A_{ij} 可得水斗曲面切触点螺旋线。t_j 与 C_0 的交点为 P_j，t_j 与 C_1 的交点为 Q_j，t_j 的等分点为 L_{ij}，$P_j = L_{0j}$，$Q_j = L_{mj}$。而控制曲线 t_j 经 C_0 和 C_1 裁减后，每一条控制曲线的参数域范围均不同，需要根据端点条件确定。

设 u_0、v_0 为 0～1 的常数，取 $u=u_0$ 或 $v=u_0$，可得曲面 $P(u,v)$ 上的一条 v 线 $P(u_0,v)$ 或 u 线 $P(u,v_0)$。控制曲线的提取有多种方法：①等参数法，即将斗身 u 参数区域等分，如果控制曲线需要 n 条，就将 u 参数区域等分成 $n-1$ 份；②等弧长法，即提取曲面上一条 u 线 $P(u,v_0)$，将该 u 线等弧长分割，然后根据分割点参数提取控制曲线；③等弦高误差法，也是提取曲面上一条 u 线 $P(u,v_0)$，将该 u 线按等弦高误差进行分割，然后根据分割点参数提取控制曲线。固定等分点的 u 参数，可在曲面上提取出一系列的控制曲线。

构造完整的水斗螺旋加工轨迹时，为保证精加工精度和一定的计算速度，在比较平坦的斗盆和斗背表面采用等参数或等弧长方法，而在曲率较大的水流入口处采用等弦高误差法是比较理想的一种选择。

利用控制线与其所属曲面的对应关系，A_{ij} 点对应于所属曲面上的参数 u 就等于控制曲线映射在水斗曲面上的对应参数 u。当沿着 u、v 参数增大的方向构造螺旋线时，第 k 个曲面上的点 A_{ij} 对应在所属曲面上的参数 v 需要采用式(6.40)计算；当沿着 u 参数减小、v 参数增大的方向构造螺旋线时，第 k 个曲面上的点 A_{ij} 对应在所属曲面上的参数 v 需要采用式(6.41)计算。点 A_{ij} 的参数可采用链表方式存储，因此若要计算 u 参数增大、v 参数减小，或者 u、v 参数均减小的螺旋线切触点 A_{ij} 的参数 v，只需将链表反向即可。连接一系列的点 A_{ij} 的折线便是近似的螺旋线，但仅有点 A_{ij} 仍不能满足加工步长要求，还需要以 $A_{i(j-1)}$ 和 A_{ij} 两点的参数 u、v 为端点条件，采用二分法求出满足加工步长误差要求的螺旋线所经过的其他切触点参数。

$$\begin{cases} \varepsilon = \dfrac{s_0 s_{k-1}}{s_0 s_4}, \quad \eta = \dfrac{s_0 s_k}{s_0 s_4}, \quad k = 1,2,\cdots \\ v_{Aij} = v_{Lij} + (v_{L(i+1)j} - v_{Lij})\left[(\eta - \varepsilon)\dfrac{j}{n} + \varepsilon\right] \end{cases} \tag{6.40}$$

$$\begin{cases} \varepsilon = \dfrac{|s_0 s_{k-1}|}{|s_0 s_4|}, \quad \eta = \dfrac{|s_0 s_k|}{|s_0 s_4|}, \quad k = 1, 2, \cdots \\ v_{Aij} = v_{Lij} + (v_{L(i+1)j} - v_{Lij})\left[(\eta - \varepsilon)\dfrac{n-j}{n} + \varepsilon\right] \end{cases} \tag{6.41}$$

式中，v_{Aij} 和 v_{Lij} 分别为点 A_{ij} 和点 L_{ij} 对应在当前水斗曲面上的 v 参数；ε、η 为比例因子；$|s_0 s_k|$ 为从第 0 条曲面边界线到第 k 条曲面边界线之间的累加弦长。

在一定的误差范围内，相邻曲面的边界线可认为是重合的。前一个曲面上的点 A_{in} 和后一个曲面上的点 A_{i0} 重合，这是因为前一个曲面上提取的曲线 $P(1,v)$ 和后一个曲面上提取的曲线 $P(0,v)$ 是相邻边。采用式(6.40)和式(6.41)可成功实现切触点螺旋线在两个曲面之间的成功过渡。在实际计算中，边界曲线 C_0 和 C_1 为自由曲线，加工步长根据给定的弦高误差计算，螺旋刀位轨迹在 C_0 和 C_1 之间均匀过渡，因此螺旋刀位轨迹的光滑性能够得到保证。

2）相切轨迹加工法

两相邻水斗在根部的接触处无法完全按理论型面进行数控编程，对此处进行编程操作时，使用插铣刀进行编程加工，充分考虑插铣刀的加工特点和两相邻水斗在接触处的型面曲率变化特点，控制刀具同时沿着两个型面的接触点用同一刀位轨迹走出。在整个刀位轨迹中的任一点，刀具都是同时与这两个接触型面相切的，并且刀位轨迹是沿着刀轴方向走刀的，避免了刀具产生的颤振。刀具沿此刀位轨迹加工后，所切削出的曲面和两个接触型面完全相切、光滑过渡。

3）物理仿真、结构仿真与试验结合的方法优化加工参数

采用物理仿真、结构仿真与试验结合的方法优化加工参数，可大大提高加工效率。图 6.37(a)、(b)为物理仿真、结构仿真参数优化。

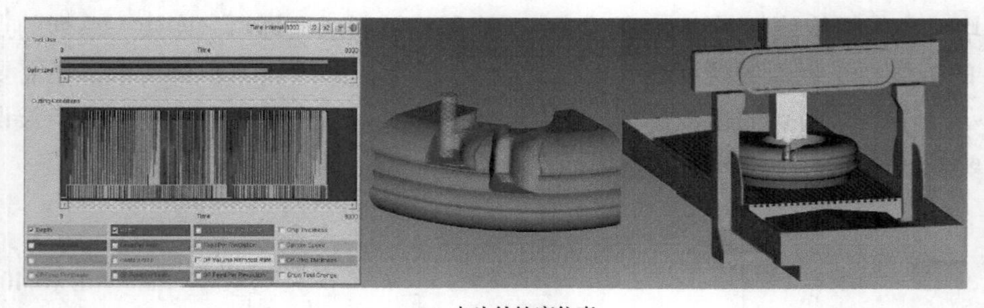

(a) 水斗外轮廓仿真

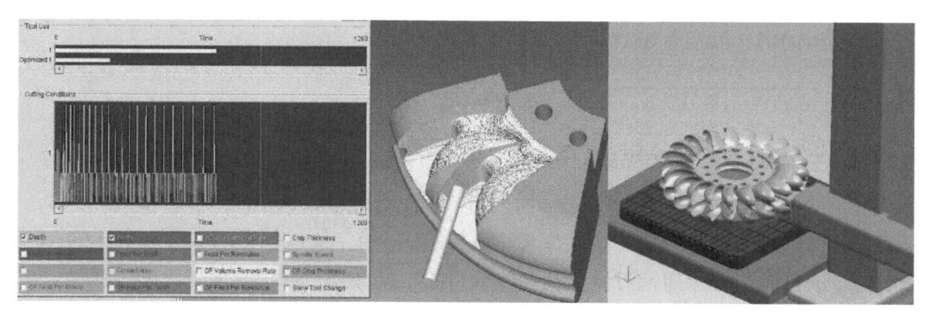

(b) 水斗插铣加工仿真

图 6.37　基于物理仿真、结构仿真的参数优化

本书提出的关键技术不仅实现了转轮的整体式数控加工，而且也大幅提高了水斗的加工精度。例如，某水斗转轮直径为 1740mm，水斗内表面最大宽度为 440mm，主要参数见表 6.7，可以看出整个水斗的加工质量比设计要求提高了一个精度等级。

表 6.7　水斗加工精度数据

序号	参数	允许偏差范围值	实际检测数值
1	水斗内表面型线及分水刃型线	± 2.2mm	+1.5mm, –1.2mm
2	水斗出水角	±1°	+0.1°
3	水斗倾斜角	±1°	–0.25°
4	水斗分水刃轴向错位	±1.24mm	+0.32mm

与国外某著名水轮机制造厂家的技术参数进行对比，在加工精度相同的情况下效率对比如表 6.8 所示。可见国外整体加工转轮的水斗数量最多为 20 个，而本书方法开发制造的整体加工转轮的水斗数量是 21 个，难度等级高于国外。另外，单个水斗的加工效率高于国外 20%。

表 6.8　本项目产品与国外转轮加工效率对比

项目	整体转轮水斗数量/个	节圆直径/m	整体转轮加工时间/h	单个水斗加工时间/h
本项目产品	21	1.74	1260	60
国外产品	20	1.74	1440	72

参 考 文 献

[1] 张耀卿, 王成勇. 插铣加工淬硬钢切削力研究[J]. 机床与液压, 2011, 39(22): 43-44, 58.

[2] 秦旭达, 贾昊, 王琦, 等. 插铣技术的研究现状[J]. 航空制造技术, 2011, 54(5): 40-42.

[3] 黄春峰. 现代航空发动机整体叶盘及其制造技术[J]. 航空制造技术, 2006, 49(4): 94-100.

[4] 盖竹兴. 不等齿距阶梯插铣刀设计及性能分析[D]. 哈尔滨: 哈尔滨理工大学, 2020.

[5] He G H, Liu X L, Yan F G, et al. Research on the application and design of special tools of the hydrogenated cylindrical shell[J]. Advanced Materials Research, 2011, 188: 450-453.

[6] Balamurugan S, Alwarsamy T. Machine tool chatter suppression techniques in boring operation: A review[J]. Asian Journal of Research in Social Sciences and Humanities, 2016, 6(6): 2175-2188.

[7] Iglesias A, Munoa J, Ciurana J, et al. Analytical expressions for chatter analysis in milling operations with one dominant mode[J]. Journal of Sound and Vibration, 2016, 375: 403-421.

[8] Choudhury S K, Mathew J. Investigations of the effect of non-uniform insert pitch on vibration during face milling[J]. International Journal of Machine Tools and Manufacture, 1995, 35(10): 1435-1444.

[9] 张峥. 不等齿距整体陶瓷立铣刀结构优化设计及切削性能研究[D]. 济南: 山东大学, 2023.

[10] Nie W Y, Zheng M L, Xu S C, et al. Stability analysis and structure optimization of unequal-pitch end mills[J]. Materials, 2021, 14(22): 7003.

[11] Budak E. Mechanics and dynamics of milling thin walled structures[D]. Vancouver: University of British Columbia, 1994.

[12] 曹宝宝. 不等齿距插铣刀设计与研究[D]. 哈尔滨: 哈尔滨理工大学, 2018.

[13] 迟开元. 面向多刃断续旋铣加工的本构参数反演及切屑形成模拟方法[D]. 重庆: 重庆大学, 2021.

[14] 李飞, 江铁强, 姚斌, 等. 硬质合金可转位刀具刃口切削综合仿真研究[J]. 工具技术, 2013, 47(2): 13-19.

[15] Binder M, Klocke F, Lung D. Tool wear simulation of complex shaped coated cutting tools[J]. Wear, 2015, 330: 600-607.

[16] 杨天旭. 0Cr13 不锈钢插铣加工过程中刀具磨损研究及其刃口结构优选[D]. 哈尔滨: 哈尔滨理工大学, 2018.

[17] 卢佳鹤. 硬质合金插铣刀具磨损及刀具几何参数优化研究[D]. 哈尔滨: 哈尔滨理工大学, 2019.

[18] 任军学, 刘博, 姚倡锋, 等. TC11 钛合金插铣工艺切削参数选择方法研究[J]. 机械科学与技术, 2010, 29(5): 634-637, 641.

[19] Kubota T. Observation of jet interference in 6-nozzle Pelton turbine[J]. Journal of Hydraulic Research, 1989, 27(6): 741-753.

[20] Kahles J F, Field M, Eylon D, et al. Machining of titanium alloys[J]. The Journal of the Materials, Metals & Material Society, 1985, 37(4): 27-35.

[21] Choudhury S K, Goudimenko N N, Kudinov V A. On-line control of machine tool vibration in turning[J]. International Journal of Machine Tools and Manufacture, 1997, 37(6): 801-811.

[22] 于状. 插铣刀柄的减振设计与性能研究[D]. 哈尔滨: 哈尔滨理工大学, 2018.

[23] 陈露露. 不等齿距整体立铣刀计算机辅助设计技术研究[D]. 济南: 山东大学, 2012.

[24] Turner S, Merclol D, Altintas Y, et al. Modelling of the stability of variable helix end mills[J]. International Journal of Machine Tools and Manufacture, 2007, 47(9): 1410-1416.

[25] 秦斌, 何云, 龙顺建, 等. 不同几何结构对整硬立铣刀加工 316L 不锈钢性能的影响[J]. 硬质合金, 2024, 41(3): 206-212.

[26] Budak E. An analytical design method for milling cutters with nonconstant pitch to increase stability, part2: Application[J]. Journal of Manufacturing Science and Engineering, 2003, 125(1): 35-38.

[27] Sellmeier V, Denkena B. Stable islands in the stability chart of milling processes due to unequal tooth pitch[J]. International Journal of Machine Tools and Manufacture, 2011, 51(2): 152-164.

[28] 司博文. 不等齿距立铣刀铣削力建模与关键结构参数及工艺优化[D]. 哈尔滨: 哈尔滨理工大学, 2023.

[29] 李海斌. 不等距铣刀刀齿分布优化与试验研究[D]. 南京: 南京航空航天大学, 2011.

[30] 李欣. 铣削加工时滞及过程阻尼效应研究[D]. 南京: 南京航空航天大学, 2015.

[31] 鲁炎鑫. 硬质合金立铣刀高效铣削钛合金表面完整性研究[D]. 湘潭: 湘潭大学, 2016.

[32] 李湉, 陈五一, 陈彩红. 整体叶轮插铣粗加工算法[J]. 计算机集成制造系统, 2010, 16(8): 1696-1701.

[33] 王波. 冲击式水轮机转轮设计及制造关键技术的研究[D]. 哈尔滨: 哈尔滨理工大学, 2015.